国家自然科学基金项目"道德与净脏：具身隐喻映射及其神经机制"（31860283）

道德与净脏
具身隐喻映射

丁凤琴◎著

THE MORALITY
AND CLEANLINESS
Embodied Metaphor Mapping

科学出版社

北 京

内 容 简 介

道德概念的形成与发展是和谐社会建构的重要指标。儒家文化的内在道德和价值取向潜移默化地指导个体的道德认知和行为。道德概念净脏隐喻是儒家文化遗留下来的、适应本土文化和社会价值、有着重要优势的心理映射能力。探究植根于儒家文化土壤中的中国群体道德概念净脏隐喻将成为研究的热点。

本书以概念隐喻理论和具身认知理论为指导，探讨中国本土文化背景下道德概念净脏隐喻的心理现实性、偏向性、情境依赖性以及对道德决策的影响，并阐明实施干预后个体道德概念洁净隐喻的动态改变。本书研究成果将为道德概念净脏隐喻在中国文化群体中的普适性和差异性奠定基础，也为在中国本土文化背景下实施道德教育干预与和谐社会建构提供参考依据。

本书主要对高校及科研机构心理学、教育学领域的科研工作者和本科生、研究生，以及中小学教师、家长具有重要的参考价值。

图书在版编目（CIP）数据

道德与净脏：具身隐喻映射 /丁凤琴著. —北京：科学出版社，2023.1
ISBN 978-7-03-074425-8

Ⅰ.①道⋯ Ⅱ.①丁⋯ Ⅲ.①儒家-道德修养-研究 Ⅳ.①B82-092

中国版本图书馆CIP数据核字（2022）第255631号

责任编辑：崔文燕 / 责任校对：王晓茜
责任印制：李 彤 / 封面设计：润一文化

科 学 出 版 社 出版
北京东黄城根北街16号
邮政编码：100717
http:// www.sciencep.com

北京建宏印刷有限公司 印刷
科学出版社发行 各地新华书店经销
*
2023年1月第 一 版 开本：720×1000 1/16
2023年1月第一次印刷 印张：16
字数：280 000
定价：99.00 元
（如有印装质量问题，我社负责调换）

个体道德概念的形成是社会责任与社会文明发展的主要指标。随着和谐社会的构建和发展，通过净脏隐喻研究挖掘道德概念深层次的内涵，进而提升个体道德认知与道德行为，成为备受社会关注的研究主题。那么，个体如何进行抽象道德概念与具体净脏体验之间的联结？具身认知理论强调，抽象概念的认知加工建立在具体身体经验基础之上。概念隐喻理论也强调，人们借助具体、有形的始源域概念来表达和理解抽象、无形的目标域概念，从而实现抽象思维。更为重要的是，客观世界中各种社会、文化、历史因素也都通过身体经验影响认知过程。也就是说，人类通过身体与客观世界的互动形成了关于具体概念和范畴的身体经验，在进行抽象概念隐喻表征时，就会自动激活与身体关联的视觉、空间、动觉、内省的感受和状态。所以，道德概念净脏隐喻根植于个体净脏身体经验，身体洁净与道德关联、身体肮脏与不道德关联，洁净和肮脏的身体经验具有促进或抑制个体道德概念的隐喻效应。

中国本土文化中，儒家文化就是一种"道德"文化，儒家文化的内在道德和价值取向潜移默化地指导着个体的道德认知和行为。道德概念净脏隐喻也可能是儒家文化遗留下来的、能适应本土文化和社会价值、有着重要优势的心理映射能力。儒家文化与西方文化背景下的道德概念净脏隐喻研究理应有所不同，需要我们进行有关中国文化特色的道德概念净脏隐喻的研究。此外，随着本土文化"寻根意识"的悄然兴起，探究植根于儒家文化土壤的中国群体独特的道德概念净脏隐喻也将成为研究热点。但以往关于道德概念净脏隐喻的研究主要停留在西方文化背景，鲜有中国文化背景下的生态研究，这容易导致道德概念净脏隐喻研究结果的一元化。近年来，研究者强调净脏类别和情境对道德决策的影响，但缺乏实证研究的支撑，也缺乏中国本土文化的验证及其实践干预。

本书基于道德概念隐喻理论与具身认知理论，在中国文化背景下探讨道德概念与净脏关系的具身隐喻映射。在理论上，本书弥补以往研究仅关注西方文化群体道德概念净脏隐喻机制和规律的缺陷，将研究视角延伸到中国文化群体道德概念具身净脏隐喻映射，拓展道德概念净脏隐喻的多元文化建构理论，提高道德概念净脏隐喻研究的本土契合性和生态效度；在实践上，深化人们对道德概念净脏隐喻映射机制的认识和理解，有助于为和谐社会的建构提供有益的建议和对策，也有助于人们有效地利用道德概念净脏隐喻映射进行道德认知和道德行为的有效预测和干预，为和谐社会构建提供实践指导和参考依据。

本书共分四篇：第一篇，道德概念净脏隐喻的理论基础。首先对概念隐喻理论及其形成机制、道德概念隐喻维度与研究范式、道德概念净脏隐喻对道德判断和消费决策的影响、道德概念洁净隐喻的干预等相关内容进行梳理，针对以上问题提出道德概念净脏隐喻研究中存在的问题，并对道德与净脏之间的隐喻映射研究进行构思。第二篇，道德概念净脏隐喻的心理特性。主要考察道德概念净脏隐喻的心理现实性，探讨道德概念净脏隐喻的双向性与偏向性，揭示道德概念净脏隐喻的情境性。第三篇，道德概念净脏隐喻对行为判断与决策的影响。主要阐明道德概念净脏隐喻对道德决策的影响以及惩罚在其中的净化作用，建构道德概念净脏隐喻对消费决策的影响机制。第四篇，道德概念洁净隐喻的教育干预。主要基于团体辅导和内隐干预视角探讨道德概念洁净隐喻干预的有效性，并提出道德概念洁净隐喻的教育干预策略和方案。

本书在撰写过程中突出四个特点：一是在研究内容上，本书研究验证中国文化背景下道德概念环境净脏隐喻映射的心理现实性和偏向性，并扩展至道德概念自身净脏隐喻映射及其情境性，以深入研究中国文化背景下被试道德概念净脏隐喻映射的特点；二是在研究角度上，基于环境净脏与自身净脏视角并结合中国儒家文化背景揭示道德概念净脏隐喻映射，为道德概念净脏隐喻映射的动态转换及其应用拓展新的方向和思路。三是在研究方法上，采用多元化方法探讨中国文化背景下道德概念净脏隐喻映射，寻找道德概念净脏隐喻映射的行为特征，使本书研究更具聚合效度。四是在研究应用上，首次尝试基于中国文化背景探讨道德概念洁净隐喻映射的教育干预，以提高道德概念洁净隐喻映射的实践应用性和生态效度，为道德教育及其干预训练提供策略抉择和优化机制。

在本书撰写过程中，宁夏大学教育学院研究生孙逸舒、王小芳、马小红、田雪阳、王冬霞、赵虎英、张蓉、宋秀萍、章溢、王丹、张誉翰、李宁参与了资料的整理与初稿的核对。科学出版社为本书的编辑出版提供了大力支持，在此一并表示衷心的感谢。

本书参阅了大量期刊文献与书籍，在此向原作者表示深深的感谢。尽管我们进行了仔细审核与校阅，但难免出现标注不全或标注遗漏，希望读者给予批评指正。

中国本土文化背景下被试道德概念净脏隐喻是道德认知和净脏情境交互作用的结果，也是净脏线索刺激与被试道德概念隐喻共同影响的过程。本书研究沿着现实层面到理论实证再到干预训练的研究思路，深入探讨道德概念净脏隐喻映射，以实现道德概念净脏隐喻研究的理论价值与应用拓展，也使得中国本土文化背景下被试群体道德概念净脏隐喻映射干预训练更具针对性。

丁凤琴

2022 年 10 月 26 日

◀ 目　录

第二篇　道德概念净脏隐喻的心理特性

第三篇　道德概念净脏隐喻对行为判断与决策的影响

第四篇　道德概念洁净隐喻的教育干预

第一篇

道德概念净脏隐喻的理论基础

第一章 概 念 隐 喻

第一节　隐喻的内涵与发展

一、隐喻的内涵

最早，《修辞学》中的隐喻是指两种概念之间的形式转换或不同事物之间的表征方式。如"脏手"是用肮脏体验表征不道德的行为，"慎重"是用具体的重量感知表征态度认真，"下流"是用上下位置感知表征个人不道德品质等，这表明隐喻最开始是作为语言的修辞手法而出现的。现实中隐喻无处不在。如"时间就是金钱""玫瑰就是爱情""They treated us white（我们得到了公平的对待）""我受到了朋友的冷遇""black man（恶人）"等；再如随体感温度的升高，个体对他人的评价也随之"升温"；看见干净整洁的环境，人们的内心体验也随之"净化"；传统画像中神的形象有大有小，而轮廓越大的神像往往代表权力越高。日常语言交流和生活中，人们常常用以上语言来描述情感、道德、人际关系等。由上可知，隐喻就是两种概念之间的形式转换，人们通过具身体验所获得的简单形象概念去理解抽象复杂概念。

隐喻除了可以代表语义语法之外，更隐含着心理学的含义。现代认知心理学意义上的隐喻（metaphor）是指通过一类事物来理解和推理某一类事物的过程（Lakoff & Johnson，1999；Gibbs，1994；Lakoff & Turner，1989；Johnson，1993；Turner，1987），也是将某一喻体（vehicle）事物的部分特征传送或归属于某一本体（tenor）事物的过程（Harris，1980）。理查兹在其《修辞哲学》（*The Philosophy of Rhetoric*）一书中将隐喻的基本要素做了划分："本喻"及"喻体"。被赋予相关属性主题的即"本喻"，而借用相关属性主题的即"喻体"。

本喻是指对抽象概念的理解源自个体在日常生活中接触的实体或物质以及相应的体验感受。喻体是指抽象复杂、不易理解的思想、感情、心理状态等无形的概念。将抽象复杂的喻体转化为有形的本喻，从而实现抽象概念的表征和推理。本喻和喻体还包含三个次类：实体与物质隐喻、容器隐喻、拟人化。实体与物质隐喻，如心智（mind）是较为抽象的概念，而机器（machine）是常见的具体物质，个体可以通过隐喻的方式，将机器的特征映射到心智上，那么心智就如同机器一样可以被操控、生锈、崩溃、缺乏动力等。容器隐喻，就是将无明显边界的事物范畴化为容器，身体常常被视为各种容器的集合，如"嵌入心里、纳入眼中、跳入视野、目中无人、离开视线"，再如"卷入事件、退出活动、沉浸状态、渐入佳境"等也将事件、行为、活动和状态视为容器。拟人化，如希望是灯塔，将希望比作灯塔，显然是借用"灯塔"的属性来拟人化地表征"希望"。

总之，隐喻就是通过一个事物的本体特征理解和推理另一个事物的喻体特征，就是将事物本体范畴的意义投射到更为复杂的喻体体系，以实现本体和喻体之间的"意义联结"和"映射激活"。隐喻的本质就在于个体利用身体和环境的互动所产生的具体的、熟悉的始源域概念去建构、表征抽象、陌生的目标域概念（Barsalou，2008；Wilson，2002）。从这个意义上说，人们借助隐喻来理解事物和表达概念，隐喻也由此成为人们理解和认识世界的认知工具和思维方式。

二、隐喻的发展

隐喻的发展经历了三个基本阶段：隐喻的修辞学研究（公元前 300 年到 20 世纪 30 年代）、隐喻的语义学研究（20 世纪 30 年代到 70 年代）、以认知学科为核心的多学科研究（20 世纪 70 年代至今）（束定芳，2000）。隐喻的发展源远流长，经久不衰。

隐喻的研究起源于古希腊时期，亚里士多德最早开始了对隐喻的探索。亚里士多德在其著作《修辞学》和《诗学》中阐述了隐喻的构成方式和修辞功能，他认为隐喻就是借用一种事物来表征另一种事物，这种表征主要通过借属喻种、借种喻属、借种喻种和彼此类推的方式进行。换言之，隐喻是将用来描述某一事物的概念去形容其他事物，将某个词从某一事物转移到其他事物上，这种转移要么归为从类到属，要么归为从属到类，或者类比。亚里士多德对隐喻有着极高的评价，他认为"the greatest thing by far is to be a master of metaphor"（最了不起的事就是成为一个隐喻大师）。亚里士多德曾强调，隐喻至关重要，强调人们应当熟练掌握并灵活运用隐喻。亚里士多德的隐喻观引领了西方修辞学界 20 多个世纪，后人将他的隐喻观称为"比较说"（罗念生，1962）。亚里士多德之后，对隐喻的解释还出现了以昆提良为代表的"取代说"（陈文萃，曾燕波，2003）。"取代说"强调，隐喻其实是用一个词去代表另一个词的修辞现象。以上两种理论都局限在语言层面和修辞学的范围去研究隐喻，即将隐喻作为一种修辞手法去描述，这种隐喻现象持续了两千余年。总体来说，在亚里士多德时期，隐喻主要被视为修辞格，其用途在于美化语言。在随后的几千年里，西方文学和修辞学对隐喻的理解深受亚里士多德的影响，尽管不同的哲学家对隐喻的态度不一，或褒或贬，但大都认为隐喻只是修辞手段。

直至20世纪30年代，英国著名的修辞学家理查兹（Richards）提出了新的隐喻观点，对隐喻的研究才从修辞学向认知及其他学科发展。理查兹出版了《修辞哲学》一书，提出了隐喻互动（interaction）论，认为日常生活中的绝大部分言语是隐喻的，隐喻是一种语言现象，通过本体（认知主体）和喻体（对比的对象）交互作用而形成。理查兹的"互相作用理论"是最具代表性的隐喻理论，它详尽分析了隐喻的结构，指出个体的活动和观念都具有隐喻性，对隐喻的研究从语词变为"表象"。两个不同概念的事物归为一体，不同观念之间相互作用，隐喻由此产生（束定芳，1997）。随着逻辑实证主义向日常语言哲学的转变，隐喻越发凸显。隐喻不是简单的语言交流手段，而是用来表征抽象概念的重要方式。换言之，激活或模拟与隐喻相关的感觉和感知有利于人们对抽象概念进行思考与加工。理查兹由此认为，隐喻从根本上讲，是思想交流的工具和认识世界的手段。

布莱克（Black）对理查兹的互动论进行了完善和发展，使其成为了隐喻语义学研究中最具代表性和影响力的理论之一。布莱克在《再论隐喻》（*More about Metaphor*）一文中指出：所有的隐喻陈述都包含两个不同的主词，即一个主要主词（primary subject）和一个次要主词（secondary subject）；次要主词不是单独的概念，而是一个动态系统；隐喻话语通过将组成次要主词中的一系列"相关隐含"（associated commonplaces）"映射"（map onto）到主要主词上，使其达到隐喻效果（Black，1979）。布莱克的互动论从更为宏观的角度来考察隐喻，强调语境之间的相互作用，把隐喻放到动态的、更深层次的语句、语篇中进行研究，突破了早期隐喻观认为隐喻只是词与词之间转换的局限，把隐喻研究提高到认知的边缘（李福印，2008）。总之，此阶段隐喻的研究主要集中于简单的修辞学阶段，研究者主要探讨语境、语义关联的语义隐喻。

20世纪80年代以后，很多学者逐渐认识到隐喻的重要性，掀起了对隐喻研究的热潮，隐喻开始进入多学科研究阶段，隐喻的发展也达到了新的高度。1980

年，语言学家拉考夫和哲学家约翰逊提出了新的隐喻观点，即隐喻具有认知性（Lakoff & Johnson，1980）。他们合著的《我们赖以生存的隐喻》（*Metaphors We Live By*）一书问世标志着隐喻研究开始进入认知科学领域。他们认为，生活中一些具体的概念可以很容易被人们理解，比如天是蓝的，花是香的，但当一些概念过于抽象时（比如道德、时间等），人们就需要借助那些具体概念来隐喻抽象概念，从而更好地理解它们的含义。此阶段，隐喻本质上是一种认知方式，而不仅仅起文字装饰的作用，隐喻其实就是借助形象具体的概念来实现对不熟悉、抽象的事物的认识，它是人们理解事物的手段。他们强调"概念隐喻"，将隐喻相关探索从"表象"提升到"概念"层次，开始从认知层面对隐喻进行研究。正如拉科夫指出，传统的隐喻观点认为隐喻仅仅是一种语言现象，其实不然，究其本质，隐喻是一种认知思维方式（Lakoff & Johnson，1980）。自拉科夫之后，隐喻的认知观点逐渐被大家接受，关于隐喻的研究也不再仅局限于修辞学和文学的视角，研究者开始从认知的角度研究隐喻。在《思维和语言中的映射》一书中，学者对"概念整合论"进行界定，认为人们通过整合概念理解事物的含义，在此基础上创造发明，构造出丰富的概念世界（Gilles & Fauconnier，1997）。概念整合论为隐喻研究提供了新的视野。认知层面的隐喻受到了认知学家和心理学家的强烈推崇，隐喻也实现了从传统的修辞学和语言学研究向认知研究的跨越，迈向了更为科学的实证研究之路。

综上所述，最初研究者主要从语义学与修辞学方面探讨隐喻，将其视为词义的转变。因这种观点仅从语言层面和语言使用的视角对隐喻进行解释，故存在一定的局限性，也受到较多质疑。此后，隐喻从最开始的语言学中的修辞手法迈入认知研究领域，强调了身体与环境的互动作用和认知联结，有助于个体借助具体、熟悉的具身体验对抽象、陌生的概念进行隐喻表征。随着不同科目类别的发展与交叉，研究者对隐喻的探讨愈加深入，其所包含的内容更为丰富、具体，隐喻研究也不断地迈向更加科学的道路。

第二节　概念隐喻理论

一、概念隐喻理论概述

面对难以理解、难以定义和复杂抽象的概念，如爱情、道德和梦想，个体往往无法直接对其进行感知和理解，那究竟如何对其进行表征呢？朗多等指出，人们常依靠隐喻来理解看似陌生的信息，人们会借助脑海中有形、熟悉、具体的概念去理解和表征抽象概念（Landau et al.，2010）。据统计，在日常生活用语中，暗含隐喻性的表达占70%（李卫清，2008）。如"时间就是金钱"这句谚语，意为时间像金钱一样宝贵，"时间"不能被人们直接感知到，而"金钱"是个体熟悉的概念。再如人们采用空间概念的高低表征情绪概念，出现"高涨""高兴"等积极情绪和"低落""低迷"等消极情绪；也会运用空间大小概念表征权利概念，出现"大权独揽"和"尺寸之柄"的表述。正如有学者指出"隐喻无处不在，不仅存在语言里，也渗透到认知和行为活动中，隐喻本质上是一种认知手段和思维方式，是人们对抽象概念理解和推理的主要机制"（Lakoff & Johnson，1980）。可见，概念隐喻是个体抽象思维有效形成的过程，它与个体的生活息息相关，大部分抽象概念借助隐喻变得简单、具体、易于理解，也使个体能够更顺畅地沟通、更容易感知客观世界，并更便捷地形成抽象思维。所以，个体构建概念系统并对事物进行认知的过程中，概念隐喻举足轻重。

概念隐喻理论（Conceptual Metaphor Theory，CMT）强调，隐喻是人们借助具体、有形的始源域（source domain）概念来表达和理解抽象、无形的目标域（target domain）概念，从而实现抽象思维（Lakoff & Johnson，1999）。显然，概念隐喻由概念域组成。概念域包括始源域与目标域两种：始源域表示人们能直接体验的认知域，涉及一些生活中常用的、具体的概念，如视觉上的高矮、大小、明暗，触觉上的冷暖、软硬、光滑粗糙，听觉上声音的高低频、响度、音色，嗅觉上的香臭，味觉上的酸甜苦；目标域则表示涉及一些不能感知到的抽象概念，如道德、情感、态度、人际关系等。隐喻的本质就是人们借助熟悉而具体的始源域概念去映射陌生而抽象的目标域概念，从而实现对抽象概念的理解。以"生命是旅程"来说，目标域是"生命"，无法被直接感知；始源域是"旅程"，是可以被具体感知到的，人们借"旅程"的未知性来隐喻"生命"过程的千变万化，借此形成"生命过程是无法预料的，充满未知，变幻莫测"的认识。在"人生如棋"这一隐喻中，目标域是"人生"，始源域则是"棋子"，对人生这一抽象的概念的理解就是由棋子这一具体概念指向人生，来达到对人生概念的理解。同理，在"希望是灯塔"这一隐喻中，"希望"这一无形的概念就是通过"灯塔"这一有形的概念进行表征。

在现实生活中，个体获得了大量始源域经验，并将这些来自始源域经验的具体概念投射于复杂抽象的概念上，形成概念隐喻。例如，人们借助具体的"冷""热"感知经验来描述抽象的"热情""冷酷"（Williams & Bargh，

2008；Bargh & Shalev，2012；IJzerman & Semin，2009；李其维，2008），借助具体的视觉空间位置"上"和"下"来表征抽象权力的"大"和"小"（Giessner & Schubert，2007），借助"婴儿感受到母亲怀抱的温暖"来表达抽象的"社会性的爱"（黎晓丹等，2016）；鱼腥味与社会怀疑之间存在隐喻联结，暴露在充满鱼腥味环境中的被试通常有更高的社会怀疑程度（Lee & Schwarz，2010）；重量和重要性之间存在隐喻联结，手持书本越重，越容易将某件事情判断为更重要（Jostmann et al.，2009；Schneider et al.，2011）；大小空间概念与权力之间存在隐喻联结（He et al.，2015）。由此可知，个体感知觉的发展与隐喻表征息息相关，在个体认知自身、社会、世界的过程中，隐喻表征是不可或缺的。

始源域与目标域之间的关系并不是随意联结的，而是在个体的感知觉身体经验基础上形成的。例如，由于地球引力的作用，向上运动更加费劲，向下运动更加省力，所以当人们醒着或者精神状态好的时候，人们站立行走甚至跳跃，而在休息、疲倦乃至生病时选择坐下或躺下。久而久之我们常常使用"上"和"前"来隐喻积极的事物或状态，"下"和"后"则往往与负面、消极相关。我情绪高昂（I'm feeling up），我情绪低落（I'm feeling down），他神采飞扬（He's at the peak of health），他的健康水平下滑（His health is declining），他地位崇高（He has a lofty position），他处于社会底层（He's at the bottom of the social hierarchy）等，均是通过具体概念来表达抽象概念的。

此外，个体也常用一个高度结构化、清晰界定、容易理解的概念去建构另一个缺乏内部结构、界定模糊、不易理解的概念。如上—下、里—外、物质、实体等是人们概念系统的基本经验，没有这些概念人们简直无法进行认知和表达，但这些简单的物理概念的隐喻本身并不丰富，往往限于指代，还必须借助隐喻使人们将谈论一种概念的各方面词语用于谈论另一个概念。例如，你攻击了我关于此问题的立场（You attached my position on the issue），我粉碎了他的论点（I demolished his argument），他击破了我的所有论点（He shot down all my argument），他的批判命中要害（He criticisms were right on target），和他争论我从未赢过（I have never won an argument with him）。为此，人们会使用与战争相关的词语（攻击、粉碎、击破、命中、赢）来表达不易被直接理解的"争论"概念，这种词语上的隐喻性搭配形成了观念上的隐喻，即争论是战争（Argument is war）。所以，对于存在于人们头脑中的抽象的概念，人们通常无法直接理解和认识，往往需要借助另一个具体的概念进行隐喻建构。

二、具身认知理论

最早的符号加工理论认为，人类大脑和计算机拥有同样的信息加工机制，人类的认知加工过程也能够像计算机一样以物理符号的方式去表征信息（王甦，汪安圣，1992）。符号加工理论强调，来自外部的刺激在大脑中被表征为符号，个体依据一定的规则对抽象符号进行操控，对其进行输入、编码、转换、储存、提取、输出，以完成认知思维活动。随着认知研究的不断深入，符号加工理论受到越来越多的质疑，毕竟计算机在进行物理符号加工时，需要的符号是明晰、确定的，而人脑的认知加工往往具有情境性和情感性。随后，联结主义理论则主张，人脑是由数以万计的神经元相互联结构成的复杂的信息处理系统（胡谊，桑标，2010）。虽然联结主义理论弥补了诸多符号加工理论的不足，也更接近人脑实际加工的方式，但因深受身心二元论思想的禁锢，认为认知加工过程并不依赖身体，强调认知就是计算，认知在功能上是离身的、独立的。以上理论忽略了身体在认知中扮演角色的重要性，仅仅将身体看作运行心理程序的硬件设备，导致身心分离的认知观。

具身认知理论就如盘旋在认知科学上空的幽灵，大胆地质疑了身心二元论思想所暴露出来的种种缺陷，认为在认知过程中身体具有核心地位，系统地解答了人类如何利用外界信息来构建内部概念系统（Varela et al.，1991）。有学者指出，认知是具（体）身（体）的认知（Lakoff & Johnson，1999）。具身认知也主张，不同感觉运动能力的身体经验是认知的基础，同时这些感觉运动能力又镶嵌于更为广泛的、生物的、心理的和文化的情境中（Thompson & Varela，2001）。毋庸置疑，个体的认知是具有情境性的，以真实的外部环境为背景，个体正是利用这种情境性来减少由自身认知能力有限带来的认知负荷；同时，由于个体头脑和外部世界的信息交互是大量和迅速的，所以对认知活动的研究不能单纯地考虑个体内部的心智，毕竟认知活动与环境信息交互作用影响个体的实际行为，并最终指导个体做出与情境相适应的行为。此外，即便是离线认知，也是以身体经验为基础，离线认知虽然离开了认知所依赖的环境，但认知活动还是根植于过往感知觉运动系统与外部环境交互作用中形成的具体经验。

国内学者叶浩生（2010）总结了具身认知的特点：首先，认知学习过程是基于身体经验的。通过日常生活中的观察，人们也逐渐意识到身体经验是构建知识的源泉，如幼儿抓握的技能是通过身体经验获得的。个体的身体是有其记忆图式并潜藏着各种具体经验，这些具体经验指导人们如何行事。因此，人们需要时刻聆听自己的身体。另外，正如身体学习中所提到的那样，身体的学习首先是一种身体经验，这种身体经验是人所独有的体验。就如我们可以通过学习了解蝙蝠的构造，但是却无法感知其身体体验。因此，认知过程的形成是基于个体身体构造的差异的。其次，我们的认知内容也是由身体提供的。抽象思维是具有隐喻特性的思维（Lakoff & Johnson，1980），如"感情是温暖的"，理解这种抽象的概念"感情"，个体会运用具体的经验"温暖"进行隐喻表征，"温暖"是基于身体的，"温暖"的身体经验反复出现也就构成了我们特有的"感情"认知图式及思维方式。最后，认知是具身的，身体又嵌入我们赖以生存的环境，认知过程与身体及环境共同作用，组成了一个统一体。认知的发生并不仅仅依赖于我们的身体经验，身体与物质和环境的互动也在其中扮演着不可替代的角色（叶浩生，2020；李瑾等，2022）。认知依赖身体，同时又根植于我们赖以生存的环境。在日常生活中我们也发现，对于某一个问题，我们之所以无法解决，不是因为我们的智商不够，而是因为错误地把问题本身局限化，脱离了具体的身体与环境。这也启示我们，个体的认知过程并不是发生在有机体的内部，而是大脑、身体与环境的耦合。

随着具身认知的发展，研究者越来越强调身体在认知形成中举足轻重的作用，以及身体与认知不可分割的观点（叶浩生，2011）。在日常生活中，个体视觉上的高矮、大小、明暗，触觉上的冷暖、软硬、光滑粗糙，听觉上的高低频、响度、音色，嗅觉上的香臭，味觉上的酸甜苦，都随感觉通道印记在脑海中，感觉属性与其情境体验、切身体验一并进入感觉通道而充实个体的认知。研究表明，相比触摸装着冷饮料杯子的被试，触摸热咖啡的被试更容易将陌生人判断为温暖善良，并做出更多亲社会行为（Williams & Bargh，2008）；并且环境的温暖程度也会影响个体心理感受，体验冷漠的被试在随后的测验中更多地选择高温洗澡水或热的食物（Zhong & Leonardelli，2008；Bargh & Shalev，2012）。所以，大脑通过身体的感觉-运动通道形成具体的心理状态，同时抽象概念的生成与理解也会涉及真实感知觉体验与运动状态的模拟和复演，使得环境、身体和认知形成动态交织、相互所用的系统。

此外，具身认知理论也为概念隐喻的始源域提供了重要依据。具身认知观强调，人类的认知深植于身体与世界的互动过程中（Wilson，2002）。认知是身体活动的产物，也是身体、大脑和环境相互作用的结果（叶浩生，2020）。人们的身体在现实世界中经历了一系列探索活动，积累了丰富的感知觉经验，这些最基本的感知经验是构成抽象概念的最初来源（陈简，叶浩生，2020）。可见，个体在与客观世界的互动过程中积累的感知觉经验恰好构成隐喻映射过程中的始源域概念，为个体形成抽象思维提供了现实依据。从这个角度看，具身认知理论阐明了隐喻概念的起源，不仅为概念隐喻理论的形成和发展奠定了重要基础，也为个体理解概念隐喻理论搭建了桥梁，使概念隐喻理论有源可循。

综上所述，具身认知强调身体经验是个体认知的基础与来源，身体经验相关的运动可以编码心理表征，并在大脑认知活动中起举足轻重的作用，于是个体的身体-认知-脑相互协调构成个体的心理动力系统。具身认知已经成为认知科学领域研究的新取向，它摒弃了传统认知心理学的"加工即计算""离身心智论"的片面观点，进一步提出认知过程不仅发生在大脑，还发生在环境和身体的互动过程中，认知是三者互动、耦合的结果。这不仅推动了认知心理学的发展，更重要的是有助于研究者以整合的视角研究认知，也有助于个体更加深入地理解认知、身体与环境之间的关系，为概念隐喻理论提供了理论支撑。

三、具身隐喻理论

具身认知理论与概念隐喻理论殊途同归，均强调身体感知经验是人类高级认知活动的本源，两者结合也被称为具身隐喻理论（王继瑛等，2018）。《我们赖以生存的隐喻》（Lakoff & Johnson，1980）一书的问世，不仅打破了人们从语言学角度理解隐喻的局限，同时从认知角度为理解隐喻提供了新的视角。隐喻由仅仅蕴含诗意的想象和修辞变成人类不可或缺的思维方式，不仅体现在人们所用的语言中，同时根植于人们的身体和日常活动中。通过隐喻，人们可以实现通过始源域来理解目标域（Barsalou，2008），以便更好地理解无形、抽象、陌生的事物。另外，隐喻映射又是基于身体经验的（Lakoff & Johnson，1980），如人们会借助"软""硬"的触觉经验来表征性别角色"女性""男性"，以及性格特征的"温和""粗暴"（易仲怡等，2018；Ackerman et al.，2010）。由此可见，隐喻从开始的语言学的修辞手法转向隐喻认知的研究，强调了身体经验在隐喻认知中的重要作用，不仅有利于个体从语言学方面去理解客观概念，同时提供了一种新的理解抽象概念的思维方式，为未来认知研究与认知加工提供了新的视角。

具身隐喻是指个体自动将身体有关具体概念与抽象概念形成联结的过程（王继瑛等，2018）。其观点可以概括为以下三个方面：第一，个体体验世界的过程是隐喻的来源。人们的身体体验与认知密不可分，身体体验与物理环境之间又存在交互作用的关系，并且进一步塑造了人们的认知。不仅如此，概念的反映情况也并不是完全以客观想象为基础，而是基于人们的感觉运动系统（尹新雅，鲁忠义，2015）。当我们走进教室会看到椅子、桌子、讲台，当我们走到外面会看到高楼大厦、树木、小鸟，这些都会通过我们的感觉运动系统而获得的，但是我们却不会把这些客观存在的东西混淆，那是因为来自内部的"身体体验"塑造了我们自身理解、区分事物的认知。第二，身体的感知运动系统是隐喻源域的基础。大脑基于感知运动系统来接受客观事物信息，但是也会对这些身体感知信息进行优化，并且建立新的结构。人们会基于冷热的身体感知经验来理解社会交往中的"温暖""寒冷"（Bargh & Shalev，2012），人们也会利用最初的"软""硬"触觉经验来理解个体性格中的"柔软""坚硬"（Ackerman et al.，2010）。不难看出，虽然新的结构含义有所变化，但是其最初的系统及结构仍然保留，这也再次证明，日常生活中普遍的行为活动塑造了人们的身体特性以及大脑认知（李其维，2008）。第三，在隐喻过程中，身体经验充分利用大脑及其感知运动系统，同时激活个体的主观体验与概念域，引起突触的数量及重量的变化，进而形成永久性的联结（Lakoff & Johnson，1999）。在日常生活中，人们对空间概念的感知（前、后）是依据身体的定向在神经器官及视觉系统的基础上知觉经验得到的。也就是说，人们的概念的形成不仅需要身体的参与，其本质也是基于身体才得以塑造。所以，具身隐喻基于身体经验，又构成了人们认识世界的独特思维方式，身体的感知运动系统参与隐喻过程，使人们更容易理解抽象、复杂的概念。借助具身隐喻的思维方式，激活始源域与目标域之间的突触联结，会使人们更好地认识世界。

此外，不同身体部位对其特定部位的具身隐喻更敏感。王卓彦和叶浩生（2020）认为，身体的感觉经验可以影响与其相关的抽象概念的加工过程。而特定身体部位与隐喻源域相匹配时，感觉运动皮层会被相应激活，有研究发现，当个体听到与特定身体部位相关的隐喻句子时，相应的运动、体感等区域会被激活（Lacey et al.，2017）。也有研究发现，动作词的隐喻加工与具体的身体部位之间存在交互影响（王斌等，2019），如当我们理解手部特定的动作"抓"时，如"抓住时间"，其中"抓"就是一个抽象的概念，具有隐喻的含义，表达时间的紧迫感；理解脚部特有的动作"踩"，如我们日常生活中所说的"踩着时间点"，其中"踩"也是一个抽象的概念，来表达个体时间拿捏准时；理解嘴部特有的动作"咬"，如"咬牙切齿"，这里的咬同样表达了其隐喻的含义，表达个体心中的愤怒。由此可以看出，基于不同的身体部位，有其特定的隐喻表达。

有研究发现，观看特定身体部位的动词与用该身体部位做动作激活了相同的脑区，不仅如此，相较于脚部激活，手部激活的程度更高（Klepp et al., 2014）。另外，根据阎书昌（2011）的观点，在我们所用的运动器官中，相较于眼睛、耳朵、鼻子等获取外在世界信息的主要器官，嘴和手往往能够主动做出行动，执行各种行为，尤其是执行各种道德行为及不道德行为，并最终影响我们的认知、判断等内在的、抽象的心理过程。因此，嘴和手成了某些不道德行为的主要执行器官。根据日常生活中的使用经验我们也会发现，嘴部和手部有更高程度的激活。在汉语语言中，我们会用到"手不干净"来表达一个人有偷盗的行为，而用"嘴很臭"来表达一个人经常讲一些不符合社会规范、有悖伦理的话语（丁凤琴等，2017）。另外，在英语语言中的"dirty hands""dirty mouth"均表达了这样的含义（吴念阳，郝静，2006），这实际上是以"脏嘴"和"脏手"的身体经验来表达抽象的不道德概念。有研究发现，个体分别用嘴部和手部完成不道德事件后，会倾向于清洁相关部位，表明个体完成不道德事件后，会将特定的身体部位隐喻为"脏"的部位（Lee & Schwarz, 2010）。

综上所述，具身隐喻联结是基于个体的具身体验和大脑特定的神经回路。个体不同身体部位对其特定部位的具身隐喻更敏感。个体不仅会借助已有的身体经验来理解抽象的概念，特定身体部位的动作词也有助于个体理解抽象的概念，表明隐喻的联结是基于特定的身体部位，其中嘴部和手部是最主要的执行行为的部位，这也为理解具身隐喻提供了更为精准的身体部位证据。

第三节　概念隐喻的形成机制

一、概念隐喻形成的心理机制

为什么抽象的目标域概念可以通过具体的始源域概念得到隐喻化表征？一种观点认为，特定的具体始源域概念与抽象目标域概念之间的隐喻表征是基于二者之间内容和结构的关联建立起来的（Landau et al., 2010）。在此过程中，概念隐喻表征会迅速而自动地激活概念的意象图式，架构起始源域概念和目标域概念之间的联结（Barsalou, 1999, 2008；Wang & Lu, 2011；Williams et al., 2009；Pecher et al., 2011）。通过概念隐喻机制，人们可以将已知的具体概念范畴映射到抽象概念领域，以借助具体事物来理解那些相对抽象的概念与思想，把握抽象的范畴和关系（殷融等，2013）。拉考夫和约翰逊对隐喻的内部机制也进行了十分详尽的分析与表述（Lakoff & Johnson, 1980）。简单地说，当一系列的神经活动 A 引发进一步的神经活动 B 时，就会发生神经层面激活，如果 B 连接着一个神经元簇 C，在网络中表征另一个概念域，那么 B 便可以激活 C，这就构成了一个隐喻联结，我们可以说 C 与 B 有"隐喻性"的联系。其中所提及的神经链接是在儿童早期就建立起来的，就如同幼年时期将更多的书堆在桌子上，随着书本高度的上升感觉知识也在增多，数量上的"多"与垂直空间上的"高"总是被共同激活，隐喻的认知活动也被印记在大脑中，即隐喻将感觉运动源网络（垂直度）与主观判断目标网络（数量）联系起来。

基于概念隐喻理论，研究者又提出了隐喻结构理论（Metaphoric Structuring View）（Boroditsky，2000）和隐喻架构理论（Scaffolding Theory）（Williams et al.，2009），二者均强调具体概念到抽象概念的隐喻化过程是通过概念结构"架构"（scaffolding）和"图式"（schema）而实现的，诸如香-臭味觉图式、冷-暖温度图式、软-硬触觉图式等，进一步丰富了概念隐喻理论的观点，强调了始源域和目标域概念之间的关联。如"洁身自好、清清白白、干干净净"就是将洁净与道德自动联结，用"洁净"隐喻映射一个有道德的人，而用"脏手、脏嘴"是以"不洁"概念为基础的道德象征性符号，用"肮脏"来表征一个有小偷小摸不道德的人。这种关联既体现在语词层面，也存在于个体认知和心理表征层面（Lakoff & Johnson，1980；殷融等，2013）。显然，按照这种观点，主体必须意识到始源域概念和目标域概念之间的关联才可以完成隐喻映射。

另一种观点则认为，抽象概念的隐喻表征与映射从根本上根植于身体体验（Gibbs et al.，2004；Landau et al.，2010；Pecher et al.，2011）。有西方学者强调，口腔是肮脏和不舒适因素最重要的入口（Nettleton，1988）。更值得关注的是，具身认知理论为抽象概念隐喻表征提供了最丰富和最有力的证据，与概念隐喻理论有异曲同工之处。具身认知理论也强调，抽象概念的认知加工建立在身体经验基础之上（Lakoff & Johson，1999；Gibbs，2006；李其维，2008；殷融等，2013）。更为重要的是，身体经验与认知过程相互嵌入（Anderson，2003）。也就是说，人类的认知表征根植于人类的身体经验与环境的交互作用，各种视觉、空间、动觉、内省的身体感受和身体运动经验与个体内在的、抽象的认知过程紧密关联。在进行抽象概念隐喻表征时，与身体关联的各种感知觉状态自动被激活，使得身体经验与认知表征和判断的具身性之间相互吻合、相互通达。

二、概念隐喻形成的神经机制

概念隐喻如何激活大脑神经机制？语言神经理论（Neural Theory of Language，NTL）认为，同时激活 A 和 B 两个神经元群，激活会沿着连接它们的神经网络向外扩散，个体将其体验为一条思维链。在认知活动（学习）过程中，扩散的激活增强了突触。当来自 A 的激活扩散与来自 B 的激活扩散相遇时，就可以形成一个神经回路。A 和 B 的激活越多，在回路中形成连接的突触就越强，由此形成隐喻的基本神经机制，即隐喻神经回路（Lakoff，2014）。"隐喻神经回路说"从理论层面阐释了隐喻形成的神经过程。那么，隐喻加工究竟分布在哪些脑区？其时间进程又是怎样的？目前关于具身隐喻神经机制的较为普遍的研究方法主要有两种：一种是采用功能性核磁共振成像（functional mangetic resonance imaging，fMRI）技术来考察具身隐喻的空间加工特点，另一种是使用事件相关电位（event-related potential，ERP）技术来探究具身隐喻的时间加工特点。

（一）fMRI 证据

fMRI 技术是心理学研究常用的技术之一，具有相当高的空间分辨率，能够精准、可靠地对大脑皮层的特定活动区域进行定位。近年来，越来越多的研究使用 fMRI 技术探究隐喻认知加工的特定脑区，研究结果主要有以下几方面。

第一，大脑感觉运动皮层在隐喻加工中具有极其重要的作用。研究者认为，大脑的感觉运动皮层在具身认知过程中作用突出（李莹等，2019）。以往研究运用 fMRI 技术探讨道德洁净隐喻的脑加工区域，结果表明，与非清洁类物品相比，个体在不道德行为后对清洁类物品的评价更高，并伴有大脑感觉运动区皮层的显著激活（Denke et al.，2016；Tang et al.，2017）。也有研究使用 fMRI 技术发现，道德触觉隐喻的脑加工区域也在大脑感觉运动区皮层（Schaefer et al.，2014；Schaefer et al.，2018）。由此可知，大脑感觉运动区皮层是多种隐喻加工的基础脑区，这与具身隐喻观的论点密切契合，即身体感知觉经验作为隐喻映射过程中的始源域概念，是个体认知、环境、大脑不断交互的结果。

第二，特定的具身体验与其相应的抽象概念隐喻具有相同的大脑区域。身体经验厌恶和社会道德厌恶有同样的脑区结构，并且在脑区额叶和颞叶的活动区域重叠（Schnall et al.，2008b）。此外，道德厌恶与生理不洁可能归属于相同的脑区部位，在大脑腹内侧前额叶皮质（VMPFC）、扣带前回（ACC）、颞上回（STS）、颞顶叶结合部和顶叶下部的激活模式是类似的（Moll et al.，2005）。以往研究还表明，道德概念加工的脑区主要集中在额叶、颞区和顶区（Greene et al.，2004）。还有研究表明，身体玷污和道德违反激活了同样的面部肌肉脑区部位（Chapman et al.，2009）。以上研究证明了身体洁净（肮脏）与道德（不道德）概念加工在大脑神经分布方面是关联的。

第三，大脑左右半球参与隐喻加工。大脑左右半球参与隐喻加工的激活程度是研究者们争论的焦点。一种观点认为，右半球比左半球在隐喻加工过程中的激活强度更大，如有学者通过 fMRI 技术研究发现，当被试对隐喻句而非字面句进行语义判断时，右前外侧前额叶皮层会被激活，表明大脑右半球主要参与隐喻理解过程（Stringaris et al.，2006）。王小潞和何代丽（2017）的研究发现，个体在加工常规隐喻句时会显著激活右颞上回及双侧额中回等区域，而个体在加工新颖隐喻句时会显著激活右梭状回、右中央前回以及右侧岛叶等部位；在博蒂尼等的研究中，给被试呈现简单隐喻句与复杂隐喻句，发现复杂隐喻句的加工过程中，大脑的右半球脑区被相应激活（Bottini et al.，1994）；相较于加工熟悉的隐喻，在加工不熟悉的隐喻时右半球会被相应激活（Lai et al.，2015）。索蒂略等对此进行了深入分析，首先让被试对具有隐喻意义的词句进行记忆，之后出现一个词语，并且让被试判断后面出现的词汇能否解释前面所记忆的句子，结果发现，当后出现的词汇与前面具有隐喻含义的句子联系更加紧密时，右半球的颞叶区域活动明显增强（Sotillo et al.，2005）。

相反的观点认为，大脑左半球才是隐喻加工的优势脑区，如玛莎勒等使用 fMRI 发现，左脑区对新的隐喻性句子比对无意义句子表现出更强的激活，此外，隐喻性句子在左背外侧前额叶皮层和后颞中回的激活程度高于字面句子和无意义句子，表明大脑左半球是隐喻加工的优势区域（Mashal etal.，2009）。拉普等的研究也发现，相较于大脑右半球，在个体进行隐喻语义加工时，左外侧下额叶被较大程度地激活，在进行直译语义加工时，结果则恰恰相反（Rapp et al.，2004）。由此可以看出，隐喻加工时大脑左右半球脑区激活程度存在明显差异，左半球是隐喻加工的优势半球。

另外，王小潞和何代丽（2017）通过 fMRI 技术发现，个体在进行具有隐喻意义的汉语字词加工时，大脑左右半球需相互配合，共同作用才可完成隐喻理解。分级凸显性假说（Graded Salience Hypothesis）和粗编码理论（Coarse Coding Theory）共同表明，大脑左右两半球在隐喻加工过程中协同配合、缺一不可（Obert et al.，2014；Diaz & Eppes，2018；Faust & Weisper，2000；王小潞，何代丽，2017）。可见，隐喻加工的半球优势说还有待进一步考证，但不可否认的是，左右半球在隐喻加工进程中都扮演着不可或缺的角色。

由此可知，对隐喻加工过程中大脑左右半球脑区如何参与并未达成共识，同时隐喻加工神经机制可能会因隐喻句子类型、难度及熟悉性的不同而有所不同。研究者通过这项技术，一方面发现了隐喻加工中大脑感觉运动皮层的明显激活，进而为具身隐喻理论提供了有力证明；另一方面探究了隐喻加工的大脑半球优势效应，为人们更好地理解隐喻加工的神经生理过程提供了丰富的证据。需要注意的是，无论隐喻的大脑感觉运动区皮层观，还是左右半球优势观，在解释隐喻加工的大脑激活区域上都是殊途同归的。另外，利用 fMRI 技术研究隐喻加工的神经机制能让我们更好地理解隐喻加工过程中脑区的激活情况，但是要想了解隐喻加工过程中的时间分辨率，此技术难以实现。

（二）ERP 证据

fMRI 的缺点在于时间分辨率比较低，对脑部各部位变化的反应程度要弱于 ERP 技术，因此，不少研究者采用 ERP 技术对隐喻的神经机制进行探讨。ERP 是一种特殊的脑诱发电位，其工作原理是给予神经系统特定的刺激，使大脑对刺激进行加工，在神经系统和脑的相应部位产生可检测及与刺激有相对时间间隔和特定位置的生物电反应。

目前使用 ERP 技术研究隐喻认知的实验范式主要有尾词范式、双词范式和复合刺激范式三种。尾词范式是由库尔森和范佩滕（Coulson & Van Petten，2002）设计的，它是将语句中的最末尾的词作为靶子词，整个句子与靶子词可能有三种关联，即字面含义、隐喻含义或无意义，被试需要根据靶子词理解整句话，最后实验者对靶子词出现时引发的 ERP 波幅进行研究。双词范式则需要实验者事先设定语词类型，如常规隐喻、新颖隐喻或非隐喻等。每种语词类型由两个词组成，语词类型间随机呈现，被试需要判断呈现的两个词之间是否存在意义，然后对后一个词出现时产生的脑电波幅进行研究（Arzouan et al.，2007）。复合刺激范式也叫 S1-S2 范式，是给被试呈现两个连续的刺激，后一个刺激可能与前一个刺激相关，也可能无关，实验的关键是对后一个刺激出现时产生的 ERP 波幅进行分析（Coulson & Van Petten，2007）。使用 ERP 技术能够考察隐喻加工的神经机制，一方面能观测到隐喻加工的精细过程，另一方面通过 ERP 成分的波幅对隐喻句和普通句的认知负荷进行识别（疏德明，刘电芝，2009）。

概念隐喻最直接地反映在隐喻表征词的自动激活和加工推理方面。研究发现，N400、P300 等 ERP 成分在隐喻一致和不一致条件下呈现不同的波幅走势

（Ding et al.，2020；Zhang et al.，2013）。ERP 能够精确分辨在不同时间窗口下所引发的脑电成分，在隐喻加工过程中，诱发的 N400、P300 和晚期负成分（late negative component，LNC）较为常见，也存在 N1、N2 脑电成分。

第一，N400 成分。N400 成分是在刺激呈现后 300—600 ms 出现的负波（Kutas & Hillyard，1980），在语义加工过程中，其幅度大小代表语义加工难度的大小（Lai et al.，2009）。语义加工难度越大，N400 的波幅便越大。平特最早采用 ERP 研究了隐喻的加工过程，实验中让被试对常见的隐喻句子、不常见的隐喻句子和字面意义的句子进行加工，同时控制语境来改变句子理解的难度，研究结果表明，隐喻句子比字面意思的句子引发的 N400 波幅更大（Pynte et al.，1996）。一些研究者采用经典的隐喻研究范式也得出了相似的实验结果。如库尔森和范佩滕在研究隐喻的加工中采用了尾词范式，首先给被试呈现以本义词结尾、隐喻词结尾和介于二者之间的词结尾三种类型的句子，然后要求被试判断尾词和句子本身是否有隐喻意义，结果发现，在隐喻词结尾的句子观察到了更大的 N400 波幅（Coulson & Van Petten，2002）。索蒂略等则采用复合刺激范式来研究隐喻的加工过程，在他们的实验中，先给被试呈现一个有隐喻含义的句子，然后给被试呈现另一个与之前句子相关或不相关的词，并记录其脑电变化，研究结果表明，与呈现无关词相比，当呈现的词与隐喻句子有关时，被试诱发的 N400 更大（Sotillo et al.，2005）。博诺等利用词汇识别范式发现，当目标词汇与启动词汇有隐喻联结时诱发的 N400 波幅更大（Bonnaud et al.，2002）。另外，有研究发现，要求被试对新奇隐喻句、常规隐喻句以及直义句进行记忆与理解，记录被试的脑电数据，结果发现，相较于其他两种类型的句子，阅读引起隐喻句时会引发更大的 N400 波幅（Goldstein et al.，2012），这也表明新奇隐喻句的理解增加了个体认知难度，增加了认知负荷，引发了更大的 N400 波幅。由此可知，相比隐喻句，个体理解普通句消耗较少的认知资源，更易于直接掌握其内涵，而个体加工隐喻句需要更多认知努力，因而隐喻句相比普通句诱发更大的 N400。

N400 也是语义加工过程中语义违反的灵敏指标（唐雪梅等，2016）。库陶什和希利亚德的研究发现，相比中等语义违反句（如"他抿了一口瀑布里的水"），被试在理解强烈语义违反句（如"他抿了一口发射机"）时产生更大的 N400 成分（Kutas & Hillyard，1980）。隐喻映射的相关研究中也有类似发现，如隐喻不一致情况比隐喻一致情况诱发更大的 N400 成分（Ding et al.，2020）。也有研究通过让被试阅读科学隐喻句、科学直义句、日常直义句并让其理解记忆，随后记录脑电成分，结果发现，被试阅读科学隐喻句后会引发更大的 N400 波幅

（唐雪梅等，2016）。陈宏俊（2011）以成语为材料，对被试加工隐喻义成语和直接义成语的神经过程进行了探究，结果表明，隐喻义成语所诱发的 N400 波幅比直接义成语诱发的 N400 波幅更大。上述研究表明，隐喻句中隐喻不一致比隐喻一致的情况更容易对个体的认知过程产生干扰，个体需消耗更多认知资源去理解加工那些复杂或有违常理的句子，进而出现更大的 N400 波幅。不言而喻，N400 是隐喻加工中尤为重要的脑电成分。

第二，P300 成分。P300 被认为与概念词的识别、分类和加工推理密切相关。P300 成分是刺激呈现后 300ms 左右出现的正走向波幅，是大脑皮层的晚成分诱发电位。根据魏景汉和罗跃嘉（2002）的观点，占用认知资源的数量是衡量 P300 波幅大小的重要指标，占用的认知资源越少激活的 P300 的峰值就低，反之亦然。因此，当我们注意到的刺激程度越高时消耗的认知资源也就越多，P300 波幅会更大。P300 是分布在脑顶区的 ERP 成分，在处理与任务相关的、令人惊讶的事件时被激活（Mccarthy & Donchin，1981）。在认知加工过程中，P300 波幅有什么样的特点呢？以往研究发现，当反馈结果与个体预测不一致时 P300 波幅最大（Holroyd et al.，2004）。

P300 成分也是隐喻加工的重要脑电指标。学者在中国文化背景下探讨了目标词意义和空间位置隐喻关系的 P300，研究结果表明，相对于目标词位置与单词意义一致条件，在刺激呈现后的 250—400ms 时间窗，不一致条件下晚期正成分引发的 P300 波幅更大（Zhang et al.，2013）。有研究也发现，在中国文化背景下，高权力词在下和低权力词在上的不一致条件引发的 P300 振幅更大（Wu et al.，2016）。有学者在实验中也发现，相比隐喻一致条件，隐喻不一致条件下 P300 的波幅更大（Ding et al.，2020）。以上研究表明，P300 在隐喻研究中已有较为广泛的应用，并作为语义违反的重要脑电指标，在隐喻研究中被作为脑电指标使用。有学者采用 ERP 技术探讨了隐喻图片和商品之间的联系，他们将隐喻图片分为与商品高相关、低相关和中等相关三种，相关程度高的隐喻图片描述的是商品本身，中等相关隐喻图片描述的是商品的原料与成分，低相关隐喻图片描述的是商品的使用场景，结果发现，与商品相关程度高的隐喻图片引发的 P300 波幅更小（Wang et al.，2012）。顾倩（2015）研究了道德概念的上下隐喻，结果发现，在隐喻一致条件下，P300 波幅更小，而当隐喻不一致条件出现时，P300 波幅更大。武向慈和王恩国（2014）在考察权利概念隐喻加工的脑电变化时也发现了类似的结果，实验中，被试首先需要对呈现的词做权利高低的判断，之后对呈现的字母的位置做出反应。研究结果发现，当先给被试呈现高权利词，随后在屏幕上方呈现字母和当先呈现低权利词随后在屏幕下方呈现字母，也就是所谓的隐喻一致条件出现时，诱发的 P300 波幅更小，而当隐喻不一致条件出现时，诱发了更大波幅的 P300。所以，P300 与隐喻认知评估、隐喻认知资源分配和隐喻刺激加工均密切相关。

第三，LNC。LNC 是刺激呈现后 600ms 左右出现的负走向波幅。LNC 是隐喻映射加工过程中重要的晚期负成分（Pickering & Schweinberger，2003）。有研究发现，LNC 的波幅显著正相关于语义加工的难易程度（Qiu et al.，2008）。因此，当我们在进行认知加工过程中，加工信息的难度越大，诱发的 LNC 波幅就越大。如个体净脏背景下判断道德/不道德词时诱发不同的 LNC 波幅（Ding et al.，2020），即隐喻不一致条件下诱发更大的 LNC 成分，这也再次证明了加工难易程度与 LNC 之间存在正相关关系。不仅如此，与同形关系词相比，隐喻关系词汇诱发的 LNC 波幅更大（赵鸣等，2012），这也表明，在加工隐喻关系词的过程中需要处理的类比映射关系信息更为复杂，加工的难度更大。燕良轼等（2014）的研究表明，道德厌恶启动下身体清洁词诱发了更大的晚期正成分（late positive component，LPC）平均波幅。由此可见，LNC 也是一种反映语义加工难易程度的重要晚期成分，加工信息的难度越大，诱发的 LNC 波幅就越大。

第四，其他成分。除了以上三种具身隐喻加工过程中的重要的脑电成分外，还存在其他的脑电成分，如 N1、N2 等成分。N1 成分是刺激呈现后 100ms 左右时所产生的一种负走向波幅。N1 成分的激活与个体对刺激注意强度有关。有研究发现，在屏幕上方同时呈现强权群体概念与目标字母时，被试的反应时更短，诱发的 N1 波幅更大，即隐喻一致条件下诱发更大的 N1 波幅（Zanolie et al.，2012）。有学者探究了空间位置对道德词汇判断的影响，结果发现，在垂直空间上与下位置加工道德词汇时所产生的 N1 波幅存在显著的空间位置差异（Wang et al.，2016）。研究者在对道德厌恶与黑白隐喻的研究中表明，道德厌恶词启动后，白色中性词比黑色中性词的加工时间更短，且诱发了更小波幅的 N1（陈玮等，2016）。N2 成分是刺激呈现后 200ms 左右时所产生的一种负走向波幅。N2 成分主要与认知加工过程中信息资源分配、整合有关。有学者探究了空间位置对道德词汇判断的影响，发现道德词汇呈现在屏幕下方时会诱发更大的 N2 波幅（Wang et al.，2016）。顾倩（2015）的研究也得出了相同的结果，与隐喻一致相比，隐喻不一致方向所引发的 N2 波幅更大。同时个体在亲社会场景中做出道德判断时也会引发更大的 N2 波幅（Yoder & Decety，2014）。可见，N1 和 N2 脑电成分在隐喻加工中作用各有不同，是反映隐喻精细加工过程的重要神经生理机制。

综上所述，具身隐喻的脑电成分研究主要集中在 N400、P300 和 LNC 成分。此外，也有研究利用事件相关电位技术探究具身隐喻过程中的其他脑电成分 N1和 N2，其过程都是为了更好地了解隐喻加工过程中不同时间窗口诱发波幅的具体情况。为此，ERP 的 N400、P300、LNC、N1、N2 等均可作为具身隐喻的神经生理指标。

第四节　概念隐喻的特性

一、概念隐喻的双向性与偏向性

隐喻的本质是个体利用身体和环境的互动所产生的具体、熟悉的始源域概念去建构、表征抽象陌生的目标域概念（Barsalou，2008）。其中，始源域指具体、能直接感受的认知域，而目标域是概括、不能直接感知的认知域。那么，隐喻表征的方向性究竟如何？

一种观点强调，隐喻映射是单向的，只能局限于始源域向目标域映射，反过来则不成立（Lakoff & Johnson，1999；Lee et al.，2015）；一些实证研究也表明概念隐喻是单向的、不对称的。有研究发现，启动个体的情绪后会影响其对空间位置的判断，但是启动空间位置概念后并不能影响其对情绪词的判断（Meier & Robinson，2004）；还有研究发现，个体可以利用空间信息的心理表征来构建抽象的时间概念，但是抽象的时间概念并不能表征我们熟知的空间信息（Casasanto & Boroditsky，2008）。近年来，隐喻单向性的研究还涉及颜色隐喻（Sherman & Clore，2009；殷融，叶浩生，2014）、洁净隐喻（丁凤琴等，2017）、重量隐喻（刘钊，丁凤琴，2016）等。

另一种观点则认为，隐喻映射是双向的，即映射的方向是灵活、相互的，既可以从始源域到目标域，也可以从目标域到始源域（Black，1993；He et al.，2015）。如鲁忠义等（2017b）的研究发现，被试读道德词后倾向于选择屏幕上方的非词，而读不道德词后倾向于选择屏幕下方的非词；相反，当被试做出"上"的判断时对道德词的判断显著快于不道德词，做出"下"的判断时对不道德词的判断显著快于道德词。章语奇等（2020）的研究发现，绿色感知和道德概念之间存在双向映射的关系。同时，赵虎英（2019）的研究揭示了"干净与道德""肮脏与不道德"双向隐喻联结。研究显示，鱼腥气能够诱发个体的质疑，反过来，质疑也会提高个体对该气味的辨识度（Lee & Schwarz，2012）；还有研究表明，环境的冷热和个体的情感相互影响和映射，具体而言，物理环境的冷热程度与情感的隐喻映射不仅可以从始源域"环境冷热"朝目标域"心理情感"表征，反过来也可表征（Williams & Bargh，2008；Zhong & Leonardelli，2008）。可见，概念隐喻存在由始源域到目标域和由目标域到始源域的双向隐喻映射。

此外，研究发现，具身体验与抽象概念相互映射的方向并非完全对应，隐喻映射具有不对称的偏向性。如鲁忠义等（2017b）的研究证明了隐喻偏向性的存在。实验结果表明，可以从道德概念靶域向空间始源域映射，而采用相同实验范式却没有发现从空间"上下"具体位置朝"道德或不道德"的对应关系，结果说明隐喻映射存在偏向性的特点。肖玉珠（2015）的研究表明，由于文化差异性的影响，隐喻的两个方向都具有部分心理现实性，并且表现出偏向性。如在具体距离感知"近和远"向高级含义"道德和不道德"映射的路径上，近和道德关联，而远和不道德并不关联；反过来，不道德和远具有心理联系，道德和近则无关联。

由上可知，身体体验是隐喻认知形成和发展的基础，隐喻映射的方向性并不稳定，目前有关这方面的研究结论主要有单向性和双向性、偏向性观点。早期隐喻映射的研究主要集中于单向性，近年来隐喻双向性和偏向性的假设也在一些研究中得到了支持。

二、概念隐喻的文化性

从认知的角度来讲，隐喻不单单是一种修辞格，它不仅具有语言性，而且具有思维性。无论是思维还是语言，都是文化的构成之一，文化借助语言和思维来传承，也影响着语言和思维的发展。因此，隐喻不可避免地带有文化特征。吉布斯认为，隐喻从本质上讲，是一种认知方式，这一点使得人们在理解隐喻概念时会受到文化经验的影响，即隐喻具有文化性（Gibbs，1999）。有学者也认为，虽然用来隐喻的事物来源于个体的身体经验，但哪些事物在特定的文化中会被挑选出来作为真正的隐喻，主要受个体文化背景的影响（Yu，1998）。换句话说，隐喻作为一种思维和语言方式，很难脱离个体所拥有的文化模式而存在。有研究者也认为，隐喻并非随意产生的，而是在个体所在的文化背景的基础上形成的，而文化背景包括文化迫力、价值观、习惯等。隐喻的文化性主要体现在两个方面，即隐喻的文化相似性和差异性（Leung et al.，2011）。

（一）隐喻的文化相似性

　　基于相同的认知经验以及相似的大环境，不同地域、民族的人们在理解隐喻时具有相同的物质条件，使得尽管不同地域、种族的人可能使用的是不同的语言，但基于共同的认知结构，对一些普遍存在的事物会产生相似的认识。因此，不同地域、民族之间会产生一些相同的文化产物，称为共识文化，表现在语言中便会形成相同或相似的隐喻（徐宜良，2007），比如"生命是旅程""生活是修行"等。正是这种相同的语言积累，才使得不同地域的人之间相互理解成为可能。如英语和汉语中存在很多相似的隐喻，如家庭领袖（head of a family）、纸老虎（paper tiger）、黄昏恋（twilight love）等（李新国，於涵，2006）。

（二）隐喻的文化差异性

　　虽然不同民族基于相同的认知基础会产生一些相同的文化积累，但是由于不同地域、民族的人们存在地理位置、生活环境的差异，他们在生活习俗、宗教信仰等方面也大不相同，从而使得隐喻在表现形式上往往具有鲜明的民族或地域色彩，这构成了隐喻的文化特有现象。例如，中英文之间有很多翻译不对应现象。英语往往喜欢用"horse"来形容一个人食量比较大，喜欢说大话；而在中文中，我们往往喜欢用"牛"来形容。如饭量大如牛英语翻译过来是"to eat like a horse"，而"to talk horse"的汉语意思则是吹牛。此外，东西方文化中对一些事物理解也不一致。英文中常常喜欢用狗来表达一些好的含义，如当形容一个人工作很努力时会说"work like a dog"，当一个人很幸运时也会用狗来形容，即"a lucky dog"；而中文则往往用狗来表达一些不好的含义，当形容一个人仗势欺人时，我们常常会用"狗仗人势"来形容。这些生活习语的不一致主要是由于文化差异，狗在西方文化中是善良忠厚的，因而往往用狗来形容一些好的事物，而狗在中国传统文化中大多以一种低贱的动物出现，因而往往用狗来表达一些不好的含义。再比如，英语常常用"bread"来表示饭的意思，如"bread and water"是指粗茶淡饭，"take the bread out of mouth"意思是抢饭碗，这就是由东西方生活习惯的差异导致的，西方国家以面包作为主食，所以其生活习语中的面包与中国人的主食米饭意义相当。另外，宗教信仰也使隐喻存在文化差异。信仰基督教的人，其很多生活习语由《圣经》而来，信奉佛教多引用诸如"借花献佛"等俗语等。总而言之，隐喻是不同文化的具体体现，认知和思维方式的差异使得人们对客观世界的认识不尽相同，因而存在着喻的文化差异性。

（三）隐喻的跨文化研究

研究者基于隐喻的文化特性做了大量研究。王广成（2000）整理英汉语言中的隐喻概念发现，不管是在东方文化背景下还是在西方文化背景下，当形容好的人或事物时，人们都会想到"上"或"高"，而当形容不好的人或事物时，人们常会用"下"或"低"。如在中文中，我们会用"江河日下""低谷"来隐喻事物日渐衰落。英语中用"low-down"表示卑鄙的，用"upright"表示正直的。这说明一些隐喻概念在东西方文化中是一样的，即隐喻存在着跨文化的相似性。然而，另外一些研究也发现隐喻在不同文化中并不是完全一致的。有研究者探究了中国人和美国人对时间理解的差异后发现，美国人描述时间时主要使用水平隐喻，而中国人在描述时间时主要使用的是垂直隐喻（Boroditsky，2001）。与看水平排列的物体相比，中国人在看垂直排列的物体后，判断与时间有关的问题（三月是否在四月之前到来）更快，而美国人正好相反，看水平排列的物体后，反应时更快。这说明中美两国人思考时间的方式是不同的。有学者探究了道德概念的上下隐喻，在他们的实验中发现，对不道德词判断时会受到其呈现位置的影响，即在下方呈现时判断更快，而对道德词的判断并不会因为呈现的位置（上或下）而有所不同，这说明被试存在不道德-下的隐喻联结（Hill & Lapsley，2009）。王锃和鲁忠义（2013）采用汉语的道德人格词进行了研究后发现，被试不仅存在不道德-下的隐喻联结，也存在道德-上的隐喻联结。研究者认为这种研究结果的不一致可能是由于东西方文化的差异造成的，东方文化主张人性本善，而西方文化主张人性本恶，因此，对西方人来说，抑恶的体验可能更为强烈，强化了他们不道德-下的隐喻联结，从而当电脑屏幕下方呈现不道德词时被试反应更快。有研究者探究了对不同领导者位置认知的文化差异，结果发现，在对领导者位置的判断上，被试的确存在文化差异（Menon et al.，2010）。他们选取了美国人作为西方文化代表，选取了新加坡人作为东方文化代表，研究表明，西方人更倾向于判断领导者的位置在后方，而东方人更倾向于判断领导者的位置在前方。从上述研究中我们可以发现，不同文化背景下的个体对同一概念的理解的确存在差异性。虽然认知结构的相似让我们理解不同民族的隐喻成为可能，但生活环境、宗教信仰以及风俗习惯等等的不同也使得不同地域、民族的隐喻带有本民族的社会文化特性。

三、概念隐喻的情境性

（一）情境依赖性的内涵

社会情境认知（socially situated cognition，SSC）理论是社会心理与情境认知的结合，该理论认为认知是大脑、环境及社会主体之间的互动过程，它主要有四方面构成，即认知的目的是进化出适应性的行为，认知是具身的，认知是情境性的（源于主体、任务和社会环境的交互作用），认知是社会性的（Smith & Semin，2004）。可见，人们的认知有赖于特定的社会情境。研究者将个体认知依赖具体情境的特性称为情境依赖性（context-dependence）。如有研究者认为，个体如果在不同实验情境中对反馈刺激的评估不同，那么该刺激就会以情境依赖性的方式进行评估（一个结果是有利还是不利，取决于它在当前情境下可能得到的结果）（Holroyd et al.，2004）。罗俊和陈叶烽（2015）对情境做了细分，认为情境由时间、场景环境、事件背景、社会性因素等多种维度变量集合而成，情境依赖性则指人们的行为会随着情境集合中某种维度变量的加入而改变。这种维度划分法更加明确了情境的多样性和复杂性，不同研究者可根据自身研究兴趣进行取舍。

情境因素对个体的影响表现在哪些方面？刘永芳等（2010）研究了风险决策的情境依赖性，结果发现，损失和收益情境对个体自身和预期他人决策中的风险偏好有很大作用：损失情境下个体评价他人比自己更冒险，获益情境下个体认为自己较他人更有冒险精神。刘永芳等（2010）同时考察了情绪效价和损益情境对自身和预期他人风险决策的影响，结果发现，对于个体而言，积极情绪下个体更愿意为损失情境冒险，消极情绪下更愿意为获益情境冒险；对于预期他人而言，两类情绪效价下个体认为他人更愿意在损失情境中冒险，表明风险决策领域存在情境依赖性。有研究发现，情绪存在情境依赖性，相同情绪状态会因情境的改变而产生不同的思维方式，情绪的情境性与认知的情境性是相同的（Hunsinger et al.，2012）。

总体而言，社会情境认知理论为情境依赖性效应提供了必要的理论基础，情境依赖性的概念也因研究者的探究视角不同而略有差异，值得注意的是，情境影响个体认知并促进行为改变是其核心要义。结合以往研究观点，本书将情境依赖性定义为，个体认知、情感、行为等依赖于特定社会情境，即特定情境下个体的认知和行为等会发生动态变化。此外，由前文可知，风险决策和情绪具有情境依赖性，那么，概念隐喻是否存在情境依赖性？接下来将对此进行具体分析。

（二）概念隐喻的情境性

以往研究认为，概念的具身表征依赖于具体的情境（Wei et al.，2015；Barsalou，2003）。由具身隐喻理论可知，认知来源于身体与环境的互动过程，这个过程形成了丰富的情境，隐喻赖以形成的始源域概念便是各种情境的集合。在日常生活中，高权力者相比低权力者往往拥有更大的办公场地和更多的话语权，人们根据这种情境经验逐渐建立起面积和职位之间的权力隐喻。唐佩佩等（2015）使用社会情境范式探讨了权利概念与空间大小的隐喻关系，实验为被试提供一份公司管理人员信息作为情境材料，然后出示不同方形面积的上下级组织结构图让被试对管理人员的权力大小进行评级，结果发现，管理者在结构图中占用的面积越大，则被认为其权力更大。"宽容"本是一个抽象的概念，个体在生活情境中形成了宽敞-宽容的隐喻，便有"心底无私天地宽""宰相肚子能撑船"等认知。研究者对宽容概念大小隐喻表征的情境性进行了考察，实验以大小两种类型的陌生外国人面孔图片作为情境材料，让被试对这些图片进行宽容性评分，结果发现，面积大的图片比面积小的图片被评价为更宽容（张潮等，2019）。以上研究所采用的情境来自说明材料或图片等具体概念信息源，吕军梅和鲁忠义（2013）认为，隐喻的研究应该使用语篇情境，这样一方面能确保隐喻的出现，另一方面能使认知达到体验性和情境性的较好结合。吕军梅和鲁忠义（2013）的实验采用语篇情境范式探究情绪概念与垂直空间概念的双向隐喻映射关系，实验 1 要求被试阅读情绪语篇后对呈现在屏幕上方或下方的字母进行判断，结果发现，被试阅读积极情绪语篇促进了空间"上"的加工，阅读消极情绪语篇促进了空间"下"的加工；实验 2 要求被试阅读含有空间位移的语篇后对随机呈现在屏幕上方或下方的图片中面孔人物的性别进行判断，结果发现，被试阅读空间"上"的语篇会易化积极情绪图片的反应，阅读空间"下"的语篇则易化消极情绪图片的反应。不论是将情绪语篇还是将垂直空间语篇作为情境刺激，都能体现"快乐是上，悲伤是下"的隐喻联结。以上研究在特定的社会情境中研究权力大小隐喻、宽容大小隐喻和情绪上下隐喻，不仅证实隐喻的心理现实性，而且可以实现隐喻表征的身临其境感，更加体现具身性和隐喻情境性的叠加效应。

个体在构建概念隐喻联结中情境因素也起到重要作用。有学者在研究黑白隐喻的实验中发现，黑与不道德、白与道德具有隐喻联结，实验增加不道德故事情境后会使得黑与不道德的隐喻联结变得更强，不道德故事情境在此起到加速隐喻联结的作用，表明概念隐喻会由于情境的设置而变化（Sherman ＆ Clore，

2009）。有研究者通过两项实验研究不同情境下净脏隐喻的心理现实性，预实验设计了两种情境，即奖赏和惩罚个体的不道德行为，被试阅读两类情境后对一些涉及洁净、肮脏的词汇进行评级，结果发现，奖赏不道德行为情境下被试体验到更多肮脏感（Cramwinckel et al.，2013）；正式实验首先让被试抄写自身洁净和肮脏句，然后设置肮脏情境和洁净情境，两类情境分别为被试用手触摸、用鼻子嗅闻并评价肮脏物体（粪便模型）和洁净物品（消毒纸巾），最后被试对存在欺骗行为的"下属"安排奖金额度，结果发现，触摸过肮脏物体的被试倾向于为不道德的下属提供更多奖金。肮脏与不道德之间的隐喻联结已被多项研究所证实（丁凤琴等，2017；Zhong et al.，2010），且以往研究发现肮脏隐喻具有补偿性效应，也就是个体体验到肮脏后会更喜欢做一些好人好事来"净化"自己，以恢复良好的道德自身意象（Lee & Schwarz，2010）。有实验则表明被污染的个体更有可能做出不道德行为（Cramwinckel et al.，2013）。可见，净脏隐喻具有情境依赖效应。

其他隐喻研究中也发现了情境依赖效应。如有研究者通过三个实验研究物理温度和人际温度关系的情境依赖性，实验设计了积极社会情境（如合作、助人情境，包括亲社会线索）和消极社会情境（如不体谅和敌对情境，包括人际冲突），实验1操作消极社会情境：你和你的同学A参加了一个要求有学期论文的课程，在同学A的央求下，你把你的论文借给他参考，结果老师认为你的论文和A的相似度太高而要求你重写，并取消你本课程的学分（Wei et al.，2015）。在此情境下探究触摸冷垫子和热垫子后被试对同学的原谅程度，结果显示，触摸冷垫子的被试对同学的无礼行为更宽容。实验2操纵消极社会情境（一位快递员给你一个包裹并好心擦掉上面的灰尘）和积极社会情境（一位快递员给你一个包裹且不小心把它撕破了）两种情境，最后补充道：投递完成后，快递员请求占用你5分钟时间向你推荐一个商品，实验要求手持热杯子和冷杯子的被试回答是否愿意听对方推销。结果发现，积极社会情境下，手持热杯子的被试比手持冷杯子的被试更愿意听商品促销；相反，消极社会情境下，手持冷杯子的被试比热杯子的被试更愿意听商品促销。他们的研究（Wei et al.，2015）发展了威廉姆斯和巴奇（Williams & Bargh，2008）的研究，证实了物理冷暖与人情冷暖的隐喻存在情境依赖效应。

综上所述，颜色、净脏、温度等领域的概念隐喻都会随着特定情境的变化而变化，从而呈现出一定的情境依赖性。现实生活中的例子也许可以为此提供参考。例如，干净利落的个体会让人心生敬意，但一个干净利落的人骗取他人钱财或破坏公共设施时，人们对其原有的敬意不复存在，取而代之的可能是愤怒或厌恶等情绪。相反，全身肮脏的个体会令人嫌弃，但这个"不洁之人"勇救落水者或给老弱病残让座时，人们对其原有的嫌弃可能烟消云散，代之以尊重之心。可见，概念隐喻表征会受到情境的影响，继而影响个体的道德判断和行为决策。

第二章　道德概念隐喻

第一节　道德概念隐喻概述

一、道德判断与隐喻

　　道德判断与道德培养是教育事业的重中之重。而在德育培养过程中，如何将道德潜移默化到个体生活中是一个重要问题。因此，如何让德育变得可测量、可践行甚至可操作，是各领域研究关注的重点。从古至今，对道德的研究主要有以下几种：①休谟的情感驱动理论，强调情感在道德判断中的决定性作用，主张"如果没有感情，道德便无从谈起"；②康德的理性驱动理论，该理论与前者恰恰相反，认为道德认知才是道德判断的重要决定因素。心理学领域对道德研究更为普遍的观点是，个体的道德判断分为无意识和意识两个方面：意识层面如皮亚杰与柯尔伯格的道德发展观，强调个体随年龄增长，对事物的了解更为全面，拥有更开阔的思维，道德水平也随其认知水平不断发展，即更强调理性因素在道德判断中的作用；无意识层面如弗洛伊德的研究，更强调直觉与感情的作用，认为个体情感因素的出现会先于认知而对道德判断产生影响。

　　在意识层面，人们可以直接感知花是香的、冰是冷的，却无法直接体验道德概念和道德判断。道德概念和道德判断的复杂性和抽象性使得个体不能利用身体的感知觉器官进行直接的体验和觉知，但这并不影响人们对道德概念和道德判断的思考和表征。也就是说，人们通过感官能理解生活中常见的具体概念，如柔软的沙发、温暖的饮料、洁白的衣物等，却不易直接理解道德这种抽象的概念。道德是一种社会意识形态，是人们行为是否规范的标准，也是人类得以和谐生存的行为准则。隐喻的出现则为具体概念和抽象的道德概念架起了沟通的桥梁，以道德为本体的概念隐喻随处可见。人们会用"两袖清风""遗臭万年"等来评判个体的道德好坏，用"生归净土，莲华化生""出淤泥而不染，濯清涟而不妖"等话语来表征个体坚定的信仰及高尚端正的品行。可以看出，不论是哪种表达，都是个体在借助具体的身体经验来实现对道德的感知及判断。

二、道德概念隐喻的内涵

道德概念隐喻是指个体借助有形、具体、熟悉的始源域概念（身体经验）来映射无形、抽象、陌生的目标域概念（道德）（鲁忠义等，2017b）。如道德是"上"，不道德是"下"；道德是"净"，不道德是"脏"；道德是"重"，不道德是"轻"；道德是"正"，不道德是"斜"等。人们会用"道德高尚""清清白白""德高望重"等词语来形容一个人道德，而用"道德卑贱""肮脏污浊""轻薄无行"等词语来形容一个人不道德。换言之，当一个人做了道德的事情，人们会说他高尚、崇高；而当一个人做了不道德的事情，人们会用低劣、低下来形容他。在英语语言中也将"up""clean"与道德连接在一起，用"down""dirty"与不道德连接在一起。由此可见，虽然最初道德概念无法被直接感知，但在个体认知形成的过程中，将抽象的道德概念投射到具体、直接的身体动作、行为和状态上，加深了个体对道德概念的理解。而且在个体借助身体经验进行隐喻映射道德的过程中，道德概念隐喻便由此形成。

以往研究也认为，道德概念隐喻的生成实际上是从身体感知觉经验（始源域）映射到抽象道德概念（目标域）的过程（赵岩，伍麟，2019）。始源域的身体感知经验范围广阔，如感知到的空间位置高低、左右概念都与道德概念联结，便有了"高高在上""低人一等""旁门左道""无出其右"等表达；黑白、明暗等概念与道德概念关联，就出现"黑心肠""白璧无瑕""光明磊落""暗箭伤人"等表达；软硬、冷暖等与道德概念关联，则有"心慈手软""欺软怕硬""冷酷无情""热心快肠"等说法。可以看出，道德概念隐喻自古有之，人们在身体与环境的不断互动中获得了大量感知觉信息，并根据这些信息对人类生活的影响程度进行非好即坏的道德概念隐喻划分，为人们评判善恶、确定适宜的交往对象，甚至官场的选贤举能提供了重要依据。

第二节　道德概念隐喻的维度

道德概念隐喻的始源域呈现多元化，例如空间位置、温度维度、颜色维度、触觉维度、嗅觉维度、形状维度、视觉维度等都可以隐喻映射道德概念。吴念阳和郝静（2006）就英汉语中的道德词做了研究，归纳了几种不同的道德隐喻：①垂直维度（道德是上，不道德是下）；②洁净维度（道德是净，不道德是脏）；③大小维度（道德是大，不道德是小）；④正斜维度（道德为正，不道德为歪）；⑤轻重维度（道德是重，不道德是轻）；⑥香臭维度（道德为香，不道德为臭）；⑦温度维度（道德温暖，不道德寒冷）。国内外众多研究也证实道德概念隐喻在空间、触觉、温度、重量、颜色、明暗、净脏等维度都存在心理现实性。

一、道德概念空间隐喻

个体对空间位置的认知有利于理解道德概念。根据吉本森的观点，空间感知经验是个体最为熟悉的，同时也是与我们关系最为密切的（Gibson，1973）。蓝纯（1999）也提到空间概念"上""下"是我们在理解抽象的道德概念时不可或缺的身体经验。还有学者利用有时间特性探究道德概念空间隐喻，发现词汇在屏幕上方时，个体对其进行判断时只需要100ms左右的时间，而当词汇在屏幕下方时，个体需要400ms左右的时间才能对其进行准确的判断（Wang et al.，2016）。另外，贾宁等（2019）考察了道德概念的空间位置关系，发现当词汇与其要表征的空间位置不一致时，判断任务受到抑制，个体反应时更慢，反之亦然。不仅如此，道德概念空间隐喻映射存在双向性（鲁忠义等，2017），说明道德概念隐喻不仅可以从始源域映射到目标域，还可以从目标域映射到始源域，而且其映射力量的大小可能与信息量不对等有关。道德概念空间隐喻主要表现在道德概念垂直空间隐喻与道德概念水平空间隐喻两方面。

第一，垂直维度。主要是上下垂直空间隐喻研究，学者通过多种方法验证并得出了较为一致的研究结果。如迈耶等使用内隐联想测验（implicit association test，IAT）法探讨了道德概念与垂直空间概念的关系，结果发现，道德词在上方及不道德词在下方时被试的反应时更快，而道德词在下方与不道德词在上方时被试的反应时更慢，说明人们自动建立了"道德在上""不道德在下"的隐喻联结（Meier et al.，2007）；希尔和拉普斯利进一步对实验材料做了修改，将道德词局限于道德人格词，要求被试对词做道德判断，结果发现，无论道德词出现在上方还是下方，被试的反应时都没有差异，而不道德词在下时，被试识别更快，反应时更短，说明被试存在"不道德是下"的隐喻表征（Hill & Lapsley，2009）；鲁忠义等（2017b）采用有意识迫选法发现了"道德是上"和"不道德是下"的隐喻映射，接着使用分离式空间 Stroop 范式也得出此结论；随后又通过道德评价法发现，被试对屏幕上方的人物图片倾向于道德评价，而对屏幕下方的人物图片倾向于不道德评价，进一步证实了道德概念垂直空间隐喻的心理现实性。可见，国内外研究者采用不同研究范式都证实了道德概念隐喻存在垂直空间的"上下"维度以及跨文化的一致性。

第二，水平维度。水平空间信息主要有左右、前后两个方向，较多研究围绕前者开展。有研究者使用探测任务发现，被试在加工与上帝有关的词汇时对右侧刺激反应更快，在加工与恶魔相关的词语时对左侧的刺激反应更快，出现"左坏右好"隐喻（Chasteen et al.，2010）。但卡萨桑托采用 fMRI 技术并未完全证实上述结论，研究发现，不同利手者的脑区激活皮层有明显差异：右利手者对右侧评价更积极，其大脑左半球会有更大程度的激活；左利手者对左侧评价更积极，其大脑右半球会有更大程度的激活（Casasanto，2011）。有学者通过行为回忆范式也发现了较为一致的结果，即右利手者有"右好左坏"的评价倾向，左利手者有"左好右坏"的判断倾向，表明利手在道德与左右隐喻联结的形成过程中有重要意义（Brunyé et al.，2012）。杨继平等（2017）采用 Stroop 语词范式发现，不道德与左存在隐喻联结，未发现道德与右的隐喻联结。所以，道德隐喻在左右空间维度极为复杂，利手是其中最大的影响因素，在考察道德概念左右空间隐喻时有必要考虑被试的利手优势。

二、道德概念触觉隐喻

触觉是人类最先习得的感觉，在个体人际交往与认知发展过程中发挥最基础的作用（Brauer et al.，2016）。软硬是人的基本身体经验，人们能够通过软硬这个始源域概念架构更多抽象的目标域概念（易仲怡等，2018）。阿克曼等使用情景模拟范式发现，触摸硬木板的被试认为他人更严肃刻板，触摸软毯子的被试则认为他人更友善柔和，初步证实了软与温顺等道德品质、硬与刚正不阿等道德品质隐喻表征的一致性（Ackerman et al.，2010）。易仲怡等（2018）使用情景体验范式发现，按压软球的个体倾向于判断性别两歧面孔图片为女性，而按压硬球的个体更偏向于判断该图片为男性，证实了中国文化背景下女性阴柔之美和男性阳刚之气的隐喻表征。易仲怡等（2018）使用内隐联想范式也得到了相似的结果，表明性别角色具有"女软男硬"的无意识联结倾向。不论女性的柔美还是男性的阳刚均反映了个体良好的道德倾向。由此可见，软硬概念不仅与温文尔雅、刚正不阿等道德品质形成隐喻一致性表征，而且与性别角色具有隐喻联结，体现了道德概念触觉隐喻的多样性和内部一致性。

三、道德概念温度隐喻

从进化的角度看，人体对温度的感知具有非常重要的自身保护意义，同时也与道德紧密相联。我们常常会借助"温暖""寒冷"的感知经验来表征道德与不道德，如"热心肠""冷漠"等。根据概念隐喻理论，温度可能经过隐喻的作用影响个体的社会认知加工和判断（Jostmann et al.，2009）。有研究者通过印象形成范式探究温度与社会情感的隐喻映射，结果表明，与拿着热咖啡的被试相比，拿着冷咖啡的被试更容易评价中性面孔具有更多的不良品质，表明冷可以表征不道德。该研究还发现，回忆社会排斥事件的被试会产生"冷"的体验，以至于其在随后的食物选择中，更多地选择了较为温暖的食物以补偿其冰冷体验（Williams & Bargh，2008）。也有研究者采用情境操纵范式探查温度与人际距离的隐喻联系，结果发现，温度的适当升高会增加人际亲密度（Ijzerman & Semin，2009）。还有研究者使用心境诱发范式发现，社会排斥启动能显著引起被试心理的寒冷体验，甚至导致体表温度的降低（Wang & Lu，2011）。有研究表明，个体因回忆不同事件而造成的冷暖体验不同，使得个体产生补偿性需求（Hong & Sun，2012）。以上研究说明，温度与社会情感的隐喻映射具有双向性，人们既能构建物理温度冷热与人情冷暖之间的隐喻联结，也能通过社会的亲近疏离映射身体感知的冷与热。

四、道德概念颜色隐喻

道德概念在颜色领域的隐喻映射主要表现在黑白、红绿等具体维度。

其一，黑白维度。黑白颜色是最为常见的颜色，其与道德概念表征息息相关。在各种文化中都能发现黑白颜色与道德概念的隐喻表征。如在中国的西夏文化中，白色象征"道德"，黑色象征"不道德"；在古希腊文化中，白色象征"纯洁"，黑色象征"邪恶"。道德概念的黑白颜色隐喻从古代延续至今，现代基督教徒依旧认为"世界之光"是上帝的冠称，而将恶魔称为"黑暗之王"；在印度文化中，有"光明即真诚""黑暗即欺骗"的表述。同样，在日常表达中这种隐喻也非常常见，如用"清白""白璧无瑕"等形容一个人有道德，而用"黑店""黑手"等形容一个人不道德。网络热词"白月光"隐喻人美心善、可望而不可即的女子，"黑心肠"则隐喻为达目的不择手段的人。在英语语言中也常常会用"white person""black man"等分别表征个体的道德和不道德。

不仅如此，白与道德、黑与不道德的隐喻表征也被一些研究证实。有学者使用词色 Stroop 范式考察词汇颜色对词性判断的影响，结果显示，当词汇以黑色字体呈现时更具有不道德意义，而以白色字体呈现时更具道德意义（Sherman & Clore，2009）。殷融与叶浩生（2014）的系列实验再次证实了该研究结果，实验 1 使用词语翻译匹配范式考察道德概念与黑白颜色的隐喻联结。结果显示，呈现词为道德词汇时，个体更愿意选择白色备选词作为正确翻译，而当呈现词为不道德词汇时，个体更愿意选取黑色备选词作为正确翻译，呈现词为中性词时个体对备选词的选择比率无明显差异，由此表明了道德概念与黑白表征具有心理现实性；实验 2 采用词色 Stroop 范式，依然发现了白色与道德、黑色与不道德隐喻表征的一致效应。从以上研究可知，"白好黑坏"的隐喻不仅在日常言语层面具有现实性，在实证研究层面也有所证实，而且道德概念黑白隐喻表征深深扎根于人们的认知中，在多种文化视域下都具有共通性和适用性。

其二，其他颜色维度。道德概念的颜色隐喻不仅具有文化共通性，也可能存在文化差异。如红色与白色的隐喻意义在中西方文化中存在很大不同。西方文化背景下，红色多有消极意义而白色更有积极含义（Camgöz et al.，2002；Adams & Osgood，1973）。红白颜色在中国文化背景下寓意具有多重性，杨继平等（2017）认为，红色兼有"根正苗红"等品德良好和"红杏出墙"等德行不良之意，白色兼具清清白白等道德和死乞白赖等不道德寓意，然而他们采用 Stroop 词色范式并未发现红白颜色与道德概念之间的隐喻联结。章语奇等（2020）采用 Stroop 词色范式发现，在众多颜色词汇中，被试对绿色道德词的反应时最短，而对绿色不道德词的反应时最长，证实绿色与道德存在隐喻的心理现实性。综合以上研究，红白颜色因个体生活经验和文化差异具有隐喻的不稳定性效应，而绿色与道德概念具有隐喻联系，相关研究尚需进一步深入探讨，以便明晰道德概念在彩色隐喻表征中的差异性和一致性。

五、道德概念明暗隐喻

汉语中用明暗隐喻道德的比比皆是，如人们用"光明正大""光荣""光彩"等词表征与道德相关的概念或状态，用"黑道""黑心肠""黑幕"来形容不道德的人或事（殷宏淼，2014）。有研究者通过两个实验发现黑暗环境可以增加个体的不道德及自私行为（Zhong et al.，2010）。在实验 1 中，相比于在光线好的房间，处于光线差的房间的被试会采取更多的欺骗行为来获取更多的金钱报酬。在实验 2 中，相比于佩戴眼镜镜片透明的被试，佩戴墨镜的被试会表现的更为自私。有研究也发现了类似的效应，该研究表明处于明亮房间（vs. 昏暗房间）的被试在独裁者博弈任务（dictator game）中更加慷慨，更有可能归还不属于自己的金钱以及更积极地向基金会捐钱，帮助同学编码更多的数据（Chiou & Cheng，2013）。上述研究说明，在明亮环境下的被试会出现更多的道德行为，在黑暗环境下的被试会出现更多的不道德行为，证实了明亮与道德、黑暗与不道德隐喻联结的存在。

不仅如此，道德感也会影响个体对明暗的觉知，有研究结果表明，个体在不道德条件下，对房间亮度的评价会更暗，而道德条件下，对房间的评价会更亮，并且与回想道德事件的人相比，回想不道德事件的人更愿意选择与照明有关的物品作为报酬（Pronobesh et al.，2012）。有研究者采用行为回忆范式研究道德与亮度认知的关系，也发现了类似的效应。实验要求被试分别回忆亲身经历的道德事件或不道德事件，然后对其所在房间进行明暗评级。结果表明，回忆道德事件的被试倾向于评价房间更明亮，回忆不道德事件的被试评价房间更黑暗，而且回忆道德行为的被试更喜欢亮度有关的物品，如照明灯、蜡烛和手电筒等（Banerjee et al.，2012）。我国学者也发现，个体回忆相关道德行为后会影响其明暗知觉，即回忆不道德行为的个体将室内环境评价为更暗，并且更加倾向于选择发光物体（蜡烛、灯等）（李顺雨，2014）。众多研究都证明了不道德与暗、道德与明之间存在联结。

综上所述，道德概念明暗隐喻映射存在双向性，既可以从始源域到目标域（明亮表征道德、黑暗表征不道德），也可以从目标域到始源域（不道德表征黑暗、道德表征明亮），但哪一个隐喻映射方向更强，还缺乏实证研究，未来可以进行深入研究。

六、道德概念重量隐喻

重量是个体基本的感知经验之一，也能表征道德概念（韩冬，叶浩生，2014）。语料分析发现，生活中存在着大量的道德重量隐喻。汉语语言中常用"重"来表征道德，用"轻"来表征不道德，如用"德高望重""举止庄重"来表达一个人很有威望、道德高尚，而用"轻浮""举止轻薄"来表达一个人耍滑头、不道德。大量的实证研究也对此加以佐证。刘钏和丁凤琴（2016）采用纸笔测验方式，让被试左手托起重量为 0g、50g、100g 的物体，右手则对道德和不道德词的重要性进行评价，结果发现当被试托起 100g 的物体时，对道德词的评价最高；解晴楠等（2019）在实验 1 中采用问卷调查的方式，发现个体普遍认为道德概念比不道德概念更"重"，在实验 2 中进一步采用联合反应技术，要求被试用轻重两种鼠标对道德和不道德词进行分类，在内隐层面来考察道德概念重量隐喻的心理现实性，发现道德与重鼠标（不道德与轻鼠标）匹配时被试的反应更快。这表明重与道德、轻与不道德存在隐喻联结。除此以外，也有研究发现了相反的隐喻映射方向。有研究发现，个体从事不道德行为之后，其主观体验到的体重增加，这可能是因为不道德行为会使个体内心体验到更多沉重感，因此，主观体验的体重会增加（Day & Bobocel，2013）。

七、道德概念的香臭隐喻

人们喜欢用香的气味来隐喻道德，用臭的气味来隐喻不道德。如"送人玫瑰，手有余香"就是赞赏美德的行为，"德艺双馨""流芳百世"形容具有美德的人；而"臭名昭著""遗臭万年"等则形容个体的道德品质低劣。在英文中也有类似表达，短语"in bad odour with"代表臭名昭著，而"one's name is fragrant with good deed"则是指某人因为善而芳名远扬。与此同时，国内外学者也对道德的气味隐喻进行了实证研究。霍兰德等的实验表明，在清香氛围下的被试更容易做出保持环境干净的行为，即道德行为（Holland et al.，2005）。有研究也得出类似的结论，发现处在清香环境中的个体更愿意分享，也更愿意做出帮助他人的行为（Liljenquist et al.，2010）。这说明在清新的环境中，个体会表现得更道德，即香与道德存在隐喻联结，并在此基础上进一步发现，香臭不仅可以与道德概念进行隐喻联结，还会影响个体的道德判断。有研究发现，处于恶臭的环境中，个体对道德判断更为严苛（Schnall et al.，2008）。国内学者吴保忠（2013）进一步探讨了香臭嗅觉体验对不同道德领域的差异性影响。结果发现，与控制组相比，暴露在清新气味中的被试在评判伤害及纯洁领域的道德问题时，对不道德行为判断更为宽松，而在美德行为的判断中没有发现此类效应；被试暴露在臭味环境中时，相比于伤害领域的不道德评价，对纯洁领域的不道德行为的判断更加严苛。

八、道德概念的其他隐喻

除了以上几个维度的隐喻外，道德概念还存在其他维度的隐喻。一是道德概念大小隐喻：英语语言中我们常用"have a big heart"来表达一个人道德、宽宏大量，用"a small mind"来表达一个人不道德、小心眼儿。鲁忠义等（2017a）的研究发现，当呈现较大字号的道德词（较小字号的不道德词）时，个体的词汇判断易化，反应更快。二是道德概念正邪隐喻：日常用语中常用"光明正大"来表达个体的道德正义，用"歪门邪道"来表征个体不道德并从事有悖社会伦理的事情。有研究也发现，个体对于正体道德词的反应时要短于斜体的道德词（杨继平等，2017），证明道德概念正斜隐喻具有心理现实性。日常生活中，个体也更愿意亲近"正直"的人而远离"歪心思、斜主意"的人。三是道德概念净脏隐喻，此部分是本书重点内容，将在第三章重点阐释。

综上所述，个体能够从不同的感知维度表征道德概念，而且这些感知均来自其身体经验，这不仅会影响个体的认知和行为，还会影响其对事物的判断及评价。另外，无论是语言学领域还是心理学领域的研究，都证明了在对道德这一抽象概念隐喻过程中，人们会将道德与积极、好的一面联系在一起，如道德在上、道德是明亮的、道德是香的；而把不道德与消极的、不好的一面联系在一起，即不道德在下、不道德是黑暗的、不道德是臭的。

第三节　道德概念隐喻的研究范式

一、Stroop 范式

Stroop 范式是指描述颜色的汉字（如蓝、绿、红等汉字），与字体本身所显示的颜色呈现冲突时，对个体的认知产生干扰。国内大多隐喻研究者利用此范式进行隐喻一致与不一致时的个体认知差异研究，从而为隐喻研究提供更为可靠的证据。例如唐佩佩等（2015）将权力词汇与字体大小相结合，高权力词汇与低权力词汇分别和大字体、小字体两两组合配对呈现，发现在高权力大字体、低权力小字体配对时，被试的反应时最快，即证实了"权力强词"与"大"（权力弱词与小）相匹配时，被试反应时更短，"权力强词"与"小"（权力弱词与大）相匹配时，被试反应时更长。此外，刘钗（2016）运用 Stroop 范式发现了洁净和道德，肮脏和不道德存在隐喻联结。王从兴等（2020）利用空间 Stroop 范式研究了水平方位与道德概念深度加工的隐喻联结，结果发现，被试对左侧道德词判断的反应时显著短于右侧，表现出隐喻一致性效应。在此实验范式基础上，迈耶等利用 Stroop 分离范式，即将两种维度的刺激分别置于两个 block 中，结果发现，上与道德词汇结合、下与不道德词汇结合时，被试反应时更短（Meier et al.，2007）。鲁忠义等（2017b）采用空间分离范式没有发现道德概念垂直空间隐喻的心理现实性。根据巴奇和托塔（Bargh & Tota，1988）的观点，Stroop 范式是一种条件自动化范式，并非无意识的，这与拉科夫（Lakoff，1999）提出的借助隐喻理解抽象概念并非"意识"或"无意识"的观点有异曲同工之妙。可见，利用经典的 Stroop 范式或者 Stroop 分离范式探究道德概念隐喻是可行有效的。

二、IAT 范式

IAT 范式常常通过对被试反应时的计量来测量个体内隐态度。IAT 范式最初是由格林沃尔德等（Greenwald et al.，1998）提出的，通过测量概念词与属性词之间的评价性联系从而间接测量个体内隐态度的方法。后来 IAT 范式也被用来探究概念隐喻，尤其是在无意识层面的隐喻联结。迈耶等使用 IAT 范式，验证了道德概念垂直空间隐喻的心理现实性（Meier et al.，2007）。张亚慧和鲁忠义（2019）利用 IAT 范式进行道德概念垂直空间隐喻的心理现实性，结果发现青少年犯罪者的抽象认知思维中也存在着"道德是上，不道德是下"的隐喻联结，但其联结程度较弱。杨蕙兰等（2015）运用 IAT 范式探究了权力高低与颜色、权力高低与字体大小之间的隐喻联结，结果发现，高权力与金黄色联结，低权力与灰色联结；高权力与大写字体联结，低权力与小写字体联结。以上 IAT 范式为道德概念隐喻研究提供了方法学的证据。

三、语义启动范式

语义启动范式是一种研究内隐社会认知的方法，主要通过刺激的语义特征来记录被试对目标词汇、目标图片的反应时（李泓翰，许闯，2012）。语义启动范式也可以通过启动个体的具身经验进而影响其认知和行为。谢尔曼等在实验中让被试手抄一个故事来启动他们的道德感或不道德感，结果发现不道德感组被试对清洁产品的需求高于非清洁产品（Sherman et al.，2009）。这说明启动不道德感会使被试产生清洁的需要，间接的证明了道德与洁净，不道德与肮脏之间存在一定的联系。国内也有学者将语义启动范式与脑电技术相结合，通过刺激词汇来启动被试的道德厌恶，发现其与目标词汇交互作用显著，当刺激词汇为道德厌恶词汇时，洁净目标词汇比肮脏目标词汇在个体中脑前部诱发更大的 LPC，证明了道德厌恶与洁净肮脏的内部联系（陈玮等，2016）。有学者在实验中请被试阅读一段句子来启动他们的洁净或肮脏感，之后让他们评价 16 个有争议的行为（如吸毒、酗酒等），结果发现洁净启动组的评价更严格，更容易将这些行为判断为不道德（Zhong et al.，2010）。燕良轼等（2014）的研究也发现，当给被试呈现道德词启动道德感和呈现不道德词启动不道德感后，让被试判断随后呈现的与清洁有关的词和与清洁无关的词的字形结构。结果显示，启动不道德感后，被试对与清洁有关的词的字形结构判断的反应时和正确率显著好于非清洁词，说明当被试觉得自己不道德时，有寻求身体清洁的倾向。可见，采用语义启动范式进行道德概念隐喻的相关研究，既可以启动始源域概念（净脏）探讨道德隐喻表征，也可以启动道德概念探讨净脏隐喻表征，为道德概念隐喻的双向性提供了新的研究思路。

四、情境启动范式

许多实证研究都采用情境启动范式以达到隐喻表征研究的目的。施纳尔等将实验室环境变得肮脏，如书桌上笔墨废纸一片狼藉，垃圾桶内散发臭味等，以诱发被试的厌恶情绪，结果表明肮脏的环境会影响被试对不道德故事的评判（Schnall et al.，2008）；威廉姆斯等通过控制室内的温度高低，请被试对陌生面孔进行评判，结果证明，处于温暖环境中的被试容易对他人持善良、信任、亲切等正面态度，处于寒冷环境下的被试则与之相反（Williams & Bargh，2008）。有研究者在实验中让被试置于洁净的环境中来评价自己是否道德，结果表明洁净环境中的被试认为自己更加道德（Zhong et al.，2010）。有研究表明，处在清新干净环境中的被试不仅表现出更多的信任感，而且做出更多慈善行为（Liljenquist et al.，2010）。可见，采用情境启动范式进行道德概念隐喻研究是切实可行的，且情境启动的优点在于真实性以及有效性，较字词、图片等材料启动而言，更容易让个体身临其境，影响其评判与估计。但采用情境启动范式也存在一些缺点，例如对一些变量不可控，且容易引入其他的无关变量，造成实验结论的"污染"。所以，在运用情境启动范式对道德概念隐喻进行实证研究时，无关变量的控制以及对自变量的控制是重中之重。

五、具身化操作

具身化操作也是概念隐喻研究中重要的方法，如洁净手部操作、温度冷暖感知操作、重量感知启动操作等，通过这些具体行为操纵个体的感知觉，影响个体的道德判断。有研究者通过实验探究了洗手这一具体的行为会不会影响个体对自身未来道德行为和不道德行为评估的可能性，结果发现洗手确实有效地降低了被试未来做出不道德行为的可能性（Kai & Teschlade，2016）。有学者在实验 1 中通过让被试采用消毒湿巾擦手（具身化操作）来引发被试的洁净感，随后让被试对社会不道德问题进行判断，结果表明，相比控制组，洁净组被试更容易对社会不道德问题进行严苛的判断（Zhong et al.，2010）。有研究表明，手部端着热咖啡的被试更倾向于评价他人温暖，更易做出更多亲社会行为；而手部端着冷咖啡的被试更易判断他人是冰冷的，其亲社会行为也会减少（Williams & Bargh，2008）。此外，唐芳贵（2017）考察了被试站在不同高度扶梯上对之后的捐助行为的影响，结果发现位置高低感知操作会影响被试的亲社会行为。刘钊和丁凤琴（2016）探究道德概念重量隐喻时，在实验中让被试手拿不同重量的书本，对道德词汇进行辨认，研究发现，被试手中所持书本越重，其对道德词汇更为敏感，从而得到道德为重的结论。由上可知，概念隐喻可通过具身化操作进行研究，包括洁净感知、重量感知、冷暖感知等各种具身体验操作。

基于以上研究，道德概念隐喻的研究范式发展日趋丰富、多样、全面。我们不仅可以从内隐的角度来考察道德概念隐喻的心理现实性，也可以通过行为启动来探究隐喻具身经验对个体认知和行为的影响。另外，我们也发现，利用不同的研究范式会得出不一样的结果，甚至利用相同的研究范式，其结果也不尽相同。因此，有必要采用多元化手段进行道德概念隐喻的聚合效度研究。

第三章 道德概念净脏隐喻

第一节 道德概念净脏隐喻及其源域

一、道德概念净脏隐喻的内涵

中华传统文化中，人们对洁净的追求和对肮脏的回避就有所体现，并且洁净和肮脏分别被赋予道德和不道德的含义。《论语》就记载了"人洁己以进，与其洁也，不保其往也"，表达了古代人通过洁净身体以提升道德境界。《礼记·经解》中有"洁净精微，易教也"，此处的"洁净"指心存善念而平和，"精微"则指做事有条不紊、心思缜密。《世说新语·言语》载"卿居心不净，乃复强欲滓秽太清邪？"，意为"你自己内心不干净，还非要天也不干净吗？"，"居心不净"的近义词为居心不良，此处的"净"即洁净，隐喻善念。《朱子家训》开篇就谈及"黎明即起，洒扫庭除，要内外整洁"。《弟子规》也强调"房室清，墙壁净，几案洁，笔砚正"，说明德行者强调生活环境的干净整洁，保持外在环境洁净与内心洁净的一致，更有利于德行的修养，体现了"洁净近乎美德"的思想内涵。周敦颐在《爱莲说》中，把道德比喻为如莲花清洁美丽，而把无道德视为如淤泥一样肮脏，表面看似描绘莲花，实则暗借道德隐喻劝告官员，即使处于黑暗的官场中，也要如同莲花一般，即使身处泥土中也保持自身清白。可见，古人视洁净为高尚的君子美德，而视肮脏为卑下的小人劣性，这种净脏隐喻现象已成为中国传统文化基因的重要组成部分，并直接影响了千百年来国人的道德认知和道德行为。人们希望清清白白做人，不愿与恶势力同流合污，就像屈原、陶渊明等洁身自好者青史留名，而不愿像秦桧、魏忠贤等污人者遗臭万年。

西方文化中也有类似现象。西方经典著作《麦克白》描述了麦克白夫人通过清洗沾满鲜血的手，以此来减轻内心的内疚感。英语语言中，常用"clean"和"pure"描述与道德相关的概念，用"dirt"和"filthy"描述与不道德相关的概念。

"a clean life" 形容的是洁身自爱的生活，"be of pure heart" 则表示心地纯洁，"throw dirt at sb." 指的是毁谤他人，"filthy lucre" 则是指用卑鄙手段得来的钱财等（吴念阳，郝静，2006）。再如在商业经济领域中 "dirty business" 表示商贩通过 "旁门左道"，弄虚作假地做了非法生意，破坏了正常的商业运营规则，因此认为该营业手段是肮脏的、社会所不允许的。"clean money" 指通过一些合法和道德的手段对商业中肮脏的交易行为进行 "清洗"，以达到清洁（恢复市场秩序）的目的。在政治领域中，"dirty mind" "dirty thought" 表示邪恶、不道德的思想或者行为；"dirty politician" 表示违法的、品德低下的官员，而 "dirty politics" 表示违法的官员所做出的不道德的行为。在竞技域中，"dirty player" 表示违纪的选手，"dirty play" 表示违纪的选手做出的不道德行为，而 "clean plays" 则表示公平公正、有秩序的比赛，"keep it clean" 表示使竞赛合理公道的举行。可见，西方文化日常表达也借助 "洁净" 和 "肮脏" 的身体体验来表征 "道德" 与 "不道德"，为净脏隐喻的研究提供了现实依据。

宗教文化中也体现着净脏与道德的隐喻联结，例如基督教、犹太教、佛教等的洗净仪式。佛教僧人在沐浴前经常会诵读这样的经文："洗浴身体，当愿众生，身心无垢，内外光洁"，表明对他们而言，身体与心灵都必须要保持洁净，心灵的洁净通俗的表达即具备高尚的道德品质。这些宗教及文化中，清洁身体代表着清洗心灵，内外光洁的意思，也具有 "清洗罪恶" 的含义（Zhong et al.，2006；叶红燕，2016）。

此外，中国文化背景下，洁净和肮脏是人们视野可及的日常体验。日常表达中，我们用 "廉洁奉公、洁身自好、清清白白、一干二净、冰清玉洁、清廉纯洁、洁身自好、两袖清风" 等来形容一个人有道德、品行端正、行为规范等；而用 "肮脏勾当、口臭冲天、藏污纳垢、手脚肮脏、同流合污、污泥浊水" 等来形容一个人不道德、品行不端正、违法社会规则等。更有意义的是，中国文化背景下不但注重个体外在身体净脏，更注重个体内在心灵净脏。我们也常用 "心灵比肉体更干净" "予独爱莲之出淤泥而不染，濯清涟而不妖" "外表美丽内心肮脏" "外貌与心灵一样纯洁/丑陋" 等，用内心干净或肮脏关联的词来表达道德高尚或品质恶劣之人。

众所周知，外表的污垢显而易见且容易被去除，而内心的污垢却难以被发现，甚至肮脏的心灵还会借助外表的洁净光鲜来掩饰。在日常生活中，有的人穿着时尚，却在公众场合乱扔垃圾，随地吐痰；有的人衣着鲜丽，却常对他人恶语相向，满嘴脏话。以上两种人会引起众人对他们的厌恶之感，甚至被认为道德更为低下、败坏；反之，清洁工虽衣服布满灰尘，清理肮脏垃圾，但人们却认为他们为公益事业服务，并对其怀有尊敬之心；又如下水道工人虽常常衣服沾满污垢，肮脏不堪，但是他们却为城市的运转做出了很大贡献，人们由衷地尊重他们。那么，是否干净就意味着道德，肮脏就意味着不道德，尚需实证研究进一步验证。

基于现实经验，研究者采用实证研究证明洁净与道德、肮脏与不道德的隐喻联结的心理现实性。有学者从心理学的视角对清洁与道德的联系进行探究，要求被试回想自己做过的道德的事情或者不道德的事情，事后再用词干补笔任务探究被试在内隐层面是否将道德与洁净相联系。研究结果发现，被试回忆不道德故事后会激发想要清洁的意愿，致使在词干补笔任务中更多地填写与清洁相关的词汇，例如 wash、brush 等词汇，试图"清洗罪恶"，由此证明了道德与清洁之间的紧密联系（Zhong et al.，2006）。丁凤琴等（2017）利用 Stroop 范式将洁净、肮脏图片与道德、不道德词汇相结合，结果发现，当洁净图片上出现道德词汇、肮脏图片上出现不道德词汇两种情况时，被试的反应更快，证明了洁净会易化道德词汇的加工，而肮脏则会易化不道德词汇的加工，即人们倾向于干净与道德、肮脏与不道德的隐喻联结。此外，夏天生等（2018）让被试回忆道德事件或不道德事件，再让被试选择铅笔（无清洁意义）或橡皮（清洁意义）作为礼物，结果发现，回忆过不道德事件的被试更多地选择了橡皮，即清洁性礼物。麦克白效应也为此提供了有力支持，即个体做了有悖道德的事情后希望通过清洗身体洗刷罪恶，身体的净化能够减轻其负罪感，使个体的道德自身意象得以恢复（Zhong & Liljenquist，2006）。由上可知，洁净与道德、肮脏与不道德具有一致的隐喻表征。

依据概念隐喻理论，抽象概念源于个体的身体经验以及身体经验与环境的交互作用（Barsalou，2008；Lakoff & Johnson，1999；Slepian et al.，2011；Williams et al.，2009；李其维，2008；叶浩生，2010；殷融等，2013），通过具体、熟悉、与身体经验关联的始源域概念可以隐喻表征抽象、复杂的概念。由此看来，个体通过身体的净脏体验表征抽象的道德概念，将身体洁净经验与道德概念相关联，而将身体肮脏经验与不道德概念相关联，从而形成了道德概念净脏隐喻。除了身体净脏体验，物理环境的净脏也是人类发展与进化过程中接触和感知自然界的重要成分，并通过不断地"架构"逐渐成为抽象道德概念发展的基础（Williams et al.，2009）。近年来的许多实证研究也表明，物理环境中难闻的气味、脏乱的视觉体验都会激发被试产生食物呕吐、生理不适等身体感知体验，并且这种身体感知体验的线索会增强被试在道德判断中的苛刻性（Eskine et al.，2011；Horberg et al.，2009；Schnall et al.，2008）。这为环境净脏与道德概念隐喻映射提供了有力支撑。

道德概念净脏隐喻不仅存在于语言描述中，更体现在认知行为层面，通过"干净"为道德，"肮脏"为不道德的隐喻联结影响个体的道德认知，甚至道德行为。有研究发现，清新的环境会促进被试心理上的洁净，进而使被试倾向于保持周围环境的整洁和有序（Holland et al.，2005）。那么，物理净脏经验与中性物体判断之间是否也具有同类型的隐喻映射效应？当前还未有实证研究对此问题进行探索。我们认为，物理环境的净脏作为个体具身体验的重要来源，具有激发个体身体净脏体验的效果，同样可以隐喻表征抽象道德概念，形成道德概念环境净脏隐喻。由此我们推测，道德概念净脏隐喻具有心理现实性，净脏无论来自个体自身还是外界环境，都对道德概念的加工产生影响，表现为被试在洁净条件下判断道德词的反应时更短，在肮脏条件下判断不道德词的反应时更短。

由上可知，探究道德概念净脏隐喻的内在机制不仅具有理论价值，还具有现实意义，为基于洁净视角加强道德德育及其干预提供了实证研究基础和实践参考价值。然而，以往研究仍存在不足，主要体现在两个方面：第一，仅将道德概念隐喻映射看作西方文化的心理表征，而没有提供更深层次的原因解释；第二，缺乏道德概念隐喻映射的中国本土化研究，难以从儒家文化内部的特异性寻找道德概念隐喻映射的发生机制。所以，尽管身体具身经验是解释抽象概念隐喻映射的方式和路径，有助于深刻理解抽象概念隐喻映射的本质和机制，但难以对抽象概念隐喻映射的文化普适性做出终极性回答。

二、道德概念净脏隐喻的源域

以往研究从环境和自身净脏两个角度证实"洁净—道德""肮脏—不道德"之间的隐喻联结。净脏源于环境还是自身，对道德判断的影响也有所不同，与自我相关的洁净行为大都导致被试进行更为严苛的道德判断；而与环境相关的洁净行为则会使道德判断相对宽松一些（Zhong et al.，2010；丁凤琴等，2017）。如研究者在实验中让被试手部清洁后进行道德判断，发现清洁组被试的道德判断更为严苛（Zhong et al.，2010）。还有研究者在实验中设置了两间净脏程度不同的屋子，结果发现肮脏环境启动下被试的道德判断更为严格，而洁净环境启动下被试的道德判断更为宽松（Schnall et al.，2008）。从具身认知视角而言，自身直接引起的净脏体验与观察环境引起的净脏体验显然不同，自然而然对道德判断的影响也存在差异。从现实信息视角而言，环境净脏信息对个体而言属于外部信息，尚需通过自我认知与其建立间接联系，而自身净脏信息与个体直接相关，个体直接对这类信息进行道德认知与道德评价。因此，基于自身净脏源域视角与环境净脏源域视角，探究道德概念环境净脏隐喻与道德概念自我净脏隐喻的联结强度差异，更具现实价值与生态效度。

（一）道德概念环境净脏隐喻

道德概念与环境净脏隐喻联结已被以往研究所证实。陈玉明等（2014）认为，环境的洁净程度会影响个体对事物的道德认知。丁凤琴等（2017）使用Stroop图词干扰范式对此进行了探索，实验选取天空、河流等与环境净脏有关的图片作为启动刺激，选择善良、正义等道德词和无耻、奸诈等不道德词作为目标刺激，结果发现当道德词呈现在清洁环境背景中、不道德词出现在肮脏环境背景中时，被试均给予更快的词汇判断反应，证明了环境净脏与道德概念隐喻表征的心理现实性。可见，环境洁净与道德概念、环境肮脏与不道德概念具有隐喻一致性效应。

有学者通过情境操纵范式发现，难闻的气味、脏乱的房屋等涉及环境肮脏的情境都会导致被试更为严格的道德判断，即将道德两难故事主人公的行为判断为更不道德（Schnall et al.，2008）。也有学者使用情境诱发范式考察了环境洁净与清洁相关概念词的联系，实验将被试置于清新的气味中进行词汇决策任务，结果发现清新气味增强了清洁行为有关词汇的加工速度；通过潜在行为诱发范式发现，环境中的清新气味致使个体更倾向于选择清洗（cleaning）、收拾房间（tidying up）等环保行为；使用直接行为诱发范式表明，在清新环境下吃饼干的被试更多将饼干屑清理，即他们有更多的环保行为（Holland et al.，2005）。保护环境的行为是一种道德行为，该系列实验直接证明了环境洁净与道德之间的隐喻关系。此外，有学者采用情境操纵范式发现，环境中的清新气味可增加个体互惠、慈善等道德行为（Liljenquist et al.，2010）。也有研究得到的结论与上述一致，思考他人不道德行为后，被试对环境清洁词汇的反应时更短，即证明了环境洁净通常与他人相关的道德判断相关联（Martyna & Jozef，2017）。综上，环境洁净与道德概念隐喻联结，环境肮脏与不道德概念隐喻联结。

此外，环境净脏与厌恶情绪存在紧密联系。无论是《朱子家训》开篇的"黎明即起，洒扫庭除，要内外整洁"，还是《弟子规》所强调的"房室清，墙壁净，几案洁，笔砚正"，均说明古人德行传家最讲究生活环境的干净整洁，清净优美的环境与个体自豪欣慰等正性道德情绪自动联结，肮脏不堪的环境与个体的厌恶、反感等负性道德情绪自动联结。环保、互惠、慈善等都属于有益社会的道德行为，这些行为有强烈的社会赞许性，行为主体也会产生骄傲、自豪等道德情绪。从这个意义上看，洁净环境与正性道德情绪存在紧密关联，肮脏环境与个体负性道德情绪联系密切，进而对道德判断、道德认知及道德行为产生影响。由此看来，环境净脏与道德情绪密不可分，并且存在隐喻联结的可能性。

研究发现，道德厌恶和生理厌恶存在较多共同之处，如具有类似的生理激活与面部表情（Chapman et al.，2009），两类厌恶兼有道德情绪与具身情绪的特点（Zhong et al.，2010）。厌恶既是对某种肮脏事物产生的负性情绪体验，也是一种社会不道德事件引发的负性道德情绪，因而在某种意义上来说，道德厌恶和生理厌恶是互通的。以往研究表明，观看令人作呕的情境和个体强烈的厌恶情绪关联（Schnall et al.，2008），布满病菌的肮脏环境也与厌恶情绪有关，而欺骗等道德厌恶事件也与厌恶情绪相关（Stafford et al.，2018）。可见，环境的洁净或肮脏对人们的道德情绪和认知产生影响，尤其肮脏环境与个体负性道德情绪联系密切。

（二）道德概念自身净脏隐喻

自身净脏与个体的具身体验联系更为密切，以往诸多研究发现，道德概念与自身净脏存在隐喻联结。如有研究者使用行为回忆范式对道德洁净隐喻进行了探讨，实验1请被试分别回忆一件自己经历的不道德事件和道德事件后完成词干补笔任务，结果表明回忆自己做过不道德事件的被试更倾向于填写清洗（wash）等洁净相关词（Zhong & Liljenquist，2006）。丁凤琴等（2017）通过Stroop范式用句子启动个体自身净脏体验，发现了道德概念自身净脏隐喻的联结效应，即启动自身洁净和肮脏体验后让被试对道德事件及道德两难事件进行评分，结果显示自身洁净组比自身肮脏组对道德两难事件主人公的不道德评分更高，自身洁净组具有更严格的道德判断标准。有学者使用行为启动范式发现，清洗自己双手的被试对道德两难故事主人公的行为会有更不道德的判断（Zhong et al.，2010）。以上研究说明，自身净脏体验启动使被试自动建立了洁净是道德、肮脏是不道德的隐喻图式，即自身净脏与道德概念隐喻表征存在心理现实性，且"洁净自身即高尚自身"提高了个体对他人的道德判断标准。

关于道德情绪与自身净脏的关系，研究者也给予了较多关注。有学者在研究中要求被试回忆自己做过的不道德行为，然后让一半被试洗手而另一半不洗，随后测量所有被试的负性道德情绪，结果发现洗手降低了被试的负性道德情绪，因为回忆不道德行为唤醒个体的负性道德情绪，进而与自身肮脏体验迅速联结并通过清洗得到补偿（Zhong & Liljenquist，2006）。梁晓燕等（2012）通过 ICT 方法发现，负性道德情绪启动后被试更偏爱"自身洁净"；张姝玥等（2015）使用行为回忆范式启动负性道德情绪后，被试倾向于选择清洁行为。这两项研究均说明，负性道德情绪启动对洁净行为具有心理补偿效应。有研究发现，洗手能够洗去霉运，不幸事件会让人产生后悔、内疚等负性道德情绪，清洗活动可将个体不同效价的道德情绪一扫而空（Xu et al.，2012）。由上可知，负性道德情绪如果被激活，个体会对洁净有超乎寻常的渴望，以对抗自身肮脏感，道德情绪与自身净脏关系密切。

此外，研究者也关注了具体的道德情绪与自身净脏的关系。研究显示，个体的厌恶情绪被启动后，采用洁净行为能够使之削弱（Schnall et al.，2008）；启动道德厌恶后，被试对自身清洁概念的加工快于自身肮脏概念（Sherman & Clore，2009）；愤怒通常因有违公平的事情被激发，清洁动作也能使之削弱（Zhong & Liljenquist，2006）；不道德行为能引起个体的羞耻感与内疚感（钱铭怡，戚健俐，2002；Tangney et al.，1996）；内疚感也会随着身体的清洁而减退（Xu et al.，2014）；洁净行为与洁净图片对内疚感以及羞愧感皆有洗刷效用（Tang et al.，2017）；口气异味会使个体在公共场合体验较大尴尬，个体愿意借由口香糖或口气清新剂使之得以去除，从而消除尴尬情绪。由此，具身的道德情绪（尤其是负性道德情绪）与净脏的联系如此清晰，净化是补偿某种负性道德情绪的较好方法，以免个体的道德自身意象被污染，自身净脏的不同程度与个体的道德情绪存在隐喻表征。

然而不能忽视的是，身体净脏或自身心灵净脏与道德概念的隐喻关系在中国文化群体中的影响是否相同？身体或自身心灵净脏隐喻效应在中国文化群体中是否能得到验证？以往鲜有研究回答这些问题，这也是本书试图解决的焦点问题。对此问题的解决，不仅是为了揭示道德概念净脏隐喻的情境性，更是为了寻求儒家文化群体心灵净脏与道德隐喻之间的相互关系。故基于中国文化背景探讨道德概念净脏隐喻的特点和情境依赖性更有实际意义，其研究结果理应更具生态效度。

（三）道德概念环境与自身净脏隐喻比较

以往研究大都表明，与自身相关的洁净行为，例如洗手、想象清洁等大都导致被试更严苛的道德判断；而与环境相关的洁净行为则会使被试道德判断相对宽松一些。例如，有研究发现，自身清洁的行为会提升个体的道德自身意象，从而具有更高的道德标准并影响其随后的道德判断（Zhong et al.，2010）。有研究者则有不同的发现，实验者设置了两间洁净程度不同的屋子，干净的屋子里桌椅摆放整齐，铺着洁白的桌布，而不洁净的屋子垃圾桶里装满垃圾，营造十分脏乱的场景，随后实验者让被试处于其中并做出道德判断，结果发现在不洁净环境启动下，被试的道德判断更为严格，而在洁净环境下，被试道德判断相对宽松（Schnall et al.，2008）。上述研究者认为，肮脏环境启动了被试的厌恶情绪，从而迁移到道德判断中而使其对道德行为的判断更偏向不道德，在洁净环境中的被试有更积极的情绪，道德判断更加宽松一些。还有研究发现，相比回忆他人不道德行为，回忆自身不道德行为的被试对自身清洁词的反应时更短，对环境清洁词的反应时更长，证明了环境洁净通常与他人相关的道德判断相关联，而自身洁净通常与自身相关的道德判断相关联（Martyna & Jozef，2017）。

国内学者也对环境与自身净脏的差异做了进一步研究，如丁凤琴等（2017）在实验2中启动环境净脏图片以对道德两难故事进行判断，结果发现当道德两难故事与洁净环境图片相结合时，被试的判断偏向道德，而道德两难故事与肮脏环境图片相结合时，被试的判断偏向不道德，表现出道德概念净脏隐喻对道德判断的一致性效应；但在实验3中，将自身相关的净脏句子与道德两难故事相结合，结果发现启动肮脏自身的体验时，被试对道德两难故事的评价更偏向道德一方，即有更宽松的评价，而有洁净体验的被试对道德两难故事的评价却更加严苛。从以上研究可以看出，洁净指向环境和自身的研究结果确实存在差异。从具身认知的视角看，个体直接接触引起的体验与环境引发的具身体验有所差异，因而对道德判断影响有差异。本书基于自身视角与环境视角，探究道德概念环境洁净隐喻与道德概念自身洁净隐喻的联结强度有无差异，且哪种类型的启动更为明显。

第二节　道德概念净脏隐喻对道德判断的影响

一、道德判断的相关理论

道德判断是指在借助文化所限定的美德基础上，对社会问题及他人行为的善恶好坏进行的评价及判断（徐平，迟毓凯，2007）。但是，目前关于个体是如何做出道德判断的还存在理论观点上的争议。

（一）社会直觉模型

社会直觉模型是由海德特（Haidt，2001）提出来的，他认为道德判断是由快速、无意识的道德直觉决定的。例如一对兄妹发生了违背社会伦理的随意性行为，人们能够在很快的时间内判断其行为不正确，如果让其说出理由却说不出合适的理由，出现"道德失语"现象，说明人们只是直觉上认为这种行为是错误的。海德特认为这就是直觉的结果，也就是情绪因素发挥了重要作用，因为如果有理性推理的存在，人们是可以说出原因的（Haidt，2001）。又如人们欣赏不同风格的画作，会在很短时间内对画作做出喜爱与否的判断，之后再进一步通过理性思维向他人解释喜爱的原因。所以，人们在日常生活中大多根据直接的感觉和更精细的内在感觉对事物进行快速且自动的评估和认知。

（二）道德双加工模型

虽然海德特的社会直觉模型具有一定的说服力，但是有学者在研究道德判断神经生理机制的基础上对此提出了质疑。格林等设置了两个情境，采用了 fMRI 技术探究道德困境判断过程中的神经机制（Greene et al.，2001）。情境1：一辆电车向五个人飞快地驶来，如果撞上，这些人肯定都会死掉；如果你能推动电闸，电车可以从另一个轨道过去，这五个人虽然能存活，但是另一轨道上的一个人会死。那你会去推动电闸吗？情境2：情节和问题同情境1基本相同，不同的是，死掉的这个人是你知道的具体的某个人。结果发现，负责认知与情感的脑区被不同程度地激活。据此，格林等提出双加工模型，认为道德判断是认知和情感共同作用的结果（Greene et al.，2001）。如果人们对道德现象进行判别时情绪与认知的作用方向相同，它们会同时影响人们的决策，但是若两者相冲突，占优势的一方则决定着判断的结果。再如，道德两难场景通常会使这两者在加工过程中相互竞争，但只有胜出的那方才会影响个体的最终判断。

（三）具身认知视角下的道德判断

道德判断的社会直觉模型强调直觉与情绪，道德双加工理论则是同时重视推理与直觉所发挥的作用，为道德判断发展指出新方向。以上理论均为道德判断的实证研究提供了大量的理论依据和方法，但是在日常生活中，我们更多地依据"身体经验"对事物的好坏进行评判，以上两个理论模型都忽略了身体经验的作用。身体体验与认知、情感关系密切，同样影响着道德判断（伍秋萍等，

2011）。阎书昌（2011）提出身体经验与道德认知、情感、判断等心理过程相互嵌入、互相影响；叶红燕和张凤华（2015）也强调道德判断是身体同道德情境互动的结果。因此，探究道德判断同身体的物理属性之间的双向关系具有生态效度及使用价值，是探究道德判断实质的有效途径。

二、道德概念净脏隐喻对道德判断的具体影响

约翰逊指出，道德概念不但可在隐喻维度上进行表征，而且这些隐喻表征还会直接影响个体的道德判断（Johnson，1993）。以往研究表明，隐喻联结会对道德行为产生影响，如有学者发现，与没有洗手的参与者相比，洗手的参与者报告的做不道德行为的可能性更小，他们认可自己的道德品质更高（Kaspar & Teschlade，2016）。此外，贿赂是一种违反道德原则的欺骗行为，身体清洁的相关研究表明，清洁行为与贿赂意图显著相关（Kaspar & Teschlade，2016；Zhong et al.，2010）。研究者将尚未进入浴室洗澡的被试和刚洗完澡从浴室出来的被试分为肮脏组与干净组，让被试评价自身洁净程度以证明分类的有效性，随后设置了一个场景用来测试被试的贿赂意图，实验发现清洁行为后个体的贿赂意图有所减弱（Li et al.，2017）。这表明身体清洁体验的个体会提升自己的道德纯洁感和廉洁感，这种道德纯洁感的自身认知将会降低个体为了保持自身的道德感而做出腐败行为的意愿。霍兰德等用气味来引发个体的洁净或肮脏的感觉，结果表明洁净的感觉会促使被试做出更多的道德行为（Holland et al.，2005）。此外，有学者将纸币分为干净组与肮脏组，干净组中纸币十分干净整洁，而肮脏组的纸币沾有污渍且破旧不堪，结果发现接触肮脏纸币的被试比干净组被试更倾向做一些欺诈行为（Yang et al.，2013）。

以上研究主要通过洁净或肮脏启动考察被试的道德行为。此外，有研究启动道德威胁来激发个体清洁的愿望，探究道德概念净脏隐喻对清洁行为的影响。研究发现，用不道德的故事唤起被试的不道德体验之后，被试都会产生清洁身体的想法（Tang et al.，2017；Lee et al.，2015）。托拜厄斯等设计实验，当被试来参加实验时主试将通过指责其迟到而诱发被试的自身不道德体验，随后在一个产品选择的过程中发现，受到指责的被试更倾向于选择具有清洁作用的产品（Tobia et al.，2015）。此外，有学者调查了网络工作者，结果发现通过网络获取工作以及个人的利益或通过网络媒体建立较为功利性的社会关系时，个体通常有肮脏的体验，随后对这些人群进行调查以及数据分析，发现符合上述描述的被试通常有更强烈

的清洁需求（Casciaro et al.，2014）。

从上述实证研究可以看出，道德概念洁净隐喻与道德行为息息相关、相互影响。启动净脏体验后，道德行为会产生一定程度的变化。而以往研究提供了两个方向，一是洁净行为之后的个体，其道德概念与洁净联结加强，洁净的个体更容易做出更为道德的行为；二是个体在回忆或做出不道德的行为之后，会产生洁净的需求，更加强调了清洁与道德的相互隐喻。那么，道德概念净脏隐喻表征究竟如何影响个体的道德判断？目前主要存在以下两种效应。

（一）隐喻一致性效应

隐喻一致性效应（metaphor consistency effect）是指在洁净条件下的判断偏向道德，肮脏条件下的判断偏向不道德（王锃，鲁忠义，2013）。如有研究发现，在嗅觉与视觉洁净条件下被试的互惠意愿更为强烈（Liljenquist et al.，2010）；有研究发现，洁净组被试比控制组被试表现出更为严格的道德违反判断（Helzer & Pizarro，2011）；有学者分别采用洁净句子或肮脏句子启动被试身体洁净或肮脏的体验，而后评价一些社会问题，结果发现具体的隐喻确实启动了个体身体洁净或肮脏的体验感进而对道德判断产生了影响，其中洁净组倾向于将社会问题判断为更不道德（Zhong et al.，2010）。有研究者将被试分为两组，分别在有清洁提醒和无清洁提醒的环境中完成问卷，其间实验者会询问被试在道德等方面的态度并评价一些禁忌性的性行为，研究发现有清洁提醒组的被试对这些行为的评价为更不道德（Helzer & Pizarro，2011）。

不仅如此，还有研究借助实际的情境来研究洁净肮脏的体验对个体行为的影响。有研究发现，当摊贩接触到的钱是脏钱时，他们在实际的买卖当中出现更多欺骗顾客的行为（Yang et al.，2013）。另有研究让被试想象自己是一位领导，然后触摸洁净的物品（擦手巾）和肮脏的物品（假大便），随后对从事不道德行为的员工进行评价并决定对其给予金钱上的奖励还是惩罚，结果发现触摸了肮脏物品的被试对员工的行为评价为更积极，并且更愿意对其进行金钱上的奖励（Cramwinckel et al.，2013）。

综上，道德概念净脏隐喻根植于个体身体净脏经验中，身体净脏经验具有净化个体道德概念的心理效应进而对其道德判断产生同化影响。洁净和肮脏的身体经验不仅会对道德判断产生影响，即使个体道德判断更为严厉，还会影响道德行为；肮脏的体验或肮脏线索的提示会使我们更倾向于从事不道德行为，如欺骗行为。这也在提醒我们，在日常的生活中，不仅要增加个体的洁净体验感，同时要注重物理环境的洁净，并以此来提高个体的道德标准及增加个体的道德行为。

（二）隐喻补偿性效应

隐喻补偿性效应（metaphor compensation effect），即个体身体经验能够促进与隐喻映射方向相反的道德判断（丁毅等，2013）。有学者通过实验证明了"身体洁净能减轻罪恶感"的麦克白效应，即回忆所做过的不道德事件或抄写不道德故事的被试对清洁类物品有更高的心理需求，更容易在赠品中选择纸巾等洁净物品（Zhong & Liljenquist，2006）；有研究发现，通过用手来完成不道德行为后，被试对手部清洁用品（香皂）的需求增加，而通过嘴完成不道德行为后，被试对口部清洁用品（牙刷）的需求增加，研究结果证实了道德判断与身体特定部位的净脏隐喻映射方向相反（Lee & Schwarz，2010）。还有研究发现，对于中国个体而言，回忆不道德事件后，为了维护自己的面子，个体也会倾向于选择清洁自己的面部，以缓解负面情绪（Lee et al.，2015）。

除了以上的清洁行为补偿外，个体也会通过增加道德行为的方式来补偿内心的不平衡感。有研究者让被试分别撰写包含积极或消极特质词的自身相关的道德或者不道德故事，结果发现，撰写自身包含消极特质词的不道德故事的个体在随后的捐助行为中愿意捐出更多的钱（Sachdeva et al.，2009）。个体也会在负面道德情绪（内疚心理）的支持下，对受害全体或弱势群体给予更多的金钱补偿（Berndsen & Mcgarty，2010）。此外，研究也发现，在健身房锻炼之后，被试在沐浴前会向慈善机构捐赠更多钱，而沐浴之后则更倾向于欺骗他人（Lobel et al.，2015）。

由上可知，"肮脏"身体感觉激发了个体消极的自身体验，并利用"洁净"的身体体验来补偿和调节由消极体验所导致的心理失衡，身体"洁净"对心理"肮脏"具有明显的补偿作用。此外，个体为了补偿其负面情绪带来的不适感会提高道德判断标准，以恢复内在价值感的平衡。身体清洁不仅能够缓解负面情绪带来的不适感和罪恶感，同时也会减少随后的道德行为，即身体清洁不仅补偿个体内在价值感的失衡，同时削弱个体随后执行道德行为的意愿。因此，在未来教育中，应引导学生正确看待清洁行为及线索所带来的清洁感知体验，区分具身洁净行为与内在道德"洁净"，通过有效且适当的行为平衡身体与内心的净脏体验，正确看待道德事件，有意识地进行更为深刻、全面的道德认知与道德判断，并以此规范自己的道德行为习惯。

需要注意的是，并不是所有研究都支持净脏隐喻的一致性效应或补偿性效应，有些研究结果也不尽一致。如有学者通过语句想象任务启动被试自身净脏体验，结果发现，洁净组被试对不道德行为的判断更为苛刻，表现出净脏隐喻的一致性效应（Zhong et al.，2010）。也有研究发现，肮脏环境中的被试比洁净环境中的被试对不道德行为表达了更为强烈的谴责，表现出净脏隐喻的补偿性效应（Schnall et al.，2008）。对此，有学者认为隐喻研究使用的实验材料不同，研究结果亦有所差异（Hong & Sun，2012）。陈玉明等（2014）认为，洁净概念的不一致（如概念清洁及环境清洁）和道德判断指向不明确（自身还是他人）是导致研究结果不一致的重要原因。然而，以往很少有实验关注隐喻效应发生的环境净脏和自身净脏视角的差异。我们认为，环境和身体不洁均会激发个体产生身体的不适和呕吐，并且这种身体经验的线索会增强个体在道德判断中的苛刻性，但环境洁净毕竟不同于身体洁净，被试只有将外在环境洁净内化为自身洁净，才能将这种外烁的洁净隐喻化为内在的道德自身，而这种加强的道德自身感知反过来会要求更严厉的道德判断。

第三节 道德概念净脏隐喻对消费决策的影响

一、具身隐喻对消费决策的影响

目前关于具身隐喻的研究已经非常成熟，研究者也开始关注其在其他领域的使用价值。其中具身隐喻在消费领域的研究逐渐进入研究者的视野，这不仅为研究者提供了新的探索方向，还从具身隐喻视角出发深入研究个体在消费领域的决策及行为，为消费领域提供理论依据。

（一）垂直空间隐喻对消费决策的影响

垂直空间位置是我们最基本的视觉体验，也是商品陈列的常见方式。以往研究发现，当商品的呈现方式与消费者的需求一致时，消费者会表现出更强烈的购买意愿（魏华等，2018）。在日常生活中，我们也会发现，垂直方向通常与我们的社会等级、社会地位及权力大小相联系，这一内在联结无意中影响着消费者对具有不同垂直方向特征的商品产生特殊的视觉体验与心理倾向。研究发现，当产品的外包装呈现向上而非向下的标志时，个体会将该产品评价为更奢侈，并且给予更高的估价（Rompay et al.，2012）；个体也更倾向于认为高价奢侈品应摆放在高层货架，而低价位的一般产品应摆放在底层货架上（Valenzuela & Raghubir，2009）。另外，有研究发现，当大品牌的商品商标放在外包装盒的上方而一般产品的商标放在外包装盒的下方时，即商品价值与其商标方向一致时，个体的购买意愿更为强烈（Sundar & Noseworthy，2014）。冯文婷等（2016）考察了垂直线索对享乐放纵消费的影响，发现"放纵""不道德"与空间位置"下"相对应，并且当享乐型产品放在下层购物架时，消费者对这些产品的购买欲望更强烈。由此可见，垂直空间位置线索会影响个体的消费决策及购买行为，这些空间位置线索涉及商品的摆放位置及外包装盒的设计等，消费者也会根据其与购买需求的匹配程度来确定是否购买，这也提醒商家要注重商品的摆放位置，并在设计上与商品的价值相一致。

（二）温度隐喻对消费决策的影响

在日常生活中，我们常常表达的很多关于"冷和热"的意义其实与温度无关，冷热更多地被用来表达人际关系情况、性格情况等，如我们常说"你好冷"其实在表达这个人性格冷漠，"两个人聊得火热"实际在表达这两个人关系最近很亲密。基于此，有研究者考察了冷热的体验对消费决策的影响。例如，用暖色的视觉刺激启动个体"暖"的体验后，个体更加倾向于从事捐助行为（Mehta et al.，2011）；身体"寒冷"会加强个体对温暖系列电影的渴望（Hong & Sun，2012）。在范阿茨凯等的研究中，实验者将 4 个杯子随机放在桌子上并且随机装满水（水温不同），然后要求被试随机拿起杯子并握在手中 30s，随后想象自己正在找房子并描述自己心目中房子的设计装修等，并讲出自己会在多大程度上购买此房子。结果发现，手握冷水杯的个体将室内环境描述得更为温馨，并且购买欲望非常强烈。由此可见，触觉上"冷"的感觉诱发了心理上"冷"的体验，使被试对温暖产生渴望，从而投射到更温馨的室内环境上（Van Acke et al.，2015）。在日常生活中，身处寒冷状态的个体更倾向于将房子与情感联系在一起，从而提供安全、温馨的感觉，因此更愿意购买。由此可见，日常表达的冷暖并非仅仅与温度相关，也与内在的心理感知相联系。当身处寒冷，个体更倾向于接受温暖的泡澡，而温暖的身体体验也能带来更积极的情绪体验。所以，个体处在寒冷状态时，对具有温暖色彩的物品有更多的消费偏好。

（三）软硬隐喻对消费决策的影响

软硬是触觉的一种基本属性，在日常生活中人们不断体验软硬的触觉，也因此产生不一样的体验。例如，怀抱是柔软的，给人温暖的体验；棍棒是坚硬的，给人冷淡的体验。个体会自然将物理上的触觉"软硬"与心理上的感知"温暖冷漠"联系在一起。研究表明，儿童触摸柔软的玩具时与轻松、自在、愉悦、温暖的心理体验联系在一起，而触摸坚硬的玩具时与冷漠、焦虑、压力等心理体验联系在一起（Kierkels & van den Hoven，2008）。不仅如此，软硬的触觉经验还会影响个体的消费决策、态度及行为。丁瑛和宫秀双（2016）利用情景启动范式启动个体的社会排斥感，将被试带入故事场景中（餐厅就餐），社会接纳组被试体验到餐厅服务热情，而社会排斥组体验到服务员的冷落，随后要求被试对价格、颜色、款式相同的亚麻围巾和羊绒围巾进行评价，结果发现经历社会排斥的个体对柔软的围巾更加渴望。另外，也有研究利用情景模拟范式，让被试先对软硬程度不同的商品进行触摸并评价，随后要求被试想象一件自己被服务失败的场景，然后表明对此事件的态度，结果发现触摸软商品的个体对此持更加容忍的态度（钟科等，2014）。由上可知，软硬触觉体验不仅会影响人们心理上的感知体验，同样会影响其在消费时的态度、决策和行为。这也再一次提醒我们，软的触觉经验有更多的可塑性和变化性，会带给人更多舒适的体验；而硬的触觉经验更多代表不变性和固定性，会带给人更多不舒服的体验。

（四）其他具身隐喻对消费决策的影响

重量作为一种基础的触觉体验，常常与重要性联系在一起（Zhang & Li，2012）。约斯特曼等让被试手拿重或轻的剪贴板并对其重要性进行评价，随后判断货币的价值，结果发现，手拿重剪贴板的个体认为货币更有价值（Jostmann et al.，2009）。不仅如此，个体的负重体验会促进其在购买商品时对阅读说明书重要性的评价（Zhang & Li，2012）。因此，重量所带来的生理体验会影响个体对物品重要程度的判断。此外，大小除了表示物理上的面积和体积外，还常常与我们的社会地位、权力联系在一起。杜波依斯等的研究发现，个体认为食用大分量食物的人往往拥有高权力、高社会地位，当个体权力感很低或者其社会地位很低时，也会选择食用大分量的食物来作为内在补偿（Dubois et al.，2012）。因此，具身隐喻所涉及的始源域是多元且丰富的，始源域所带来的身体体验影响着个体在消费活动中的决策与行为。

二、道德概念净脏隐喻对消费决策的影响

（一）道德概念净脏隐喻对清洁产品消费决策的影响

具身隐喻在消费领域的应用越来越广泛，研究者也开始关注道德概念净脏隐

喻对消费决策的影响。在具身隐喻的观点中，"洗手能够减轻罪恶感"，进一步表明身体清洁这一具身经验是道德抽象思维的基础。以往研究也发现，与回忆道德故事的被试相比，不道德故事会促使个体选择清洁产品，并且会显著降低其负性道德情绪（Zhong et al.，2006；Lee et al.，2010；Lee et al.，2015；Schnall et al.，2008），表明不道德行为及事件可以引发个体的清洁需求。此外，有研究发现，回忆和个体经历过的不真实体验会增强个体对身体清洁的渴望，尤其回忆不真实经历的被试，其道德自身意象降低，自身觉知自身不干净，对与清洁相关的产品更加渴望，也更渴望进行淋浴等清洁行为（Gino et al.，2015）。也有研究者针对不同身体部位进行道德概念净脏隐喻对清洁产品消费决策影响的研究，主要有嘴部和手部证据。

1. 道德概念净脏隐喻对清洁产品消费决策的影响：嘴部证据

有学者采用行为启动范式，让被试用嘴部执行道德或不道德行为（以第一人称发"嘴说"语音邮件），以考察被试对嘴部清洁产品（漱口水等）和无关产品的评价及支付意愿，发现相较于发道德语音邮件的被试，发不道德语音邮件的被试认为"漱口水"更可取，其支付意愿更强烈（Lee et al.，2010）。也有学者采用行为启动范式，并结合 FMRI 技术来探索道德概念净脏隐喻的具身性，以及不道德行为对清洁产品评估的影响。实验将被试分为两组，让其躺下并连接 fMRI 设备；然后，被试开始阅读电脑屏幕上呈现的故事，一组被试被要求执行不道德行为（传达恶意信息：撒谎），另一组被试被要求执行道德行为（传达善意信息：说实话）；最后要求被试对清洁相关产品（牙膏、漱口水等）和清洁无关产品（胶水、管子、电池等）的可取性进行评分。结果发现，执行不道德行为之后，被试对牙膏和漱口水的评价更高，而且在对清洁产品进行评价时，被试的左感觉运动皮层、颞上/中回、杏仁核、海马区都被激活，但对非清洁产品进行评价时无相应脑区激活（Claudia et al.，2016）。有研究也得到了上述结论（Schaefer et al.，2015）。丹克等将撒谎情境和说实话情境作为启动条件，然后要求被试对清洁产品和非清洁产品表达渴望程度，结果发现说谎情境下的被试对清洁产品的评分更高，即说谎使个体对清洁产生更大的心理需求（Denke et al.，2016）。综上可知，道德概念净脏隐喻具有生理机制，与大脑感觉运动皮层的激活息息相关，而感觉运动皮层参与内在的认知过程也包括对抽象的道德概念的认知。同时，个体用"嘴"完成不道德事件后，道德自身受到威胁，为了维持内在道德价值的平衡，个体会清洗"脏"的部位，因此对牙膏和漱口水更加渴望。

2. 道德概念净脏隐喻对清洁产品消费决策的影响：手部证据

有研究发现，在实验中从事不道德行为时，如果是用手部参与，那么被试在洗手后，对他人不道德行为判断的严格程度会有所降低（Schnall et al.，2008）。也有研究发现，身体不同部位的清洁与不同部位的道德行为相关，被试用手写电子邮件的方式传播谎言后，会更多地选择与洗手相关的清洁产品（Lee et al.，2010）。还有研究让被试先对洁净或肮脏的物品进行评价，结果发现评价过肮脏物品的被试对不道德行为的判断标准更宽松，从而会口头同意给执行过不道德行为的下属发放奖金（Cramwinckel et al.，2013）。有学者采用行为启动范式，首先要求被试以第一人称用手部抄写道德或者不道德的故事，然后要求被试对清洁相关产品（沐浴皂、牙膏、洗洁精等）和清洁无关产品（电池、便利贴等）进行可取性评价，结果表明抄写不道德故事的被试更多地选择手部清洁产品（Zhong et al.，2006）。由此可见，用手抄写不道德故事后，被试所体验到的不道德感会映射为具体的"手脏"，为了平衡这一行为造成的不道德感，被试产生了强烈的清洁意愿并选择清洁产品。有研究者对用"手"完成不道德行为后对洗手皂需求度进行评分，发现评分过程中被试的双侧体感皮层、右运动区前皮层、海马区、枕叶皮层都被激活（Schaefer et al.，2015）。

由此可见，个体做了不道德行为，会更加关注清洁有关的物品，并且通过购买清洁相关产品减轻自己的不道德感，说明道德概念净脏隐喻的确可以影响个体的决策或行为。更重要的是，身体不同部位的"洁净"和"肮脏"道德隐喻均对清洁相关消费产品决策产生影响。具体而言，道德概念隐喻能够与某一身体部位的具体体验产生联结，不同身体部位执行的道德或不道德行为可能唤起个体不同部位的净脏体验，从而影响个体随后消费决策以及消费行为。道德概念净脏隐喻是特定于净化具体的身体部位，也就更倾向于选择与净化部位对应的清洁产品。

（二）道德概念净脏隐喻对清洁产品消费决策的影响：惩罚的净化作用

有学者认为，道德净化效应包括身体净化、心灵净化、道德净化和自身惩罚。道德概念净脏隐喻对前三种净化方式涉及较多（Tetlock et al.，2000）。有学者认为"惩罚作为一种间接行为方式，是对个体内心失衡的重新建立和伤口伤害的愈合和修复"（Houellebecq，2011）。布鲁姆和诺顿认为，通过对不道德行为者进行必要的惩罚才能抵消其不道德过错（Bloom & Norton，2010）。弗洛伊德认为，压抑的负罪感会使个体内心痛苦，即所谓的"道德受虐"，个体通过惩罚来赎罪，以补偿自己的道德违法行为（Nelissen & Zeelenberg，2009）。这种通过惩罚手段来消除个体内心的内疚感和罪恶感的方式即惩罚的净化作用（Rothschild et al.，2015）。

有研究表明，将遭受痛苦作为一种惩罚可以使个体减轻内心的罪恶感和净化其灵魂，如相比控制组，回忆社会排斥经历的被试将手放在冰桶的时间更长（Bastian et al.，2011）；相比控制组，回忆不道德事件而产生内疚情绪的被试选择对自己实施电击，并且内疚情绪越强的被试，对自己实施电击的强度越大（Yoel et al.，2013）。有学者认为，痛苦是对不道德行为的弥补和赎罪，如同净化身体洗去罪恶（Zhong & Liljenquist，2006）。为什么身体痛苦能够赎罪？原因之一是身体遭受痛苦能够有效地减轻个体的罪恶感（Tangney et al.，2007），有助于"净化"自己的不道德行为（Rothschild et al.，2015）。可见，对违法者的惩罚是一种"净化"其道德错误的策略，个体做过不道德事件后，通过惩罚缓解负罪感，恢复自己的道德纯洁。因此，本书将探讨惩罚在道德概念净脏隐喻中的净化作用。

以上研究都基于西方群体，东方群体不道德行为回忆是否能引起清洁的欲望和行为？以往研究发现，请被试回忆自己的不道德行为经历，然后报告其对面部相关清洁产品的购买渴望，结果发现与回忆自己道德经历的被试相比，回忆自己不道德经历的被试对面部清洁产品的购买意愿更强烈（Lee et al.，2015）。儒家文化更注重个体的"仁义"思想与道德境界，对个体的道德行为与道德规范要求更为严厉；另外，受"面子文化"等方面的影响，中国文化背景下个体道德概念净脏隐喻对个体的消费决策影响可能更强。但以往鲜有研究考虑道德概念净脏隐喻影响消费决策的文化针对性，因此，很有必要结合本土文化背景进行实证研究。

第四节　道德概念洁净隐喻的干预

一、道德概念洁净隐喻干预的必要性

理论研究要更好地服务于实践。那么，道德概念净脏隐喻的实证研究能否服务于社会实践？诸如为青少年群体提供道德概念净脏隐喻干预训练，能否减少或防止青少年由于净脏体验诱发而带来的道德判断的偏颇？尽管研究者尚未进行道德概念净脏隐喻的干预研究，但以往研究采用一定的干预策略使个体已形成的道

德认知发生改变。有研究表明，脸部清洁能够有效减少被试的懊悔和内疚，达到"洁净心理"的目的（Lee et al.，2015）。个体身体感知觉与情境互动的经验影响个体的道德判断（李其维，2008；Barsalou，2008；Wilson，2002）。通过身体物理量的改变使个体的道德认知发生变化（彭凯平，喻丰，2012）。

道德概念净脏隐喻的研究更为道德领域研究以及道德教育提供有利的理论依据。对道德概念洁净隐喻进行干预的具体原因有以下两点：第一，使道德更具可操作性。道德教育是教育领域的重点以及难点，其难点在于道德的抽象性，现在主要以倡导和呼吁课本学习的方式进行德育，在方法上略显单薄。基于心理学视角，道德概念隐喻研究发现，抽象的道德与具身体验、直接概念相互作用，上下、大小、香臭、冷热、净脏这些来源于身体的直接感受也可作为道德认知中至关重要的一部分。由此看来，若利用道德概念洁净隐喻的思想对道德教育进行改善，那么研究其干预方法十分必要。第二，道德概念洁净隐喻对个体的道德行为具有积极作用。大量研究表明，洁净条件启动下个体的道德自身意象有所提升，对后来的亲社会行为、诚信等道德的行为有积极影响，对欺骗、贿赂等不道德的行为有削弱作用（Kaspar & Teschlade，2016；Li et al.，2017）。因此，对道德概念洁净隐喻进行干预对个体的道德行为有积极影响，对其干预方法的探究极其必要。

除此之外，有研究以年龄划分，通过研究上下隐喻、净脏隐喻、明暗隐喻、香臭隐喻发现，成年人的道德概念隐喻联结强度较初中生、小学生更大，并且文化程度越高，其联结强度越大（叶浩生，2010；殷宏淼，2014）。一项关于青少年犯罪者的研究发现，与正常青少年个体相比，青少年犯罪者的道德概念垂直空间隐喻联结较弱（张亚慧，鲁忠义，2019）。由此看来，隐喻联结随个体认知水平的发展也会呈现强度的逐渐提升，并且正常个体的隐喻联结强度更为强烈。所以，对道德概念洁净隐喻进行干预，一方面旨在探讨隐喻联结本身的强化机理，另一方面旨在发掘道德概念洁净隐喻的强化与个体道德行为的关系。

二、道德概念洁净隐喻的干预方式

通过对以往文献的梳理，虽鲜有直接的实证研究探究道德概念洁净隐喻的干预，但基于理论基础与以往各种认知干预的联系，本部分将介绍正念干预和评价性条件反射法两种干预方式，从其内涵、应用范围等方面探讨它们在道德概念洁净隐喻干预中的适用性。

（一）正念干预

通过查找以往的实证研究发现，虽无直接证据说明正念干预是否可作为道德概念洁净隐喻的干预，但梳理文献后发现正念干预方法与道德概念洁净隐喻有一定关系。本小节将通过对正念（mindfulness）的内涵、正念与道德认知的关系等，阐释正念对道德概念洁净隐喻干预的可行性，以期为后续研究提供一定理论基础。

1. 正念的内涵

正念是一个人感知和接受当下经历的过程（Brown & Ryan，2003；Black et al.，2012）。正念最初来源于佛教冥想，在东方传统佛教与西方思想流派中，结合佛教哲学与神经生物学中"内观"的概念，也就是自上而下和自下而上的过程，逐渐形成了现在的正念内涵（Grossman，2015；Khoury，2018）。无论从东方还是西方的角度，正念的定义都明确提到个体注意力与意识机制所涉及的内部过程和外部刺激，内部过程即身体感觉，外部刺激指社会或人际互动（Khoury et al.，2017）。国内学者提出，正念就是让被试将注意力聚焦于当下的感受，并且对当前所思所感不做评判，即有意识地去感知当下的体验，不做批评（刘颖，宁宁，2019）。

随着心理学中对正念的研究愈来愈多，正念干预也成为心理学中常用的干预及治愈方法被广泛应用。在以往的研究中，较为系统且成熟的正念干预有五种类型，分别是正念认知行为疗法、接受承诺疗法、辨证行为疗法、正念减压疗法及正念复发预防（Simkid & Black，2014）。其中，最常用的正念干预（或训练）具体方法有正念冥想法、正念瑜伽、身体扫描法等，这些方法在心理治疗中都有显著成效。例如，研究发现，正念冥想的方法对身心健康有很大作用（Carrière et al.，2017；Carsley et al.，2018）。此外，研究发现，在亲子关系中，父母的正念特质与不同发展阶段的孩子的心理调适能力、内化和外化问题行为息息相关（Parent et al.，2016；Turpyn & Chaplin，2016）。正念训练在无意识中提高了父母养育行为的质量，可以减少父母压力，提升亲子关系的质量，并且有效降低儿童的精神病症状以及问题行为（Gannon et al.，2017）。国内研究者将正念训练的方法应用在儿童的注意力以及执行功能训练中，结果发现正念训练组的儿童持续性注意力明显提高，而且在抑制控制、工作记忆、认知灵活性这三个方面的执行功能上有所提升（李泉等，2019）。正念训练可以使个体在进行 Stroop 任务、前瞻记忆任务时速度更快，即可以起到抗自动化干扰的作用，并且随着个体对任务熟悉度不断提升而进行自动化加工时，正念训练可以起到自动化组织的作用（王岩等，2012）。

由此可见，正念训练作为一种有效的干预方法，不仅有助于人们的身心健康，情绪缓解，更可以促进注意力、记忆力、认知执行等认知方面的发展，使其得到有效的提升或抑制。我们认为，隐喻作为认知方式的一种，可能也受到正念干预的影响，但具体的干预方法以及会取得怎么样的效果还尚未可知。以下将对正念的特征以及它与道德概念洁净隐喻的联系做梳理与分析。

2. 正念干预对具身道德的影响

正念是对自身感官与情景特征高度关注与体验的状态，而在这种状态下可能改变个体获取道德相关信息的能力，并且改善其道德行为的执行（Sevinc & Lazar，2019）。在这一前提框架之下，道德不仅是一套明确的规定以及原则体系，而且需要通过有机体与环境的动态互动来充实，受具身体验影响的过程中，个体在进行道德判断时与当下的感知体验密切相关。正念状态更有利于觉察与道德相关的内部及外部线索，即具身体验，从而更容易从其中获取与道德有关的信息，并且对随后的道德行为产生影响（Sevinc & Lazar，2019）。道德在很大程度上取决于情境因素，净脏、上下、大小、冷热这些具身感受都可以作为影响个体获取道德信息的环境因素。一些个体可以敏锐地觉察到环境中的信息并且与道德相联系，另一些个体则很少能觉察到其中的不同，从而使其对道德信息的获取不是很敏感。有研究者从神经机制的角度对道德认知与正念冥想做了进一步分析。个体处于正念冥想状态时，其额叶（F）、顶叶（P）执行网络及背外侧前额叶皮层被激活参与其中，研究者认为冥想期间这些网络可以持久适应并且改变认知调节（Hasenkamp et al.，2012；Ellamil et al.，2016）。此外，正念训练所涉及的神经网络中心包括背侧前扣带和额叶，它们与内感受性知觉（即对身体信号的知觉）有关，若正念训练后此处神经网络活动增强，那么随着内感受性知觉的加强，道德认知便会受到影响（Menon & Uddin，2010；Farb et al.，2013；Fox et al.，2016）。

由此可知，正念训练使得个体更关注当下的体验，道德认知过程离不开当下所处情境以及感受，因此正念干预可能促进具身道德的发展。聚焦到道德概念洁净隐喻的方面，净脏来源于具身感受，正念训练可加强人对当下状态的感受，使其更易察觉具身的体验，因而更有利于道德概念洁净隐喻联结的加强，从而影响随后的道德行为。通过对以往研究的发掘以及对两者概念及神经机制的剖析，我们认为正念干预可能对道德概念洁净隐喻起到一定的作用，可作为道德概念洁净隐喻的干预范式。

（二）评价性条件反射法

1. 评价性条件反射法的应用

利维和马丁（Levey & Martin，1975）在经典条件反射法（classical conditioning，CC）的基础上探索了态度的改变与形成，最早提出评价性条件反射法（evaluative conditioning，EC）。研究者将中性图片（即条件刺激，conditioned stimulus，CS）与被试喜欢的图片（即非条件刺激，unconditioned stimulus，US）连续配对呈现，发现被试对中性图片的评价开始偏向积极，当中性图片与被试不喜欢的图片配对时被试对中性图片的评价则更偏向消极。评价性条件反射法将条件刺激与无条件刺激重复配对，通过这种方式使无条件刺激获得条件刺激的评价属性，从而改变被试对条件刺激的偏爱。近些年来，除了心理学，评价性条件反射法被广泛应用于消费决策、情绪认知、神经科学等研究领域，其有效性得到广泛验证。

研究发现，评价性条件反射法可以有效降低种族偏见及刻板印象。奥尔森等通过向被试分别呈现黑人形象与积极词的配对、白人形象与消极词的配对改善了被试对黑人的内隐偏见（Olson & Fazio，2006）。弗伦奇等利用评价性条件反射法干预大学生刻板印象，干预程序中将中东人的面孔与积极词汇配对，将白人面孔与消极词汇配对，结果发现被试内隐消极刻板印象显著降低（French et al.，2012）。通过身体语言动作同样可以获得评价性条件反射，例如有研究者在实验中发现，先呈现具有摩洛哥特色的姓名再通过实验程序引导被试做出点头、摇头的动作，可以成功降低被试对具有摩洛哥血统荷兰人的内隐偏见，但若先做出头部动作再呈现姓名，则无法降低被试的内隐偏见（Wennekers et al.，2011）。还有研究发现，要求被试在看到黑人面孔与反刻板印象词配对时进行肯定反应同样可以降低内隐种族偏见（Kawakami et al.，2000）。国内研究则发现，通过评价性条件反射法干预异性恋大学生对同性恋的态度，在内隐和外显维度上可以降低被试对同性恋群体的消极态度（刘予玲，2010；姚家军，2014）。

评价性条件反射法除了可以让中性刺激具有条件刺激的评价特性之外，还可以强化条件刺激的反应。例如在安慰剂的研究中，研究者利用经典条件反射法对安慰剂治疗方案进行强化改进，即在使用安慰剂时伴随低强度的痛觉刺激，不使用安慰剂时伴随高强度的痛觉刺激，重复学习后，安慰剂效应得到强化，使用安慰剂的被试比控制组产生了更好的治疗效果（Colloca & Benedetti，2006）。更有研究发现，强化后的安慰剂效应产生了迁移，不仅改善某一特异性痛觉，还可能在一定程度上消减其他负性情绪并有生理支持（Zhang & Luo，2009）。如此看来，通过评价性条件反射改变个体的认知偏见或认知倾向是一种有效的干预措施。

2. 评价性条件反射法的程序参数

评价性条件反射技术简单易行，对实验条件限制较低。以往研究发现，即使 CS-US 联结仅呈现 1 次就足够产生条件反射效应（Stuart et al.，1987），且 CS-US 配对次数的提高可以显著提高评价性条件反射效应（Baeyens et al.，1992）。德豪尔等则在实验中专门设置实验组与消退组，在实验组中的被试观看 CS-US 配对呈现，消退组中 CS-US 配对以同样的方式呈现，但随机在 CS-US 配对后呈现同类 CS，结果发现条件反射组和消退组所获得的评价性条件反射法效应大小没有显著差异（De Houwer et al.，2000）。同时，奥尔森和法西奥在干预结束 2 天后对被试进行延时后测，结果发现评价性条件反射效应依旧存在（Olson & Fazio，2006）。另外，研究者往往认为，条件列联意识觉知（contingency awareness），即被试意识到 CS-US 的呈现规律，是经典条件反射的必要条件，但条件列联意识觉知对评价性条件反射效应的影响依旧不明确。有研究发现，条件列联意识觉知是评价性条件反射建立的必要条件（Blask et al.，2012），研究者认为评价性条件反射效应的建立以命题的形成为基础，只有当被试意识到两个刺激总是配对出现的命题成立，对 CS 的评价才能发生改变（De Houwer，2005）。但也有学者指出，不管被试是否意识到 US-CS 配对，评价性条件反射效应都可以被建立（Balas & Sweklej，2012；Kattner，2013），即条件列联意识觉知与条件反射效应的建立无关。支持该观点的研究者认为，评价性条件反射是一种概念的学习，将 CS 与 US 配对呈现会凸显二者的共同特征，但被试不一定需要记得刺激如何配对呈现（Davey，1994），且 CS 与 US 配对呈现自动地形成了一个整体的表征，CS 不仅能够激活这一整体表征，也能激活 US 的相关评价，并使得 CS 的评价向 US 效价方向移动（Levey & Martin，1975）。所以，通过阈下呈现 CS 或 US 的实验同样得到了评价性条件反射效应，也从侧面验证了评价性条件反射效应与条件列联意识觉知的相互独立性。综上，条件列联意识觉知与评价性条件反射效应的相关性与独立性皆得到了验证。因此，评价性条件反射效应的建立可能依赖不同的加工，即基于意识层面的命题知识建立的评价性条件反射效应依赖于条件列联意识觉知，而基于无意识层面建立的评价性条件反射效应与条件列联意识觉知相互独立。

此外，评价性条件反射的建立过程往往依据现实情况，通过一定的实验操作对被试的条件列联意识觉知进行一定的控制，条件化程序之后再对被试的条件列联意识觉知进行测量，以判断该研究中条件列联意识觉知与评价性条件反射效应的关系。评价性条件反射主要使用意识问卷和对条件化过程中 CS-US 配对进行的回忆或再认两种方法测量被试的条件列联意识觉知。沃尔瑟等（Walther et al.，2006）在尚克斯等（Shanks et al.，1994）的实验基础上构建了一个四卡片再认测试，以评定评价性条件反射范式中被试的条件列联意识觉知问题，即给被试呈现 CS 后要求其从四个备选图片中挑选出与此 CS 配对出现过的图片。四卡片再认测试对当前事后再认觉知测量方法进行了改进，但由于具体研究的侧重点不同，所以，研究者还是应当结合具体的实验要求来选择合适、有效的意识性觉知测量。

3. 评价性条件反射的刺激类型

（1）图片刺激。评价性条件反射法最为常用、最为有效的刺激。最初评价性条件反射的提出便是利用视觉图片刺激进行。马丁和利维将图片分为三类（即被试喜欢的图片，被试讨厌的图片，中性、不具感情色彩的图片），逐一呈现给被试，让他们根据自己的爱好挑选出两张最喜欢的图片和两张最讨厌的图片，然后用评价性条件反射方法将喜欢的图片和中性图片两两结合，将讨厌的图片和中性图片两两结合。一段时间的干预后，发现被试对中性图片的评价存在明显差异，对与喜欢的图片配对出现的中性图片有更为积极的评价，而对与讨厌的图片配对出现的中性图片有更为消极的评价（Martin & Levey，1975）。随后大量研究借助图片刺激的方法进行情感评价等方面的干预，均产生显著效果，图片刺激在评价性条件反射法中的应用十分有效、广泛。

（2）文字刺激。有研究者将图片刺激和文字刺激相结合，例如奥尔森等将黑人形象的图片和积极词汇配对呈现，从而降低了被试对黑人的偏见（Olson & Fazio，2006）。弗伦奇等的实验则将中东人面孔图片和积极词汇配对呈现，结果表明也降低了被试对中东人的刻板印象（French et al.，2012）。除图片与文字相结合的方式可以产生评价性条件反射效应之外，有研究者只运用文字也发现了显著效果。例如张学朋（2018）探究了大学生的内隐无聊倾向，通过呈现与自身相关的词汇和积极的生活态度词汇，尝试增加大学生对生活更为积极的一面，结果发现评价性条件反射干预有效降低了被试的内隐无聊倾向。此外，以往研究发现，孤儿倾向于将自身相关的词汇与信任联系起来，而他人相关词汇通常与消极的信任词关联，这表明在内隐态度上，孤儿更倾向于信任自己而非他人，对他人的信任指数降低。贺爱彦（2015）在实验中运用评价性条件反射将自身相关词汇与不信任配对呈现，将他人相关词汇与信任配对呈现，有效提升了孤儿的人际信任。

4. 评价性条件反射法的类型

阈上知觉与阈下知觉是知觉概念中的重要组成部分，狄克斯特霍伊斯所定义的阈下知觉是指呈现时间过短而没有办法进入人们意识之内的刺激（Dijksterhuis et al.，2000）。区分阈上知觉还是阈下知觉，主要涉及两个概念，即主观阈限与客观阈限，其中主观阈限指的是某个刺激可以进入意识觉察的最低阈限值，客观阈限则特指某刺激能够进入感觉通道的最低阈限值。当一个刺激出现所导致的知觉强度比客观阈限高但又低于主观阈限时，便产生阈下知觉现象；当某个刺激高于主观阈限时，我们说它已进入意识范围，便成为阈上知觉现象（Cheesman & Merilde，1984）。其中，更多研究者聚焦阈下知觉的研究，评价性条件反射法与阈下知觉相结合的干预效果也更具影响力。有研究者在计算机屏幕上快速呈现一系列词汇，即词汇刺激的出现为阈下刺激，词汇实际为一些具有敌意性的人格描述词汇，而被试的任务是在快速闪现的屏幕上判断词汇出现在哪个位置上。结果发现，敌意性的人格描述词出现比率高的分组被试更倾向于将他人描述为具有敌意（Bargh & Pietromonaco，1982）。综上，对于阈下评价性条件反射法，很多研究者证明了其有效性，并且其干预效果十分显著。

（三）评价性条件反射干预对道德概念洁净隐喻的适用性

根据以往文献可知，道德与洁净之间密切相关，人们总倾向于将道德与洁净相关的事物、行为相联系。选用评价性条件反射法对道德概念洁净隐喻进行干预。原因如下：以往研究使用评价性条件反射法一般用于内隐态度的改变，也有研究运用条件反射范式强化条件刺激的作用，甚至产生相应的迁移作用（Zhang & Luo，2009）。例如，通过将阈下呈现的"我"与积极词不断重复配对，被试的内隐态度发生了改变（Dijksterhuis，2004）；奥尔森和法齐奥通过向被试呈现黑人形象与积极词配对改善了被试对黑人的认知偏见（Olson & Fazio，2006）。由此可见，评价性条件反射不仅可以改变个体原有的联想结构，还可以强化刺激激活的联想模式。

道德概念洁净隐喻则是道德概念与洁净概念之间的联结、联想。以往研究证明，道德词汇与洁净图片或句子配对呈现时，被试的反应时相对快一些（丁凤琴等，2017；夏天生等，2018；颜志雄等，2014），并且身体洁净会增加个体的道德判断（Liljenquist et al.，2010）。对于个体或群体而言，其道德认知、道德判断的发展与隐喻联结的作用息息相关，通过干预方法加强或削弱这一隐喻联结，能够使高级抽象的道德概念更具操作性，可突破个体或群体道德认知的局限。探索道德概念隐喻的干预方法，不仅为前瞻和重铸未来个体或群体道德认知提供科学的参考体系，更有助于为本土化情境下个体或群体道德认知的干预提供决策证据。所以，道德概念净脏隐喻映射的干预训练和控制势在必行。

综上所述，本节研究运用评价性条件反射法，将洁净句子与道德词汇配对呈现，以期加强洁净与道德概念之间的隐喻联结。若评价性条件反射法适用于道德概念洁净隐喻，那么在干预之后隐喻联结将会有所加强，表现为被试的反应时加快，并且对随后的亲社会行为产生迁移作用。这一方面验证了道德概念洁净隐喻对道德行为的影响，另一方面证明道德概念洁净隐喻干预的有效性。利用评价性条件反射将道德与洁净配对呈现，以使其联结更具针对性，联结更加一一对应，以期对个体道德认知及道德行为产生有利影响，并为道德概念洁净隐喻联结对道德行为的影响奠定理论基础。

第二篇

道德概念净脏隐喻的心理特性

"洁净近于圣洁/美德"（cleanliness is next to godliness），就是将洁净与道德自动联结，而"肮脏"是以"不洁"概念为基础的不道德象征性符号。同时，"肮脏"意指失序或错位的状态，"洁净"意指常序或适宜的状态，分别象征社会道德的"肮脏"和"洁净"。由此可见，净脏与道德概念的关联已相当紧密。由于个体道德概念的形成与发展具有利他性，是社会责任和社会进步的主要标志，所以随着和谐社会的构建和发展，通过净脏研究挖掘道德概念深层次的内涵，进而提升个体道德认知与道德行为是必不可少的。因此，道德概念与净脏的关系也成为备受社会关注的研究主题。以往关于道德概念净脏隐喻的研究主要集中于西方文化背景下，以及探讨道德概念的净脏隐喻对道德判断的影响。尽管理论基础比较丰厚，但尚存在一定的缺陷。

第一，以往研究强调道德概念净脏隐喻的西方文化背景，其结论能否推广到东方文化背景中还有质疑。西方文化背景下，人们借助"纯净"和"明亮"描述一个人道德，借助"肮脏"和"黑暗"描述一个人不道德（Lakoff & Johnson，1999）。研究者通过一系列的实证探索也发现，道德概念净脏隐喻具有心理现实性。如有研究发现，嗅觉与视觉洁净下被试的慈善意愿更为强烈（Liljenquist et al.，2010）；也有研究发现，洁净组被试比控制组被试表现出了更为严格的道德违反判断（Helzer & Pizarro，2011）。以上关于道德概念净脏隐喻的研究主要停留在西方文化背景或视角，鲜有中国本土文化背景下的生态研究。在中国本土文化下，也会用"手脚干净""廉洁奉公"等词语形容一个人道德；用"口臭冲天""手脚肮脏"等来形容一个人不道德。从这一点上看，中国与西方文化背景下的道德概念隐喻应该相同。除此以外，在中国传统文化中，儒家文化就是一种"道德"文化，儒家文化的"仁、义、礼、智、信"等内在道德和价值取向潜移默化地指导个体的道德认知和行为。道德概念净脏隐喻也可能是儒家文化保留下来的、能适应本土文化和社会价值，同时具有重要优势的心理映射能力。因此，道德概念净脏隐喻在儒家文化与西方文化背景下又应有所不同。所以我们需要进行有关中国本土文化特色的道德概念净脏隐喻的研究。此外，随着本土文化"寻根意识"的悄然兴起，探究植根于儒家文化土壤中的中国群体独特的道德概念净脏隐喻也将成为研究的热点。

第二，已有研究只是在理论层面强调道德概念净脏隐喻，但缺乏环境净脏和自身净脏隐喻映射差异的实证研究支撑。具身认知理论强调，抽象概念的认知加工建立在具体身体经验基础之上（Lakoff & Johson，1999；Wilson，2002；Gibbs，2006）。自然而然地，与具体始源域概念相关的具身经验成为抽象概念表征不可或缺的一部分。更为重要的是，客观世界中各种社会的、文化的、历史的因素也都通过身体经验影响认知过程（Anderson，2003）。也就是说，人类通过身体与客观世界的互动形成了关于具体概念和范畴的身体经验，在进行抽象概念隐喻表征时，就会自动激活与我们身体关联的视觉的、动觉的、空间的、内省的感受和状态。所以，环境净脏与自身净脏均会引发个体的净脏身体经验，环境净脏与自身净脏均是抽象概念隐喻研究最初的基础和源泉，但是以往研究只是在理论层面强调净脏概念类别对道德隐喻的影响有所差异，缺乏环境净脏和自身净脏隐喻映射差异的实证研究支撑。

鉴于以上研究不足，本篇基于道德概念隐喻理论与具身认知理论，在中国文化背景下，探讨道德概念净脏隐喻的心理特性，沿着从证实道德概念净脏隐喻映射的心理现实性，到探索道德概念净脏隐喻映射的偏向性，再到道德概念净脏隐喻映射的情境依赖性进行系列研究，旨在弥补以往研究仅关注西方文化群体的道德概念净脏隐喻机制和规律的缺陷，将研究的视角延伸到东方文化中的群体的道德概念具身净脏隐喻映射，提高道德概念净脏隐喻研究的本土契合性和生态效度。

第四章　道德概念净脏隐喻的心理现实性

　　道德概念净脏隐喻映射到底是环境净脏线索加工的产物，还是自身净脏加工的产物，亦或者兼而有之？如果道德概念净脏隐喻映射具有环境净脏线索加工的特性，则个体会对道德概念环境净脏隐喻做出快速反应，节省认知资源；如果道德概念净脏隐喻映射具有自身净脏加工的特性，则可以通过自身净脏纠正道德概念净脏隐喻的偏差，从而建立和保持良好的道德境界。本章就是试图探讨中国文化群体中道德概念环境净脏隐喻和自身净脏隐喻的心理现实性，并比较二者的差异，为道德概念净脏隐喻提供行为证据。

第一节　道德概念环境净脏隐喻的心理现实性

　　在汉语语言中，"洁净近于圣洁/美德"，就是用"洁净""干净"表征道德，"手脚不干净"，用"肮脏""浑浊"表征不道德。这种表征只是一种简单的语义联结还是具有心理现实性？概念隐喻理论强调，个体通过具体的感知觉经验来表征抽象复杂的道德概念。相应地，个体也可以通过环境净脏体验的激活促进对道德抽象概念的理解。具体而言，如果环境净脏感知觉线索与道德概念隐喻表征一致，个体的反应被易化，理解道德抽象概念时更快速；如果环境净脏感知觉线索与道德概念隐喻表征不一致，个体的反应被抑制，理解抽象概念更困难。鉴于此，利用 Stroop 图词干扰范式收集环境净脏感知觉线索与道德概念联结反应的行为数据，探讨道德概念环境净脏隐喻的心理现实性。

一、研究目的

　　采用 Stroop 图词干扰范式，探讨道德概念环境净脏隐喻映射的心理现实性。如果被试道德概念环境洁净与环境肮脏隐喻映射不同，则能进一步说明道德概念环境净脏隐喻映射在本土文化中的验证。

二、研究假设

在隐喻一致条件下（道德词出现在洁净背景，不道德词出现在肮脏背景），判断任务会被易化，反应时间更短；相反，在隐喻不一致条件下（道德词出现在肮脏背景，不道德词出现在洁净背景），判断任务被抑制，反应时间更长。

三、研究方法

（一）研究被试

采用 Gpower 3.1 软件计算本实验所需样本量。设置参数效应值 f 为 0.25，I 类错误的概率 α 为 0.05，检验效能值为 0.80，计算样本量为 24。随机选取 30 名某大学本科生作为实验被试，包括 19 名女生和 11 名男生，平均年龄为 20.19 岁（$SD=0.91$）。所有被试阅读能力正常，视力或矫正视力正常，均为右利手，身体健康，无报告脑病史，报告近一周情绪稳定，均未参加过类似实验。被试均自愿参加，实验结束后赠送礼物以示答谢（后续实验被试选取条件同此，将不再赘述）。

（二）实验设计

采用 2（环境图片背景：环境洁净 vs. 环境肮脏）×2（道德词类别：道德词 vs. 不道德词）两因素被试内设计。环境图片背景类型和道德词汇类别均为组内变量，被试的任务就是对洁净或肮脏背景下的词汇进行判断，因变量是被试判断目标词是否为道德词的反应时。通过比较被试对洁净或肮脏背景上道德词或不道德词判断的反应时，考察被试道德概念环境净脏隐喻映射的心理现实性。

（三）实验材料

道德词与不道德词：与道德概念相关的双字词、与不道德概念相关的双字词各 30 个。道德词包括文明、善良、包容等词，不道德词包括无耻、懒惰、奸诈等词，词汇的选取参考以往相关研究（殷融，2014），这些词均已经过评定并且可以使用（丁凤琴等，2017）。具体样例见附录 1。

实验背景图片：图片选自百度图库，包括肮脏环境背景以及洁净环境背景图片，图片包含天空、大街、河流等常见生活场景，共 20 张图片（具体样例见附录 2）。请 5 名心理学专业研究生对实验背景图片进行评定，按照被试感觉图片洁净和肮脏的程度进行评分，1=非常洁净，9=非常肮脏。选取 5 张平均得分最高的图片作为肮脏图片和 5 张平均得分最低的图片作为洁净图片，然后请 32 名学生（不参加本实验）对这些图片的脏净程度进行 9 点评分（1=非常洁净，9=非常肮脏）。配对样本 t 检验发现，肮脏图片得分（M=7.92，SD=0.46）显著高于洁净图片得分（M=2.32，SD=0.50），t（31）=48.10，p<0.01。单样本 t 检验发现，肮脏图片得分显著高于理论均值（5 分），t（31）=35.58，p<0.01；洁净图片得分显著低于理论均值（5 分），t（31）=-30.28，p<0.01。这表明实验材料与个体的经验是一致的，实验背景图片的选取是有效的，可以作为实验材料使用。

（四）实验程序

采用 E-Prime 2.0 软件编制实验程序，目标词呈现在图片中央，30 个道德词和 30 个不道德词随机出现在洁净或肮脏背景上各两次，其中，道德词呈现在洁净背景上、不道德词呈现在肮脏背景上为道德隐喻一致性条件，而道德词呈现在肮脏背景上、不道德词呈现在洁净背景上为道德隐喻不一致性条件。

请被试端坐在计算机前，输入性别和年龄信息，然后电脑屏幕上出现指导语，要求被试两手食指分别放在“F”键和“J”键上，认真阅读理解指导语，按空格键开始练习，练习结束后，按空格键开始进行正式实验。正式实验包括 1 个区组（block），首先，屏幕中央呈现注视点“+”500ms，提示被试注意屏幕中后面的内容，然后随机呈现洁净图片或肮脏图片 500ms，之后呈现在背景图片上的目标词汇，要求被试迅速按键判断目标词汇是道德或不道德词汇，一半被试道德词按“F”键，不道德词按“J”键，另一半被试按键刚好相反（平衡被试间按键）。判断之后目标词消失，空屏 500ms，之后注视点再次出现，进入下一个试次。正式实验共 180 个试次，每个刺激的判断时间最长不超过 2000ms，如果限定时间内被试没有按键反应，目标词将自动消失，计算机会自动将此结果记录为错误反应。实验流程见图 4-1。

四、研究结果

对数据进行了初步处理和分析，剔除 4 名正确率低于 80%的被试数据，对剩余 26 名被试数据进行分析。被试在洁净和肮脏背景下对道德词和不道德词判断的反应时的描述性统计结果见表 4-1。

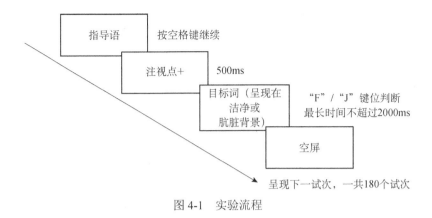

图 4-1 实验流程

表 4-1 被试在环境图片背景上判断道德词和不道德词的反应时 单位：ms

环境图片背景	道德词类别	
	道德词	不道德词
环境洁净	907.41±186.52	1106.85±273.31
环境肮脏	1109.98±254.14	950.38±159.79

以被试在环境洁净和肮脏背景下对道德词和不道德词判断的反应时为因变量，进行 2（环境图片背景：洁净 vs. 肮脏）×2（道德词类别：道德词 vs. 不道德词）的两因素重复测量方差分析。其结果显示，道德词类别的主效应并不显著，$F_{(1, 25)}=1.67$，$p>0.05$；环境图片背景的主效应不显著，$F_{(1, 25)}=0.96$，$p>0.05$，环境图片背景和道德词类别交互作用显著，$F_{(1, 25)}=37.68$，$p<0.05$，$\eta^2=0.569$。简单效应结果显示：被试在洁净图片背景上判断道德词的反应时显著快于在肮脏图片背景上判断道德词的反应时（$p<0.05$），被试在肮脏图片背景上判断不道德词的反应时显著快于在洁净图片背景上判断不道德词的反应时（$p<0.05$），具体见图 4-2。

五、讨论分析

本节研究发现，在洁净图片背景上呈现道德词、在肮脏图片背景上呈现不道德词的一致条件下，被试的平均反应时更短，而在肮脏图片背景上呈现道德词、在洁净图片背景上呈现不道德词的不一致条件下的反应时更长，符合本节研究的预期。研究结果也表明，环境洁净和环境肮脏图片（样例见附录 2）背景影响个体对道德词的理解和表征，这与以往大量使用 Stroop 范式研究道德隐喻的结果是一致的。例如当道德词汇以较大字体（相比于小字体）呈现、不道德词汇以较小字体（相比于大字体）呈现时，被试对目标词的反应较快（郭少鹏，2014）；当道德词呈现为白色时和不道德词呈现为黑色时，被试反应更快（Sherman & Clore，2009）；以及道德词出现在上方、不道德词出现在下方时，被试反应更快（王锃，鲁忠义，2013）。据此我们认为，当道德词出现在洁净背景上、不道德词出现在肮脏背景上时，更符合个体关于道德概念的心理表征，表明在个体的道德概念系统中，道德感与洁净相关联，不道德感与肮脏相关联。此时，概念加工与净脏知觉一致，判断任务被易化，因此反应时更短。当道德词出现在肮脏背景上、不道德词出现在洁净背景上时，由于不符合个体关于道德概念的心理表征，概念与净脏知觉不一致，判断任务受到干扰，被试反应变慢。所以，从结果来看，道德概念与净脏概念之间存在自动联结。

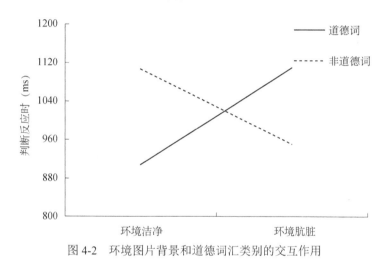

图 4-2　环境图片背景和道德词汇类别的交互作用

第二节　道德概念自身净脏隐喻的心理现实性

第一节证明了道德概念环境净脏隐喻的心理现实性，环境净脏与道德概念的隐喻联结是否可推广到自身净脏与道德概念的隐喻联结？有研究发现，启动自身身体洁净感后，被试的自身道德意象也随之提高，其对有争议的社会问题的道德判断更加严厉（Zhong et al.，2010）。此外，以往研究也认为，净脏始源域（即环境和自身净脏）不同，对道德判断的影响也不尽相同，尤其清洁自身对道德的净化作用较为明显（Xu et al.，2012）等。然而，以往鲜有研究从自身净脏视角探究净脏与道德概念的联结。本节研究从自身净脏角度探讨自身净脏与道德概念隐喻联结的心理现实性。

一、研究目的

采用词句联想范式探讨道德概念自身净脏隐喻映射的心理现实性。如果被试道德概念自身洁净与自身肮脏隐喻映射不同，则能进一步说明道德概念自身净脏隐喻映射在本土文化中的验证。

二、研究假设

在隐喻一致条件下（自身洁净启动句后判断道德词，自身肮脏启动句后判断不道德词），判断任务会被易化，反应时间更短；在隐喻不一致条件下（自身洁净启动句后判断不道德词，自身肮脏启动句后判断道德词），判断任务被抑制，反应时间更长。

三、研究方法

（一）研究被试

样本量计算及参数设置同道德概念环境净脏隐喻实验。计算样本量为 34。随机选取 64 名宁夏某高校大学生作为实验被试，其中女性 28 名，男性 36 名，平均年龄为 20.22 岁（$SD=1.09$）。

（二）实验设计

采用 2（自身净脏启动类别：自身洁净启动 vs. 自身肮脏启动）×2（词汇类型：道德词 vs. 不道德词）两因素混合实验设计，自身净脏启动类别为组间变量，词汇类型为组内变量，被试的任务就是在自身净脏句子启动条件下对随后呈现的词汇类型进行判断，因变量为被试判断道德词或不道德词的反应时。通过比较被试在自身净脏句子启动下对道德词或不道德词判断反应时，探索被试道德概念自身净脏隐喻的心理现实性。

（三）实验材料

道德词与不道德词汇：同道德概念环境净脏隐喻实验。

自身净脏句子类别：自身洁净和自身肮脏启动句子参考学者（Zhong et al.，2010）的相关研究。自身洁净和自身肮脏启动句各 6 个（具体见附录 3）。请 36 名不参与实验的大学生对自身洁净与自身肮脏句子进行效价评定，5 等级评定，

"1"表示"没有感觉到自身非常洁净或非常肮脏"，"5"表示"感觉到自身非常洁净或非常肮脏"。单样本 t 检验结果显示，自身洁净句与理论均值 3 的差异显著，$M_{自身洁净}=3.83$，$SD_{自身洁净}=0.91$，$t(35)=5.49$，$p<0.001$；自身肮脏句与理论均值 3 的差异显著，$M_{自身肮脏}=3.92$，$SD_{自身肮脏}=0.84$，$t(35)=6.54$，$p<0.001$，表明自身洁净和自身肮脏句子均有效。

（四）实验程序

采用 E-Prime 软件编制实验程序。所有被试被随机分成两组，一组是自身洁净启动组，另一组是自身肮脏启动组。具体流程是：首先自身洁净组与自身肮脏组被试分别阅读屏幕中央的自身洁净或自身肮脏句子，请被试尽最大努力体验文字所描述的状态，并告知被试在词汇判断任务结束后回忆这些句子；然后呈现注视点"+"500ms，随即呈现空屏 300ms，接着随机呈现刺激词 500ms，刺激词消失后要求被试进行词汇判断，道德词按"F"键，不道德词按"J"键，按键在被试间进行平衡。空屏 500ms 后转入下一试次。自身洁净或自身肮脏启动句子分别与道德词、不道德词配对，共需完成 180 个试次。实验流程见图 4-3。

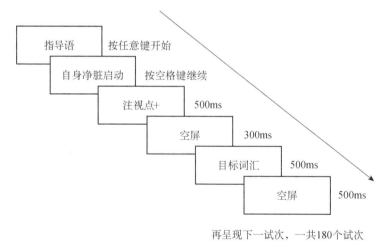

图 4-3　实验流程

四、研究结果

对收集的数据进行初步分析和处理，被试的反应时数据集中在平均数上下 3 个标准差之内，这符合实验要求，剔除 1 名反应正确率低于 80%的女性被试的数据。对剩余 63 名被试的数据进行分析。被试在自身洁净和自身肮脏两种启动下对道德词和不道德词判断的平均反应时的描述性统计结果见表 4-2。

表 4-2　被试在自身净脏启动下对道德词和不道德词判断的反应时　　单位：ms

自身净脏启动类型	词汇类型	
	道德词	不道德词
自身洁净	782.99±127.62	822.54±136.82
自身肮脏	740.00±125.14	738.54±132.09

以被试在自身洁净和自身肮脏两种启动条件下对道德词和不道德词判断的反应时为因变量，进行 2（自身净脏启动类别：自身洁净启动 vs. 自身肮脏启动）×2（词汇类型：道德词 vs. 不道德词）的两因素方差分析。结果发现，词汇类型的主效应不显著，$F(1, 122)=3.59$，$p>0.05$；自身净脏启动类别的主效应显著，$F(1, 61)=4.11$，$p<0.05$，被试在自身洁净启动下对词汇判断的反应时高于在自身肮脏启动条件下的反应时；自身净脏启动类别和词汇类型交互作用显著，$F(1, 122)=4.16$，$p<0.05$。简单效应分析发现：被试在自身洁净启动下判断道德词的反应时显著比判断不道德词的反应时短（$p<0.05$），被试在自身肮脏启动下判断道德词和不道德词的反应时不存在显著差异（$p>0.05$），如图 4-4 所示。

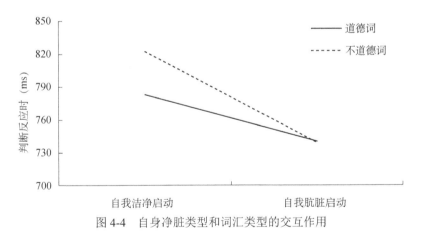

图 4-4　自身净脏类型和词汇类型的交互作用

五、讨论分析

研究结果显示：被试在自身洁净句子启动下判断道德词的反应时大于判断不道德词的反应时；而在自身肮脏句子启动下判断道德词的反应时和不道德词的反应时不存在显著差异。这说明自身洁净句子和道德概念匹配一致时，被试的反应更快；自身肮脏句子和不道德概念匹配一致时，被试没有表现出更短的反应时。

其原因在于，被试对自身洁净句子启动条件下的道德词更敏感，对自身肮脏句子启动下的不道德词敏感度不高。被试对肮脏始源域向不道德目标域联结意识不强，使得肮脏这一始源域向不道德这一目标域的映射比较弱（鲁忠义等，2017b）。所以，本节实验证明了自身洁净与道德词的隐喻联结，也就是说，被试存在道德概念自身洁净隐喻映射的心理现实性。

第三节　不同身体部位道德概念净脏隐喻的心理现实性

在日常语言表达中，我们常说"这个人手不干净"，意在表达此人有偷盗的不道德行为，"这个人嘴真臭"意在表达此人讲有悖伦理的话。可以看出，人们会用手部以及嘴部的净脏程度隐喻道德。以往研究也认为，道德概念净脏隐喻是基于特定身体部位的，其中嘴部和手部是最主要的行为执行的部位（Lacey et al.，2017；Lee et al.，2010；阎书昌，2011）。那么，特定身体部位的净脏刺激与道德感知之间是否存在隐喻联结关系？本节研究采用句子启动范式探讨特定净脏身体部位与道德概念的隐喻联结，具体而言，基于不同身体源域，分别探讨道德概念手部净脏隐喻的心理现实性和道德概念嘴部净脏隐喻的心理现实性，旨在为道德概念自身净脏隐喻提供多视角多领域的实证研究支撑。

一、道德概念嘴部净脏隐喻的心理现实性

（一）实验目的

本实验采用句子启动范式（贾宁等，2018），通过考察个体嘴部洁净/肮脏句子启动是否会对道德词判断产生影响，来探讨道德概念嘴部净脏隐喻的心理现实性。

（二）实验假设

嘴部洁净句子与道德词匹配、嘴部肮脏句子与不道德词匹配时，被试判断任务容易易化，反应时更快；嘴部洁净句子与不道德词匹配、嘴部肮脏句子与道德词匹配时，被试判断任务受到抑制，反应时更慢。

（三）研究方法

1. 研究被试

样本量计算及参数设置同道德概念环境净脏隐喻实验，计算样本量为34。为

防止被试流失，随机选取 50 名大学生被试。

2. 实验设计

实验为 2（嘴部启动类别：嘴部洁净启动 vs. 嘴部肮脏启动）×2（词汇类型：道德词 vs. 不道德词）两因素混合实验设计。其中，嘴部句子启动类别为被试间变量，词汇类型为被试内变量。因变量为被试对词汇类型判断的反应时。

3. 实验材料

嘴部句子启动类别：包括嘴部洁净和嘴部肮脏启动句子，主要借鉴一些学者（Zhong et al.，2010；Kaspar & Teschlade，2016）的实验材料改编嘴部洁净与嘴部肮脏启动句子各 6 个（具体见附录 4）。

道德词与不道德词：同道德概念环境净脏隐喻实验。

4. 实验流程

借鉴贾宁等（2018）的实验流程进行改编。采用 E-Prime 2.0 软件编制本实验的程序。实验具体流程如下：首先在屏幕中央呈现 500ms 的注视点"＋"；然后屏幕中央出现"嘴部洁净/嘴部肮脏启动句子"4000ms，此时需要被试认真阅读且记忆呈现的嘴部洁净/嘴部肮脏启动句子；随后，屏幕中央出现"词汇类型"，被试进行词汇判断任务，道德词按"F"键，不道德词按"J"键（按键反应在不同被试间进行了平衡）；做出判断后进行下一个试次，若 3000ms 后未做出反应则自动消失，出现 500ms 的空屏，然后进行下一个试次。本实验共 240 个试次。具体流程如图 4-5 所示。实验结束后，被试自身报告体验到的嘴部洁净与嘴部肮脏程度并进行评分（1=没有体验到，7=完全体验到），得分越高，表示体验到的嘴部洁净或嘴部肮脏程度越高。

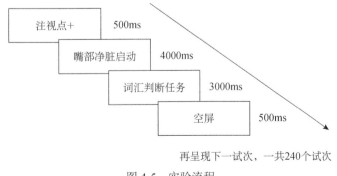

再呈现下一试次，一共240个试次

图 4-5　实验流程

（四）实验结果

对数据进行筛查，剔除正确率低于80%和未完成实验的被试8名，最终有效被试为42名。其中，男生15名（35.71%），女生27名（64.29%），嘴部洁净组23名，嘴部肮脏组19名，被试平均年龄为20.42岁（SD=2.62）。

1. 材料有效性检验

单样本 t 检验结果显示，嘴部洁净组被试对自身嘴部洁净程度评分显著高于理论均值4，$M_{嘴部洁净}$=5.04，$SD_{嘴部洁净}$=1.07，$t（22）$=4.70，$p<0.001$；嘴部肮脏组的被试对自身嘴部肮脏程度的评分显著低于理论均值4，$M_{嘴部肮脏}$=2.47，$SD_{嘴部肮脏}$=0.84，$t（18）$=−6.20，$p<0.001$。这表明启动材料有效，即嘴部洁净组的被试将自身评价为更洁净，而嘴部肮脏组的被试将自身评价为更肮脏。

2. 行为数据结果

采用 SPSS 25.0 来分析嘴部洁净组和嘴部肮脏组被试判断道德词和不道德词时的反应时（表4-3）。

表4-3　嘴部洁净组与嘴部肮脏组被试判断词汇的反应时　　　单位：ms

嘴部启动类别	词汇类型	
	道德词	不道德词
嘴部洁净组	735.29±116.47	788.64±112.00
嘴部肮脏组	799.61±120.14	751.00±118.09

以被试判断词汇的反应时为因变量，进行2（嘴部启动类别：嘴部洁净启动 vs. 嘴部肮脏启动）×2（词汇类型：道德词 vs. 不道德词）的两因素混合实验方差分析。结果显示，嘴部启动类别的主效应不显著，$F（1，40）$=0.17，$p>0.05$，η^2=0.004；词汇类型主效应不显著，$F（1，40）$=0.02，$p>0.05$，η^2=0.001；嘴部启动类别与词汇类型的交互作用显著，$F（1，40）$=10.30，$p<0.01$，η^2=0.21（图4-6）。简单效应分析发现，嘴部洁净启动下，被试判断道德词的反应时显著快于判断不道德词的反应时，$F（1，40）$=6.23，$p<0.05$；嘴部肮脏启动下，被试判断不道德词的反应时显著快于判断道德词的反应时，$F（1，40）$=4.28，$p<0.05$，证明了"嘴部洁净"与"道德"、"嘴部肮脏"与"不道德"的隐喻联结。

（五）讨论分析

研究结果显示，在隐喻一致条件下（嘴部洁净启动与道德词、嘴部肮脏启动与不道德词），被试的反应时显著短于隐喻不一致条件下（嘴部洁净启动与不道德词、嘴部肮脏启动与道德词）的反应时，说明"嘴部洁净"与"道德"、"嘴部肮脏"与"不道德"的隐喻联结。与以往关于道德概念净脏隐喻的研究结果一致，如有研究发现，洁净启动能够促进互惠互助行为，说明身体洁净与道德品质之间存在隐喻联结（Liljenquist et al.，2010）；丁凤琴等（2017）的研究证实了"洁净"与"道德"、"肮脏"与"不道德"之间的隐喻联结。一方面，个体的嘴部洁净被启动后，会进一步激活其道德概念的心理表征，隐喻映射会偏向于道德的一侧，对道德概念判断易化，反应时更快；而个体的嘴部肮脏被启动后，会进一步激发不道德概念的心理表征，隐喻映射偏向不道德的一侧，对不道德概念判断易化，反应时更快。另一方面，在日常生活中，我们会用"某人嘴很臭"来表达一个人讲不符合社会规范、有悖伦理的话语，这实际上是以"脏嘴"的身体经验来表达抽象的不道德概念，即在无意识层面会将"特定身体部位的净脏"与"道德概念"相联系，并自动形成隐喻映射。

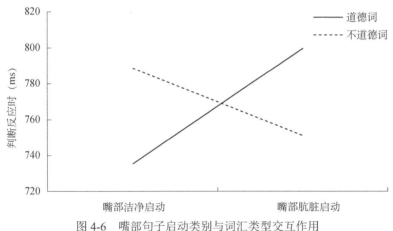

图 4-6　嘴部句子启动类别与词汇类型交互作用

二、道德概念手部净脏隐喻的心理现实性

（一）实验目的

本实验采用句子启动范式（贾宁等，2018），通过考察个体手部洁净/手部肮脏启动是否会对道德词判断任务产生影响，来探讨道德概念手部净脏隐喻的心理现实性。

（二）实验假设

手部洁净句子与道德词匹配、手部肮脏句子与不道德词匹配时，被试判断任务容易易化，反应时更长；手部洁净句子与不道德词匹配、手部肮脏句子与道德词匹配时，被试判断任务受到抑制，反应时更短。

（三）研究方法

1. 被试

被试样本量计算及参数设置同道德概念环境净脏隐喻实验，计算样本量为34。为防止被试流失，随机选取48名大学生被试。

2. 实验材料

手部洁净和手部肮脏启动句子：借鉴一些学者（Zhong et al.，2010；Kaspar & Teschlade，2016）的实验材料改编手部洁净与手部肮脏启动句子各6个（具体见附录5）。

道德词与不道德词：同道德概念环境净脏隐喻实验。

3. 实验设计

实验为2（手部启动类别：手部洁净启动 vs. 手部肮脏启动）×2（词汇类型：道德词 vs. 不道德词）的两因素混合实验设计。其中手部启动类别为被试间变量，词汇类型为被试内变量。因变量为被试作出词汇类型判断的反应时。

4. 实验流程

同道德概念嘴部净脏隐喻的心理现实性实验，只是将嘴部净脏句子改为手部净脏句子。具体流程见图4-7。

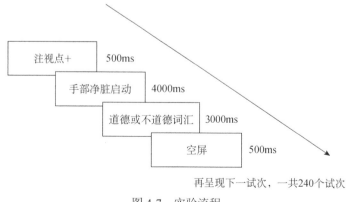

再呈现下一试次，一共240个试次

图4-7　实验流程

（四）实验结果

对数据进行筛查，剔除正确率低于 80% 和未完成实验的被试 5 名，最终有效被试为 43 名。其中，男生 9 名（20.93%），女生 34 名（79.07%），手部洁净组 23 名，手部肮脏组 20 名，被试平均年龄为 19.95 岁（SD=1.38）。

1. 材料有效性检验

单样本 t 检验结果显示，手部洁净组被试对自身手部洁净程度评分显著高于理论均值 4，$M_{手部洁净}$=5.12，$SD_{手部洁净}$=0.97，t（22）=5.77，p<0.001；手部肮脏组的被试对自身手部肮脏程度评分显著低于理论均值 4，$M_{手部肮脏}$=3.05，$SD_{手部肮脏}$=0.89，t（19）=-4.79，p<0.001。这表明启动材料有效，即手部洁净组的被试将自身评价为更洁净，而手部肮脏组的被试将自身评价为更肮脏。

2. 行为数据结果

采用 SPSS 25.0 来分析，手部洁净和手部肮脏启动下被试判断词汇类型的反应时（表 4-4）。

表 4-4　手部洁净与手部肮脏启动下被试判断词汇的反应时　　单位：ms

手部启动类别	词汇类型	
	道德词	不道德词
手部洁净启动	769.18±96.15	802.05±101.99
手部肮脏启动	807.44±112.25	780.63±110.10

以被试词汇判断的反应时为因变量，进行 2（手部启动类别：手部洁净启动 vs. 手部肮脏启动）×2（词汇类型：道德词 vs. 不道德词）的两因素混合方差分析。结果显示，手部启动类别的主效应不显著，F（1，41）=0.13，p>0.05，η^2=0.03；词汇类型主效应不显著，F（1，41）=0.07，p>0.05，η^2=0.02；手部启动类别与词汇类型的交互作用显著，F（1，41）=12.38，p<0.01，η^2=0.23（图 4-8）。简单效应分析发现，手部洁净启动下被试判断道德词和不道德词的反应时存在显著差异，F（1，41）=8.07，p<0.01，被试判断道德词的反应时显著快于对不道德词判断的反应时，手部肮脏启动下被试判断道德和不道德词的反应时也存在显著差异，F（1，41）=4.67，p<0.05，被试判断不道德词的反应时快于对道德词判断的反应时。

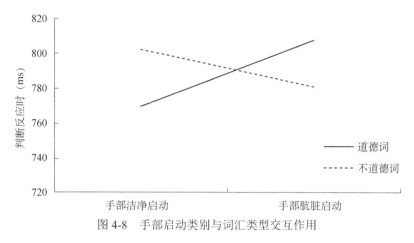

图 4-8　手部启动类别与词汇类型交互作用

3. 道德概念嘴部与手部净脏隐喻的差异

对道德概念嘴部净脏隐喻的心理现实性和道德概念手部净脏隐喻的心理现实性的数据进行差异检验，独立样本 t 检验结果显示，嘴部洁净启动和手部洁净启动下被试分别判断道德词与不道德词不存在显著差异（$t_1=-1.08$，$p>0.05$；$t_2=-0.43$，$p>0.05$），即嘴部洁净和手部洁净与道德概念的隐喻联结均无显著差异；嘴部肮脏启动与手部肮脏启动下被试分别判断道德词与不道德词也不存在显著差异（$t_1=-0.21$，$p>0.05$；$t_2=0.81$，$p>0.05$），即嘴部肮脏启动和手部肮脏启动与道德概念的隐喻联结差异不显著。

（五）讨论分析

研究结果显示，"手部/嘴部洁净句子"与"道德词"联结，"手部/嘴部肮脏句子"与"不道德词"联结时反应时更短，证明了道德概念手部/嘴部净脏隐喻的心理现实性，符合本实验的预期假设，与以往研究结果一致。其原因在于，洁净的身体体验会促进个体对道德概念的认知加工，而肮脏的身体体验会促进个体对不道德概念的认知加工。如洁净启动后，个体会认为自己更加道德，因此在道德两难判断过程中更严苛（陈欣等，2021），而当摊贩接触到的钱是破旧肮脏的时候，在实际的买卖中会有更多的欺骗行为（Yang et al.，2013）。由此可见，净脏概念的认知加工激活了道德/不道德概念的意象图式。本实验中手部/嘴部净脏句子的认知加工促进了道德或不道德词的加工判断，因而对词汇判断的反应时存在差异。另外，日常生活中我们会用"手不干净"来表达一个人有偷盗的行为，这实际上是以"手脏"的身体经验来表达抽象的不道德的概念，进而形成隐喻联结。

对比道德概念嘴部净脏隐喻的心理现实性和道德概念手部净脏隐喻的心理现实性的结果发现，嘴部洁净和手部洁净启动下被试判断道德词不存在显著差异、嘴部肮脏和手部肮脏启动下被试判断不道德词不存在显著差异，说明道德概念嘴部净脏隐喻与道德概念手部净脏隐喻的心理现实性不存在隐喻映射强度的差异。其原因在于，嘴部启动句子与手部启动句子都是指向自身，二者之间的对比效果不强烈。

第四节　综 合 讨 论

一、道德概念环境净脏隐喻的心理现实性

本章研究证明了道德概念环境净脏隐喻的心理现实性。具体而言，被试在隐喻一致条件下（道德词呈现在洁净背景、不道德词呈现在肮脏背景），对词汇类型的判断更迅速；而在不一致条件下（道德词呈现在肮脏背景、不道德词呈现在洁净背景），对词汇类型的判断更缓慢。这与以往关于道德概念隐喻的研究结果一致。例如殷融和叶浩生（2014）采用色彩 Stroop 范式的研究发现，道德概念颜色隐喻表征一致（采用白色呈现道德词汇，黑色呈现不道德词汇）时，被试对目标词类型的判断更快；道德概念颜色隐喻表征不一致（采用白色呈现不道德词汇，黑色呈现道德词汇）时，被试对目标词类型的判断更慢。本章研究中，环境洁净更符合被试关于道德概念的心理表征，而环境肮脏更接近被试关于不道德概念的心理表征，相比道德概念环境净脏隐喻不一致条件，道德概念环境净脏隐喻一致条件下被试的认知资源消耗更少，词汇判断反应时更短。

具身认知理论也强调，个体通过与抽象概念相关的具体感知觉经验的激活来理解无法表征的抽象概念（殷融等，2010）。同样地，个体可以通过净脏体验的激活促进对道德好坏的理解，净脏体验与道德概念隐喻表征一致时，被试的反应被易化；净脏体验与道德概念隐喻表征不一致时，被试的反应被抑制化，表现出隐喻映射的干扰效应（metaphor influence effect）。此类现象已被大量实验所证实，如高权利词出现在空间上方（相对于下方），被试对其识别判断更快，当低权利词出现在屏幕下方（相对于上方），被试对其判断更快（Schubert，2005）；不道德词出现在空间位置下方（相对于上方）时，被试分类速度更快（Hill & Lapsley，2009）；暗色背景（相对于亮色背景）下呈现消极词汇时，被试对目标词的不道德判断更快（Meier & Robinson，2004）。

此外，在日常生活中，个体的身体和环境互动，从而积累丰富的净脏经验。例如人们发现没有遭受污染，干净纯洁的东西是比较安全的，不会威胁人的身体健康和生存，而肮脏的环境和物体已经受到有害物质的污染，可能带有侵害身体的病菌，人们对此唯恐避之不及。同理，那些道德败坏的人可能对人们的身体产生威胁，污染人们的心灵，而道德高尚的人会净化人们的心灵，值得人们赞扬与推崇。个体逐渐建立起洁净与道德纯洁，肮脏与道德败坏之间的隐喻联结，利用熟悉的身体净脏体验表征抽象、无法直接认知的道德概念，就是因为洁净和美德都具有没有污染的相似性，以此用洁净理解抽象的道德概念（阎书昌，2011）；而肮脏和不道德都可能对人们产生污染和侵害，所以人们会将身体的肮脏与不道德进行隐喻联结。

二、道德概念自身净脏隐喻的心理现实性

研究发现，自身洁净启动下被试判断道德词的反应时要快于判断不道德词，这符合本章研究假设，也和其他研究结果一致。如道德概念净脏隐喻的研究发现，相比道德词呈现在环境肮脏的背景图片上，道德词呈现在环境洁净的背景图片上时，被试词汇判断的反应时更短（丁凤琴等，2017）；道德概念黑白隐喻的研究发现，当呈现白色字体的道德词，黑色字体的不道德词时词汇判断的反应时更短（殷融，叶浩生，2014）；道德概念空间垂直隐喻的研究发现，当道德词出现在上方，不道德词出现在下方时，词汇判断的反应时更快（王锃，鲁忠义，2013）。本章研究还发现，自身肮脏启动下，被试判断道德词和不道德词的反应时不存在显著差异，与以往研究结果有所不同。这可能是由于本章研究采用的是分离式 Stroop 研究范式，被试对于始源域向目标域映射的联结不强，使得"肮脏"始源域向"不道德"目标域的映射变弱；也可能是由于自身肮脏启动下，肮脏的体验更强烈地刺激了被试的警觉性，被试的反应明显增快，致使自身肮脏组的被试判断道德词的反应也增快，缩小了被试判断道德词和不道德词反应时之间的差异。

总之，从本章研究结果来看，被试的词汇判断任务受到自身净脏感知觉经验的影响，证明了道德概念自身净脏隐喻的心理现实性。道德概念自身净脏隐喻具有心理现实性，一方面，可以促进个体快速地通过净脏理解抽象的道德和不道德概念，进而指导个体的道德认知、道德判断；另一方面，当个体把不道德事物视为肮脏秽物时，就会本能对其排斥和远离；当个体把道德的事物视为干净和纯洁之物时，就会选择接纳和趋近。从进化心理学的角度而言，这对于人类的生存繁

衍至关重要，可以帮助人类快速地判断不道德的人或事，有利于其及时地躲避和免受不道德的人或事带来的伤害。

三、不同身体部位道德概念净脏隐喻的心理现实性

（一）道德概念嘴部净脏隐喻的心理现实性

前述道德概念净脏隐喻的研究中，自身洁净与自身肮脏启动指向性不甚具体明确，没有特定于身体的某部位，本章研究聚焦于特定的身体部位（嘴部和手部），验证了道德概念自身净脏隐喻的心理现实性。实验中启动嘴部净脏句子，请被试进行词汇判断任务，结果发现，嘴部洁净句子与道德词汇/嘴部肮脏句子与不道德词联结时被试的反应时最短，而嘴部洁净句子与不道德词汇/嘴部肮脏句子与道德词联结时，被试的反应时最长。由此可见，特定身体部位净脏句子启动后，与道德概念之间的隐喻联结依旧存在，表明道德概念嘴部净脏隐喻的心理现实性是存在的。概念隐喻理论强调，抽象道德概念的理解是以净脏身体经验为基础（Lakoff & Johnson，1980；Landau et al.，2010）。本章研究中，嘴部"洁净"和"肮脏"的感知觉体验自动与"道德"和"不道德"形成隐喻映射，证实了道德概念嘴部净脏隐喻联结的心理现实性。

根据语义激活扩散理论，人类大脑中储存着各类概念，各类概念犹如一张网，概念之间的关系通过不同网结点进行联结，当一种概念被激活时，与之相近或相邻的概念也会被激活（Collins & Loftus，1975）。依据语义激活扩散理论和日常生活经验，嘴部洁净句子与道德概念犹如网络中的两个结点，日积月累地不断联结，二者之间已形成密切关联，当启动其中一个概念便会易化或加快另一概念的激活。因此，当启动个体嘴部洁净的感知觉体验时，作为邻近的道德概念也会被相应激活，个体对道德词的判断易化，反应更快；当启动个体嘴部肮脏的感知觉体验时，作为邻近的不道德概念也会被相应地激活，个体对不道德词的判断易化，反应更快。反之，当启动个体嘴部洁净的感知觉体验时，个体对不道德词的判断受到抑制；当启动个体嘴部肮脏的感知觉体验时，个体对道德词的判断也受到抑制，反应自然更慢。

（二）道德概念手部净脏隐喻的心理现实性

基于道德概念嘴部净脏隐喻心理现实性基础，进一步探究了道德概念手部净脏隐喻的心理现实性。结果显示，手部洁净句子启动与道德词/手部肮脏句子启动

与不道德词联结时，个体的反应最快；手部洁净句子启动与不道德词/手部肮脏句子启动与道德词联结时，个体的反应变慢。由此可见，手部洁净启动了个体的手部净脏体验，手部净脏体验与道德概念隐喻联结，证明了道德概念手部净脏隐喻的心理现实性。以往研究者也基于具身隐喻视角，发现了道德概念隐喻与特定身体感知觉体验的联结（Lee et al.，2010）。有研究者诱发个体厌恶情绪，要求被试从事有悖伦理道德的行为，结果发现洗手的被试在对他人不道德行为进行判断时更宽容（Schnall et al.，2008）。其原因在于，洗手行为使得被试认为自己手部清洁干净，对不道德行为进行判断时厌恶情绪会降低，道德判断更宽松。以往研究还发现，摊贩收到布满污渍的纸币时，在实际的小商小贩买卖中会有更多欺骗行为（Yang et al.，2013）。由此可见，手部净脏体验与道德概念之间存在隐喻联结。

隐喻一致性理论也强调，个体感知觉经验与道德概念之间存在同向促进的关系（王锃，鲁忠义，2013）。手部洁净句子启动与道德词、手部肮脏句子启动与不道德词联结时，产生隐喻一致性效应，个体的反应变快；手部洁净句子启动与不道德词、手部肮脏句子启动与道德词联结时，隐喻映射相互矛盾与冲突，个体的反应变慢。因此，手部洁净启动促进个体对道德词汇的识别判断，手部肮脏启动促进个体对不道德词汇的识别判断，判断反应时会缩短。反之，词汇识别判断受到抑制，反应时会延长。

（三）道德概念嘴部净脏隐喻与道德概念手部净脏隐喻的差异

道德概念嘴部净脏隐喻与道德概念手部净脏隐喻的研究结果发现，道德概念嘴部净脏隐喻与道德概念手部净脏隐喻的心理现实性都存在，即当嘴部/手部洁净句子与道德词联结（嘴部/手部肮脏句子与不道德词联结）时，个体的反应时最短，也与以往关于道德概念净脏隐喻的研究结果一致（丁凤琴等，2017；霍志兵，2017；Ding et al.，2019）。同时，对比两个实验的结果发现，嘴部与手部洁净启动和道德概念的隐喻联结强度没有差异，嘴部与手部肮脏启动和道德概念的隐喻联结强度也不存在显著差异。

根据具身认知理论，高级认知过程与身体运动、身体感知觉相互影响，"身体"不仅是信息的载体，更是实现认知功能的主体（Barsalou，2008；Cushman et al.，2006）。嘴部和手部作为身体主要执行行为的部位，在抽象的认知过程中扮演着同样重要的角色。研究发现，特定身体部位与特定动作词的加工之间相互影响（王斌等，2019），如我们理解手部特定的动作"抓"时，会用"抓住时间"

来表达时间的紧迫感；理解嘴部特有的动作"咬"时，会用"咬牙切齿"表达个体心中的愤怒。不仅如此，有研究发现，当个体嘴部执行不道德行为后会产生嘴部"脏"的感知觉，而手部执行不道德行为后产生手部"脏"的感知觉（Lee et al.，2010）。由此可见，道德概念身体净脏隐喻在"嘴部"和"手部"都存在心理现实性。

以往研究也发现，净脏主体的指向不一致是引发道德判断不同的重要原因（Tobia，2015）。在本章研究中，无论启动个体的嘴部净脏体验，还是启动手部净脏体验，都是指向个体自身，因此二者与道德概念联结的强度不会存在差异。另外，有研究还发现，道德词汇指向不一致也会产生不同的道德判断结果。如判断指向他人的道德词汇，个体对环境洁净词反应更快；而判断指向自身道德词汇时，对自身洁净词反应更快（Martyna & Józef，2017）。但在本章实验中，道德和不道德词汇并不具有具体指向性，均指向自身嘴部或自身手部，这也是道德概念嘴部净脏隐喻与道德概念手部净脏隐喻联结强度不存在差异的重要原因。

总之，本章通过多个实验证明了道德概念净脏隐喻的心理现实性，一方面，我们可以利用道德概念净脏隐喻的心理现实性，在现实中通过洁净活动提高个体的道德认知和道德判断；另一方面，也要避免个体通过肮脏隐喻形成道德污名化，导致个体对复杂道德问题的判断变得直觉化和肤浅化。如二战时期纳粹分子就特别迷恋于清洁活动，认为犹太人身体肮脏甚至道德败坏。为此，纳粹政权大肆鼓吹"犹太瘟疫"的谬论，最终发动了针对犹太人的清洗暴行。印度的种姓制度也反映了道德和净脏之间的联系，具有更高社会地位的个体被定义为洁净的，而更低社会地位的个体只能从事不洁的体力劳动。以上道德概念净脏隐喻所形成的偏见暗示我们，在中国文化背景下需要通过多种途径和多种方法，并且在不同情境和不同源域相互作用背景下进行道德概念净脏隐喻及其影响的证明，以防止道德概念净脏隐喻研究脱离了现实情境性。

第五章 道德概念净脏隐喻的双向性与偏向性

第四章证明了道德概念净脏隐喻映射的心理现实性，主要通过始源域的净脏体验向目标域的道德概念进行隐喻映射研究。阎书昌（2011）认为，隐喻既可以由始源域向目标域映射，也可以由目标域向始源域映射。如威廉姆斯和巴奇的研究表明，冷暖感知觉和心理情感双向映射，具体而言，"热"感知觉与"温暖""友好"联结，而"冷"感知觉与"虚伪""冷漠"关联（Williams & Bargh，2008）。鲁忠义等（2017b）的研究也发现，隐喻映射是双向的，源域与靶域相互映射。此外，也有研究认为，概念隐喻虽然存在始源域与目标域的双向映射，但二者的隐喻映射是不对称的，具有隐喻的偏向性（鲁忠义等，2017b）。以往研究尚未在道德概念净脏隐喻研究中进行证实。因此，道德概念净脏隐喻映射的双向性和偏向性仍旧值得学者关注。本章通过实验探讨道德概念净脏隐喻是否存在双向性和偏向性，以丰富道德概念净脏隐喻理论。

第一节 道德概念环境净脏隐喻的双向性

前述实验结果表明，"净脏"与"道德"之间存在隐喻联结。阎书昌（2011）的研究表明，感知觉具身体验和道德概念之间具有隐喻双向性；丁凤琴等（2017）的研究结果显示，"干净与道德""肮脏与不道德"具有心理隐喻联结性。但以上研究仅仅证明了这二者之间的心理联结，却并未证明道德概念净脏隐喻的双向性。本节研究重点探讨道德概念环境净脏隐喻的双向心理映射机制。

一、环境净脏始源域向道德概念目标域的隐喻映射

（一）实验目的

本实验采用 Stroop 启动范式，探讨环境净脏始源域向道德概念目标域的隐喻映射，如果被试在环境净脏启动下对道德概念判断反应时不同，则能够证明环境净脏始源域向道德概念目标域隐喻映射的观点。

（二）实验假设

在隐喻一致性条件（即环境洁净启动句子与道德词、环境肮脏启动句子与不道德词匹配）下，被试判断反应易化；在隐喻不一致条件（即环境洁净句子与不道德词、环境肮脏句子与道德词匹配）下，被试判断反应抑制。

（三）研究方法

1. 被试

样本量计算及参数设置同道德概念环境净脏隐喻实验，计算样本量为24。本节研究选取 40 名大学生，其中男生 22 名，女生 18 名，平均年龄为 20.23 岁（SD=2.06）。

2. 实验材料

环境洁净和环境肮脏启动句子：借鉴学者（Zhong et al.，2010）自身洁净和自身肮脏句子进行改编，环境洁净句和环境肮脏句各 6 个（具体见附录 6）。40 名大学生对环境洁净和环境肮脏句子的效价进行评定，5 等级评定，"1"表示"非常不洁净"或"非常不肮脏"，"5"表示"非常洁净"或"非常肮脏"。结果发现，环境洁净句子与理论均值 3 差异显著，$M_{洁净}$=4.08，$SD_{洁净}$=0.40，t（39）=17.31，p<0.001；环境肮脏句子与理论均值 3 差异显著，$M_{肮脏}$=4.20，$SD_{肮脏}$=0.43，t（39）=17.98，p<0.001。这说明环境洁净和环境肮脏句子有效，可以作为实验材料。

道德词与不道德词：同道德概念环境净脏隐喻实验。

3. 实验设计

采用 2（环境启动类别：环境洁净启动 vs. 环境肮脏启动）×2（词汇类型：道德词 vs. 不道德词）的两因素被试内实验设计。因变量为被试对道德词和不道德词判断的反应时。

4. 实验程序

采用 E-Prime 2.0 软件编制实验程序。实验流程：首先屏幕中央呈现 500ms 的 "+" 注视点；然后随机呈现环境洁净启动句子和环境肮脏启动句子 4000ms，紧接着随机出现道德词或不道德词 2000ms，请被试进行判断，判断为道德词按 "F" 键，判断为不道德词则按 "J" 键（不同按键在被试间平衡）。判断按键之后词汇消失，超过 2000ms 则视为错误反应，空屏 500ms 后进行下一个试次，正式实验共 240 个试次。实验流程见图 5-1。

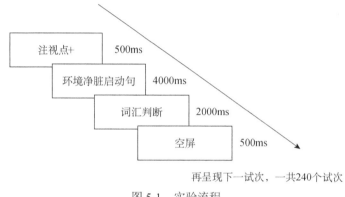

图 5-1　实验流程

（四）实验结果

删除 2 名被试的无效数据及词汇分类判断正确率低于 80% 的被试 2 名，剩余 36 名被试的词汇判断反应时结果见表 5-1。

表 5-1　被试在环境净脏启动下判断词汇类型的反应时　　　　单位：ms

句子类型	词汇类型	
	道德词	不道德词
环境洁净句子	632.52±37.96	663.36±30.99
环境肮脏句子	658.33±50.88	632.06±53.88

以被试对词汇判断反应时为因变量，进行 2（环境启动类别：环境洁净启动 vs. 环境肮脏启动）×2（词汇类型：道德词 vs. 不道德词）的重复测量方差分析。结果显示，环境启动类别的主效应显著，$F(1, 35)=5.83$，$p<0.05$，$\eta^2=0.165$，相比环境肮脏启动条件，被试在环境洁净启动条件下判断词汇的反应更快；词汇类型的主效应显著，$F(1, 35)=4.87$，$p<0.05$，$\eta^2=0.198$，相比不道德词，被试对道德词的反应更快；环境启动类别和词汇类型的交互作用显著，

F（1，35）=20.93，$p<0.05$，$\eta^2=0.452$。

环境启动类别和词汇类型的交互作用显著，简单效应检验表明，在环境洁净启动条件下，被试对道德词的反应时快于不道德词，F（1，35）=9.87，$p=0.001$，$\eta^2=0.216$；在环境肮脏启动条件下，被试对不道德词的反应快于道德词，F（1，35）=20.58，$p<0.001$，$\eta^2=0.264$，具体见图 5-2。

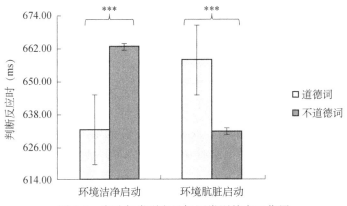

图 5-2　启动句类型和目标词类别的交互作用

注：***为 $p<0.001$，余同

（五）分析讨论

研究结果显示，环境洁净句子启动后，被试对道德词判断的反应时比不道德词判断的反应时更快；环境肮脏句子启动后，被试对不道德词判断的反应时比道德词判断的反应时更快，表明环境洁净句子启动与环境肮脏句子启动分别易化了道德词和不道德词的加工，使环境洁净与道德概念、环境肮脏与不道德概念产生隐喻映射的易化效应。相反，环境洁净句子与环境肮脏句子启动分别抑制了不道德词和道德词的加工而产生隐喻映射的抑制效应。以上结果证明，从环境净脏始源域向道德概念目标域的隐喻映射具有心理现实性。从环境净脏始源域向道德概念目标域映射，隐喻一致条件下被试的判断任务易化，隐喻不一致条件下被试的判断任务抑制，表明道德概念目标域加工可以通过环境净脏始源域而被隐喻表征，证明了道德概念隐喻表征受环境净脏体验的影响。在日常生活中，当处在肮脏的环境中，个体会感觉不舒服甚至难受；而当处在洁净的环境中，个体会感觉心情愉悦。环境净脏不同的体验和感知自然会影响个体对道德概念的判断，因此，环境洁净始源域更容易激活被试的道德概念，环境肮脏始源域更容易激活被试的不道德概念。在现实生活中，通过净化和美化环境实现净化个体心灵和提升个体道德境界已无可厚非。

二、道德概念目标域向环境净脏始源域的隐喻映射

（一）实验目的

本实验采用 Stroop 启动范式，探讨道德概念目标域向环境净脏始源域的隐喻映射，如果被试在道德和不道德概念启动下对环境净脏句子判断反应时不同，则能够证明道德概念目标域向环境净脏始源域的隐喻映射。

（二）实验假设

在隐喻一致性条件（即道德词与环境洁净句子、不道德词与环境肮脏句子匹配）下，被试的判断反应易化，反应更快；在隐喻不一致条件（即不道德词与环境洁净句子、道德词与环境肮脏句子匹配）下，被试的判断反应抑制，反应更慢。

（三）研究方法

1. 被试

样本量计算及参数设置同道德概念环境净脏隐喻实验，计算样本量为24。随机选取 42 名大学生，其中，男生 12 名，女生 30 名，平均年龄为20.23 岁（$SD=1.85$）。

2. 实验设计

采用 2（词汇启动类型：道德词汇 vs. 不道德词汇）×2（目标句类别：环境洁净句子 vs. 环境肮脏句子）的两因素被试内实验设计。因变量为被试对环境洁净句子和环境肮脏句子分类判断的反应时。

3. 实验材料

道德词与不道德词：同道德概念环境净脏隐喻实验。

环境洁净句子与环境肮脏句子：同环境净脏始源域向道德概念目标域的隐喻映射实验。

4. 实验程序

同环境净脏始源域向道德概念目标域的隐喻映射实验程序，不同之处在于将环境净脏始源域向道德概念目标域的隐喻映射实验的环境净脏启动句和道德词汇

类别交换顺序。实验流程见图 5-3。

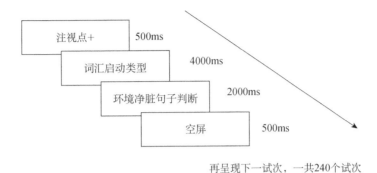

再呈现下一试次，一共240个试次

图 5-3 实验流程

（四）研究结果

删除被试反应时在 3 个标准差以外的 3 名被试数据和分类判断正确率低于80%的 4 名被试数据，对剩余 35 名被试的数据进行分析和处理，被试在不同道德概念目标词启动下对环境洁净句子和环境肮脏句子分类判断的反应时的描述统计如表 5-2。

表 5-2 被试在道德概念目标词启动下判断环境净脏句子的反应时　　　单位：ms

词汇类别	目标句类型	
	环境洁净句子	环境肮脏句子
道德词	598.56±45.96	637.02±43.22
不道德词	629.36±42.98	605.61±37.96

以被试对环境净脏句子判断的反应时为因变量，进行 2（词汇启动类别：道德词 vs. 不道德词）×2（目标句类型：环境洁净句子 vs. 环境肮脏句子）的重复测量方差分析。结果显示，词汇启动类别的主效应不显著，$F(1, 34)=3.86$，$p<0.05$，$\eta^2=0.166$；目标句类型主效应显著，$F(1, 34)=4.19$，$p<0.05$，$\eta^2=0.158$，环境洁净句子的判断反应时显著短于环境肮脏句子的判断反应时。词汇启动类别和目标句类型交互作用显著，$F(1, 34)=20.99$，$p<0.01$，$\eta^2=0.478$。简单效应分析发现：被试在道德词启动条件下对环境洁净句子的判断反应时显著短于环境肮脏句子的判断反应时，$F(1, 34)=30.32$，$p<0.01$，$\eta^2=0.528$；被试在不道德词启动条件下对环境洁净句子的判断反应时显著长于环境肮脏句子的判断反应时，$F(1, 34)=15.25$，$p<0.01$，$\eta^2=0.288$，交互作用见图 5-4。

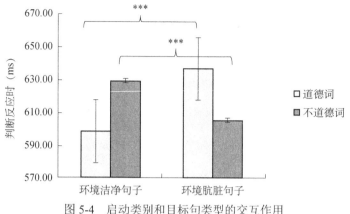

图 5-4　启动类别和目标句类型的交互作用

（五）分析讨论

　　道德概念目标域向环境净脏始源域的隐喻映射实验是在环境净脏始源域向道德概念目标域的隐喻映射实验的基础上进行逆向验证，结果证明了"道德和环境洁净""不道德和环境肮脏"的隐喻联结。这说明道德和不道德目标词的启动会影响被试对环境洁净和环境肮脏句子的判断和理解，具体而言，被试在道德词启动条件下对环境洁净句子判断的反应快于环境肮脏句子；被试在不道德词汇启动条件下对环境肮脏句子的判断反应快于环境洁净句子。实验验证了预期的假设，即道德概念目标域向环境净脏始源域的隐喻映射。其原因在于，被试加工道德词后，内心的道德自身意象更高，被试体验到更多的内心洁净体验，对环境洁净句子的联结速度加快；被试加工不道德词后，内心的道德自身意象降低，被试体验到更多的内心不洁体验，对环境肮脏句子的联结速度加快。

第二节　道德概念自身净脏隐喻的双向性

　　人们常会用自身感知觉经验来表征复杂抽象的道德概念。如投机取巧的"黑心"贩子、品质优良的"清白之人"、"黑心肠"的贪官污吏、"为官清白"的廉政官员。实证研究也表明，个体更倾向于将自身洁净与道德相关联，将自身肮脏与不道德相关联（Zhong & Liljenquist，2006）。有学者也认为，身体的纯洁可以延伸至美德行为（Lee et al.，2010）。因此，自身净脏与道德概念隐喻映射究竟是从始源域到目标域的单向映射，还是二者的相互映射？以往鲜有研究回答此问题。本节研究采用 Stroop 分离实验范式探讨道德概念自身净脏隐喻映射的双向性，从而为道德概念净脏隐喻提供实证依据。

一、自身净脏始源域向道德概念目标域的隐喻映射

以往研究认为，自身冷暖感知觉隐喻映射个体内在心理情感，如"暖"知觉与"热情""友好"等关联，而"冷"知觉与"冷漠""漠视"等关联（Williams & Bargh，2008）。国内研究者也认为，隐喻映射是双向的，既可以从始源域朝向目标域映射，也可以从目标域向始源域映射（鲁忠义等，2017b）。本章第一节已探讨了环境净脏始源域向道德概念目标域的隐喻映射，也探讨了道德概念目标域向环境净脏始源域的隐喻映射，证明了道德概念环境净脏隐喻映射的双向性。同理，本章第二节将继续探讨自身净脏始源域向道德概念目标域的隐喻映射和道德概念目标域向自身净脏始源域的隐喻映射，目的在于证明道德概念自身净脏隐喻映射的双向性。关于自身净脏始源域向道德概念目标域的隐喻映射，实际上就是启动自身洁净和自身肮脏语句，进而对道德词汇和不道德词汇进行判断，此研究同道德概念自身净脏隐喻心理现实性的研究。为此，不再重复验证自身净脏始源域向道德概念目标域的隐喻映射，而直接进行道德概念目标域向自身净脏始源域的隐喻映射。

二、道德概念目标域向自身净脏始源域的隐喻映射

（一）研究目的

本实验采用 Stroop 句子启动范式，探讨道德概念目标域向自身净脏始源域的隐喻映射，如果被试在道德词汇和不道德词汇启动下对自身净脏句子判断的反应时不同，则能够证明道德概念目标域向自身净脏始源域的隐喻映射。

（二）研究假设

在隐喻一致性条件（即道德词与自身洁净、不道德词与自身肮脏匹配）下，被试判断反应易化，反应时更短；在隐喻不一致条件（即不道德词与自身洁净、道德词与自身肮脏匹配）下，被试判断反应抑制，反应时更长。

（三）研究方法

1. 被试

样本量计算及参数设置同道德概念环境净脏隐喻实验，计算样本量为 34。选取某大学本科生 60 名，其中男生 22 名，女生 38 名，平均年龄为 19.98 岁

（*SD*=1.68）。

2. 实验材料

道德词与不道德词：同道德概念环境净脏隐喻实验。

自身洁净与自身肮脏句子：同道德概念自身净脏隐喻心理现实性实验。

3. 实验设计

采用 2（词汇启动类别：道德词 vs. 不道德词）×2（目标句类型：自身洁净句 vs.自身肮脏句）两因素重复测量实验设计，其中，词汇启动类别为被试内变量，目标句类型为被试内变量。因变量为被试对自身洁净句子和自身肮脏句子分类判断的反应时。

4. 实验程序

实验程序同道德概念目标域向环境净脏始源域隐喻映射的实验，不同之处在于将道德概念目标域向环境净脏始源域隐喻映射实验中的环境净脏启动句替换为自身净脏启动句。实验流程见图 5-5。

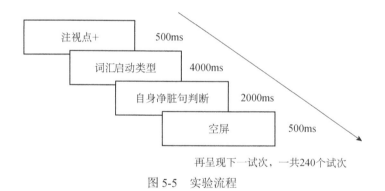

图 5-5　实验流程

（四）研究结果

删除自身洁净句子和自身肮脏句子分类判断正确率低于 80% 的被试 2 名，剩余 58 名被试道德词汇启动条件下对自身净脏句子判断反应时结果见表 5-3。

表 5-3　道德词汇启动条件下自身净脏句子判断的反应时　　单位：ms

词汇类别	句子类型	
	自身洁净句子	自身肮脏句子
道德词	751.82±86.99	763.78±97.66
不道德词	821.60±116.86	724.73±99.38

以被试对自身净脏句子判断反应时为因变量，进行（词汇启动类别：道德词 vs. 不道德词）×2（目标句类型：自身洁净句 vs. 自身肮脏句）两因素重复测量方差分析。结果显示，词汇启动类别的主效应不显著，$F_{(1, 56)}=2.81$，$p>0.05$，$\eta^2=0.038$；目标句类型主效应显著，$F_{(1, 56)}=6.18$，$p<0.05$，$\eta^2=0.099$，自身洁净句的判断反应时快于自身肮脏句的判断反应时。词汇启动类别和目标句类型交互作用显著，$F_{(1, 56)}=57.23$，$p<0.001$，$\eta^2=0.566$。简单效应检验结果显示：道德词启动后被试对自身洁净句的判断反应时快于自身肮脏句的判断反应时，$F_{(1, 56)}=48.63$，$p<0.001$，$\eta^2=0.493$；不道德词启动后被试对自身肮脏句的判断反应时快于自身洁净句的判断反应时，$F_{(1, 56)}=13.61$，$p<0.001$，$\eta^2=0.196$。词汇启动类别和目标句类型交互作用详见图5-6。

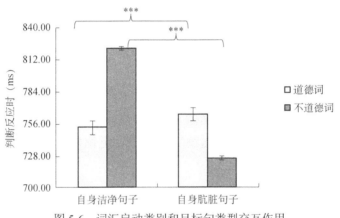

图5-6 词汇启动类别和目标句类型交互作用

（五）讨论分析

研究结果显示，道德词启动后被试对自身洁净句子判断的反应时短于自身肮脏句子判断的反应时；不道德词启动后，被试对自身肮脏句子判断的反应时短于自身洁净句子判断的反应时。这表明道德词启动与不道德词启动分别易化了自身洁净句子和自身肮脏句子的加工，使道德词与自身洁净句子、不道德词与自身肮脏句子匹配并产生隐喻一致性效应。相反，道德词启动与不道德词启动分别抑制了自身肮脏句子和自身洁净句子的加工，并产生隐喻不一致效应。这证实了道德概念目标域向自身净脏始源域隐喻映射的心理现实性。

第三节　道德概念净脏隐喻的偏向性

第一节和第二节证明了道德概念净脏隐喻映射的双向性，主要通过道德概念和净脏分别作为目标域和始源域进行隐喻映射的研究。那么，始源域的净脏能否对中性刺激产生隐喻映射？鲁忠义等（2017b）以中性情绪面孔图片为材料，结果发现，被试倾向于认为屏幕上方的中性情绪面孔人物是道德的，而屏幕下方的中性情绪面孔人物是不道德的，证明了道德概念垂直空间隐喻映射的偏向性。本节继续探讨不同净脏启动条件下被试道德概念净脏隐喻映射的偏向性。尝试基于环境与自身、想象与行为的不同视角进行净脏启动，以便对中性刺激进行道德与不道德判断，有效确保道德概念净脏隐喻映射发生在整个实验过程中，也更聚焦地为道德概念净脏隐喻映射的偏向性提供生态效度和聚合效度。

一、环境净脏启动下道德概念隐喻映射的偏向性

（一）研究目的

基于分离 Stroop 实验范式，考察环境洁净启动和环境肮脏启动下被试对中性情绪图片人物进行的道德和不道德判断，探讨道德概念环境净脏隐喻映射的偏向性。

（二）研究假设

环境洁净启动条件下被试对中性情绪人物面孔判断向道德一侧偏移，倾向于做出道德判断，环境肮脏启动条件下被试对中性情绪人物面孔判断向不道德一侧偏移，倾向于做出不道德判断。如果被试在环境洁净和环境肮脏启动下对中性刺激表现出道德判断偏向的不同，则能够证明道德概念环境净脏隐喻映射的偏向性。

（三）研究方法

1. 被试

样本量计算及参数设置同道德概念环境净脏隐喻实验，计算样本量为24。随机选取某大学本科生43名，其中男生18名，女生25名，平均年龄为20.28岁（$SD=1.58$）。

2. 实验材料

环境洁净句子与环境肮脏句子：同环境净脏始源域向道德概念目标域隐喻映射实验。

中性情绪面孔图片：从龚栩等（2011）中国化面孔情绪图片系统选取中性情绪面孔图片。为平衡男女中性情绪面孔，随机分别抽取男性中性情绪人物面孔 6 张，女性中性情绪人物面孔 6 张，共 12 张。其中，男性中性情绪人物面孔（图片效价为 4.56 ± 0.61，唤醒度为 4.54 ± 0.43），女性中性情绪人物面孔（图片效价为 3.77 ± 0.62，唤醒度为 3.67 ± 1.05）。单样本 t 检验结果表明，男女中性情绪人物面孔图片效价（$p > 0.05$）、唤醒度（$p > 0.05$）差异均不显著，说明所选中性情绪面孔图片有效。所有图片均经过软件处理并统一调整为 100×115 像素。

3. 实验设计

采用 2（环境启动类型：环境洁净启动 vs. 环境肮脏启动）×2（中性情绪面孔判断类别：道德 vs. 不道德）的两因素被试内实验设计。因变量为被试在环境洁净启动和环境肮脏启动下判断中性情绪人物面孔图片为道德和不道德的比例。

4. 实验程序

首先所有被试均被告知本实验需要完成几项不相关任务；接着所有被试分别阅读并记忆与环境洁净或肮脏相关的句子，并被告知在中性情绪人物面孔图片判断任务结束之后回忆这些句子；然后所有被试分别进行中性情绪图片的道德判断。

实验程序流程：首先，在屏幕中央呈现注视点"+"500ms，接着随机呈现环境洁净启动句子或环境肮脏启动句子 3000ms，然后呈现中性情绪人物面孔图片 2000ms，请被试对中性情绪人物面孔进行道德或不道德判断，如果将中性情绪人物面孔判断为"道德"按"F"键，而将中性情绪人物面孔判断为"不道德"按"J"键（按键反应在被试间进行平衡）。若被试在 2000ms 内不做任何按键反应，那么请被试进入下一个试次。若被试做出按键反应则中性情绪人物面孔图片消失，空屏 500ms，进入下一个试次。在正式实验中，12 张中性情绪面孔图片随机和环境洁净启动句子或环境肮脏启动句子各匹配 1 次，正式实验共 144 个试次。实验流程见图 5-7。

（四）研究结果

环境洁净或肮脏句子启动条件下被试对中性情绪人物面孔图片的道德和不道

德判断比例见表 5-4。

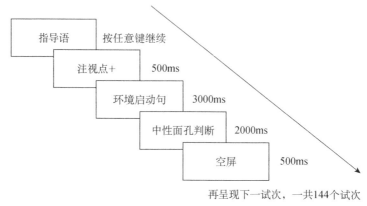

图 5-7   实验流程

表 5-4   环境洁净和肮脏启动下中性情绪面孔图片道德判断的比例   单位：%

环境启动类型	中性面孔类别判断比例	
	道德判断（次数）	不道德判断（次数）
环境洁净句子	26.39（38）	22.91（33）
环境肮脏句子	22.22（32）	27.78（40）

对被试在环境洁净句子启动和环境肮脏句子启动下，中性情绪面孔道德和不道德判断比例进行独立性卡方检验，结果显示环境启动类型和中性面孔判断类型的交互作用不显著，χ^2（1）=0.28，$p>0.05$。这表明环境洁净句子启动和环境肮脏句子启动并不影响被试对中性情绪面孔的道德或不道德判断。

（五）讨论分析

研究结果显示，被试在环境洁净启动和环境肮脏启动下对中性情绪面孔道德和不道德判断比例差异不显著，也就是说，被试并不存在洁净与中性情绪面孔"道德"的联结，也不存在肮脏与中性情绪面孔"不道德"的联结，研究假设未被证实。本节研究与以往相关研究结果不一致（Zhong & Liljenquist，2006）。如丁凤琴等（2017）采用 Stroop 图词干扰范式证明被试对环境洁净背景上的道德词反应时要比环境洁净背景上的不道德词反应时短，而对环境肮脏背景上的不道德词反应时也比环境肮脏背景上的道德反应时短。本节研究与以往研究的不同之处在于，采用环境净脏启动下的中性情绪面孔道德和不道德判断，不再是洁净与道德、肮脏与不道德的泾渭分明的匹配判断，而是环境洁净和环境肮脏启动后对无关的中性情绪面孔进行道德判断，受"眼见不一定为实"的影响，单凭个体视觉观察到的环境洁净和环境肮脏进行道德与不道德判断，只是道德判断的浅在表象，不足以引发个体内心深处的道德意识与道德判断。所以，被试环境洁净启动和中性情绪面孔道德判断、环境肮脏启动和中性情绪面孔不道德判断难以联结与匹配，环境净脏启动下道德概念隐喻映射的偏向性效应尚未被证实。

二、自身净脏想象启动下道德概念隐喻映射的偏向性

（一）研究目的

基于分离式 Stroop 实验范式，考察自身洁净启动和自身肮脏启动下被试对中性情绪图片人物进行的道德和不道德判断，探讨道德概念自身净脏隐喻映射的偏向性。

（二）研究假设

自身洁净想象启动的被试对中性情绪人物面孔判断向道德一侧偏移，自身肮脏想象启动使被试对中性情绪人物面孔判断向不道德一侧偏移。如果被试在自身洁净和自身肮脏想象启动下对中性情绪面孔表现出不同的道德和不道德判断偏向，则能够证明道德概念自身净脏隐喻映射的偏向性。

（三）研究方法

1. 被试

样本量计算及参数设置同道德概念环境净脏隐喻实验。随机选取某大学本科生 45 名，其中男生 18 名，女生 27 名，平均年龄为 20.86 岁（$SD=1.81$）。

2. 实验材料

自身洁净与自身肮脏想象句子：同道德概念自身净脏隐喻实验。
中性情绪人物面孔图片：同环境净脏启动下道德概念隐喻映射偏向性实验。

3. 实验设计

采用 2（自身句子启动类型：自身洁净启动 vs. 自身肮脏启动）×2（中性情绪面孔判断类别：道德 vs. 不道德）的两因素被试内实验设计。因变量为被试自身洁净启动和自身肮脏启动下判断中性情绪人物面孔为道德和不道德的比例。

4. 实验程序

实验程序：同环境净脏启动下道德概念隐喻映射偏向性的实验，不同之处在于将环境净脏启动句子替换为自身想象净脏启动句子，告知被试尽最大努力想象这些句子，并将自己置身于文字所描述的状态之中。

（四）研究结果

所有被试均能遵循实验要求完成实验，所有被试的数据均为有效数据。自身洁净启动和自身肮脏启动下被试对中性情绪人物面孔图片的道德和不道德判断比例如表 5-5 所示。

表 5-5　自身洁净和肮脏启动下中性情绪面孔图片道德判断的比例　　单位：%

自身句子启动类型	中性情绪面孔判断类型比例	
	道德判断（次数）	不道德判断（次数）
自身洁净句子	34.72（50）	15.27（22）
自身肮脏句子	17.36（25）	32.63（47）

对被试自身洁净启动和自身肮脏启动下中性情绪人物面孔图片的道德和不道德判断比例进行卡方检验，结果显示，自身句子启动类型与中性情绪面孔判断类别交互作用显著，χ^2（1）=17.39，$p<0.001$，η^2=0.348。简单效应检验表明，自身洁净句子启动下被试对中性情绪面孔的道德判断比例显著高于不道德判断比例，χ^2（1）=10.88，$p<0.001$；自身肮脏句子启动下被试对中性情绪面孔的不道德判断比例显著高于道德判断比例，χ^2（1）=6.72，$p<0.01$（图 5-8）。这表明自身洁净句子启动和自身肮脏句子启动会影响被试对中性情绪面孔道德或不道德的判断，即自身洁净句子启动下，被试倾向于对中性面孔做道德判断，自身肮脏句子启动下，被试倾向于对中性面孔做不道德判断。

（五）讨论分析

研究结果显示，自身洁净启动条件下，被试将中性情绪人物面孔图片判断为道德的比例显著高于判断为不道德的比例，表明被试更倾向于"自身洁净"与"道德"的隐喻联结；自身肮脏启动条件下，被试将中性情绪人物面孔图片判断为不道德的比例显著高于判断为道德的比例，表明被试更倾向于"自身肮脏"与"不道德"的隐喻联结。因为被试在想象自身洁净启动和想象自身肮脏启动下对中性情绪人物面孔图片被迫进行道德和不道德判断时，想象自身洁净后，会增加个体内心对道德的向往和期待，个体倾向于向道德判断一侧偏移；想象自身肮脏后，个体内心不再有对道德的向往和期待，个体倾向于向不道德判断一侧偏移。所以，被试对于中性情绪人物面孔图片的道德和不道德判断受到自身净脏线索的影响，表现出自身净脏启动下道德概念隐喻映射的偏向性。

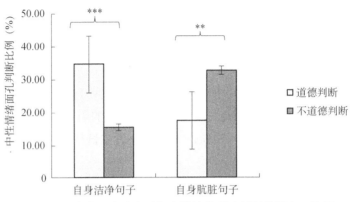

图 5-8　自身句子启动类型与中性情绪面孔判断类别交互作用

三、自身净脏行为条件下道德概念隐喻映射的偏向性

自身净脏想象启动下道德概念隐喻映射偏向性的实验是在想象自身净脏句子条件下进行的实验研究，但想象自身净脏毕竟不同于自身净脏的实际行为。有实验证明，洗手能减轻被试的罪恶感（Zhong & Liljenquist，2006）。那么，自身净脏行为条件下被试是否存在道德概念隐喻映射的偏向性？本实验即回答此问题。

（一）研究目的

基于图片判断任务实验范式，分别在自身洁净行为或自身肮脏行为条件下对中性情绪图片进行道德和不道德判断，探讨道德概念自身净脏隐喻映射的偏向性。

（二）研究假设

在自身洁净行为条件下，被试对中性情绪人物面孔的判断向道德一侧偏移；自身肮脏行为条件下，被试对中性情绪人物面孔的判断向不道德一侧偏移。如果被试在自身洁净行为条件下和在自身肮脏行为条件下对中性情绪面孔表现出不同的道德和不道德判断偏向，就能够证明道德概念自身净脏隐喻映射的偏向性。

（三）研究方法

1. 被试

样本量计算及参数设置同道德概念环境净脏隐喻实验。随机选取某大学本科生 66 名，其中男生 21 名，女生 45 名，平均年龄为 20.13 岁（SD=1.35）。

2. 实验材料

自身洁净行为与自身肮脏行为：自身洁净行为组被试被告知在实验之前先要用电脑桌旁边的洁净湿润毛巾擦拭手 1 分钟，必须保持手部湿润方可进入实验；实验结束后主试请被试回答感到手部洁净体验的程度；自身肮脏行为组：自身肮脏行为组被试被告知在实验之前先要用电脑桌旁边的肮脏湿润毛巾擦拭手 1 分钟，必须保持手部湿润方可进入实验；实验结束后主试请被试回答感到手部肮脏体验的程度。

为了控制洁净毛巾和肮脏毛巾的有效性，一是对洁净和肮脏毛巾的无关变量进行控制（洁净和肮脏毛巾的材料、颜色、大小均相同，具体见附录 7）；二是对洁净毛巾和肮脏毛巾的净脏程度进行评价。请 30 名本科生对洁净和肮脏的毛巾净脏程度进行 9 级评分。洁净毛巾的评价，1=非常不干净，9=非常干净，单样本 t 检验结果表明，洁净毛巾的洁净程度得分（8.40±0.62）显著高于理论均值 5，t（29）=29.97，p<0.001；肮脏毛巾的肮脏程度评价，1=非常不肮脏，9=非常肮脏，单样本 t 检验结果表明，肮脏毛巾的肮脏程度得分（7.73±0.91）显著高于理论均值 5，t（29）=16.50，p<0.001，说明干净和肮脏毛巾材料的选取是有效的。

中性情绪人物面孔图片：同环境净脏启动下道德概念隐喻映射偏向性实验。

3. 实验设计

采用 2（自身行为条件类型：自身洁净行为 vs. 自身肮脏行为）×2（中性情绪面孔判断类别：道德 vs. 不道德）的两因素混合实验设计。自身洁净行为和自身肮脏行为为组间变量，中性情绪面孔判断类别为组内变量。因变量为被试在自身洁净行为和自身肮脏行为条件下判断中性情绪人物面孔道德和不道德的比例。

4. 实验程序

实验程序：将所有被试随机分为两组，一组为自身洁净行为组，另一组为自身肮脏行为组，两组被试分别在手部洁净或手部肮脏条件下进行中性情绪图片的道德或不道德判断。自身洁净行为组和自身肮脏行为组在实验中，12 张中性情绪面孔图片随机呈现，并重复 3 次，每组被试均完成共 36 个试次。实验结束，请自身洁净行为组和自身肮脏行为组被试分别进行自身报告，报告实验之前"体验到的自身洁净或自身肮脏程度"，9 点计分，1=完全没有体验到，9=完全体验到，分值越大，表明自身洁净行为组和自身肮脏行为组被试分别体验到的洁净或肮脏程度越高。

（四）研究结果

排除实验中断的被试 1 名，实际有效被试 65 名，其中自身洁净行为组被试 32 名，自身肮脏行为组被试 33 名。

1. 被试分组有效性检验

对自身洁净行为组和自身肮脏行为组被试体验到的自身洁净或自身肮脏程度进行检验，单样本 t 检验表明，自身洁净行为组的自身洁净体验得分（7.09±1.42）显著高于理论均值 5，t（31）=8.33，$p<0.001$；自身肮脏行为组的自身肮脏体验得分（6.73±1.86）显著高于理论均值 5，t（32）=5.34，$p<0.001$，说明自身洁净行为和自身肮脏行为的分组有效。

2. 自身洁净和自身肮脏行为条件下中性情绪面孔的道德判断

自身洁净行为和自身肮脏行为条件下被试对中性情绪人物面孔图片的道德和不道德判断比例如表 5-6。

表 5-6　自身洁净和肮脏行为条件下中性情绪面孔图片道德判断的比例　　单位：%

自身行为条件类型	中性情绪面孔判断类型比例	
	道德判断（次数）	不道德判断（次数）
自身洁净行为	63.89（26）	36.11（10）
自身肮脏行为	41.67（17）	53.83（19）

对被试自身洁净行为和自身肮脏行为条件下中性情绪人物面孔图片的道德和不道德判断比例进行卡方检验，结果显示，自身行为条件类型与中性情绪面孔判断类别的交互作用显著，χ^2（1）=4.68，$p<0.05$，$\eta^2=0.256$。简单效应检验表明，自身洁净行为条件下被试对中性情绪面孔的道德判断比例显著高于不道德判断比例，χ^2（1）=7.11，$p<0.01$；自身肮脏行为条件下被试对中性情绪面孔的道德与不道德判断比例不显著，χ^2（1）=0.11，$p>0.05$（图 5-9）。这表明自身洁净行为和自身肮脏行为条件影响被试对中性情绪面孔道德或不道德的判断，即自身洁净行为条件下被试倾向于对中性面孔做道德判断，自身肮脏行为条件下被试对中性面

孔不做道德或不道德判断。

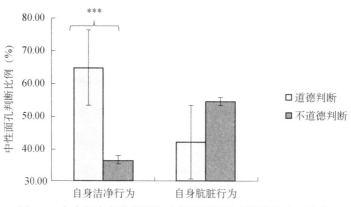

图 5-9 自身行为条件类型与中性情绪面孔判断类别交互作用

3. 自身净脏对中性情绪面孔道德判断的影响：想象与行为视角差异

对被试自身想象洁净和自身行为洁净条件下中性情绪人物面孔图片的道德判断比例进行卡方检验，结果显示自身行为洁净条件下中性情绪面孔道德判断比例显著高于自身想象洁净条件下中性情绪面孔道德判断比例，χ^2（1）=8.50，$p<0.01$；对被试自身想象洁净和自身行为洁净条件下中性情绪人物面孔图片的不道德判断比例进行卡方检验，结果显示自身行为洁净条件下中性情绪面孔不道德判断比例显著高于自身想象洁净条件下中性情绪面孔不道德判断比例，χ^2（1）=8.65，$p<0.01$；对被试自身想象肮脏和自身行为肮脏条件下中性情绪人物面孔图片的道德判断比例进行卡方检验，结果显示自身行为肮脏条件下中性情绪面孔道德判断比例显著高于自身想象肮脏条件下中性情绪面孔道德判断比例，χ^2（1）=10.59，$p<0.001$；对被试自身想象肮脏和自身行为肮脏条件下中性情绪人物面孔图片的不道德判断比例进行卡方检验，结果显示自身行为肮脏条件下中性情绪面孔不道德判断比例显著高于自身想象肮脏条件下中性情绪面孔不道德判断比例，χ^2（1）=5.07，$p<0.05$。

（五）讨论分析

研究结果显示，自身洁净行为条件下被试将中性情绪人物面孔图片判断为道德的比例显著高于判断为不道德的比例，表明被试更倾向于"自身洁净"与"道德"的隐喻联结；自身肮脏行为条件下被试对中性情绪面孔的道德与不道德判断比例不显著，表明被试没有表现出"自身肮脏"与"不道德"的隐喻联结。其原因在于：被试在自身洁净行为条件下对中性情绪人物面孔图片进行道德和不道德判断时，自身洁净与个体道德自动隐喻联结，个体倾向于将中性情绪人物面孔图片进行道德判断；而被试在自身肮脏行为条件下对中性情绪人物面孔图片进行道德和不道德判断时，自身肮脏行为使被试产生了消极的心理体验，被试为了弥补这种消极情绪体验，更容易将中性面孔判断为道德，以此消解了"肮脏"与"不道德"的隐喻联结。因此，自身肮脏行为启动后，被试对于中性情绪人物面孔图片的道德和不道德判断未表现出偏向性。

第四节　综　合　讨　论

一、道德概念环境净脏隐喻的双向性

第一节通过两个实验验证了道德概念环境净脏隐喻映射的双向性。环境净脏始源域向道德概念目标域隐喻映射的实验结果显示，环境洁净句子启动后，道德词的反应时比不道德词反应时更快；环境肮脏句子启动后，不道德词的反应时比道德词更快，表明环境洁净句子与环境肮脏句子启动分别易化了道德词和不道德词的加工，使环境洁净与道德概念、环境肮脏与不道德概念产生隐喻一致性效应。以上结果证明了环境洁净句子和环境肮脏句子启动引发了被试对道德词与不道德词判断反应时的差异，证实了环境净脏始源域向道德概念目标域的隐喻映射。这说明从环境净脏始源域向道德概念目标域映射的过程中，隐喻一致条件下判断任务易化，隐喻不一致条件下判断任务抑制，表明道德概念加工受环境净脏体验的影响。根据具身认知理论的观点，当个体和所处环境相互作用时，会形成一些具体、有形和可感知的经验，比如对重量大小的知觉、对光线明暗的知觉和洁净肮脏的知觉等，这些已形成的具身感知觉可用来表征那些抽象复杂的概念。因此，净脏作为具身感知觉经验，容易与道德概念进行隐喻联结。

在日常生活中，个体处在干净或肮脏的环境中也会产生不同的心理感受。处在肮脏的环境中，个体会感觉难受甚至不舒服；而处在洁净的环境中，个体会感觉开心甚至体验舒服，这种净脏不同的体验和感知觉自然会影响个体对道德概念的判断。古今中外，肮脏往往意味着疾病、无序和感知觉上的不适，洁净则意味着健康、有序和感觉良好。从进化心理学的角度来看，人们对于清洁的需求是与生俱来的。身体的洁净就像人的天然"保护层"，在落后的医疗卫生条件下，身体洁净保持了个体卫生，避免人们因污秽而生病。人的身体肮脏或处于肮脏环境中，就会打破原有状态，比如无意中触碰污物，会很快引起身体的应激反应，并会尝试尽快摆脱肮脏之物。因此，洁净环境始源域更容易激活被试的道德概念，肮脏环境始源域更容易激活被试的不道德概念。

此外，道德概念目标域向环境净脏始源域的隐喻映射实验结果表明，道德词启动与不道德词启动引发了被试对自身洁净句子和自身肮脏句子的不同判断，证实了道德概念目标域向环境净脏始源域的隐喻映射。概念模拟理论（Conceptual Simulation Theory）认为，高级抽象概念表征由多通道的感知觉经验构成（Barsalou，2009），并且高级抽象概念的加工过程是迅速、自动的（Wu & Barsalou，2009）。所以，抽象概念和最基本的感知经验之间产生心理认知的联结。当抽象的道德概念和不道德概念启动时，也会自发产生与其对应的感知觉的自动联结，用难以理解和加工的抽象概念引发身体的感知觉，道德概念目标域向环境净脏始源域的隐喻映射自然形成。

另外，道德词汇的加工会使被试心理上产生纯洁感。道德词汇启动后，被试更容易与洁净句子相联系；不道德词汇启动后，被试会产生心理上的不洁之感，更容易与肮脏句子相联系，从而达到一种警戒危险来临的提醒，起到自身保护的作用。根据概念隐喻理论，某种具身感知觉始源域激活抽象的目标域概念（如道德），目标域进而将激活的概念再扩散到始源域（如洁净）（Lakoff & Johnson，1999）。所以，隐喻并非浅层次的语言关联，而是深层次的概念内涵架构。通过概念内涵架构，个体可以借助基本的感知觉始源域概念去发展更复杂的抽象概念，从而形成概括化程度更高、辐射性更为广泛和持久的高级复杂抽象概念。本节研究中，洁净与肮脏是个体具身的感知觉，其加工就是受到了道德与不道德抽象概念加工的影响，即道德词比不道德词更能易化被试洁净的心理感受。所以，个体的感知觉经验的始源域是抽象道德目标域概念发展的基础，而且抽象道德目标域概念一旦形成，可以再次扩散到始源域概念，隐喻也由此成为抽象概念加工的基础。

总之，环境洁净句子和环境肮脏句子启动引发了被试对道德词与不道德词的不同判断，证实了环境净脏始源域向道德概念目标域的隐喻映射；道德词启动与不道德词启动引发了被试对环境洁净句子和环境肮脏句子的不同判断，证实了道德概念目标域向环境净脏始源域的隐喻映射。综合以上研究结果，道德概念环境净脏隐喻映射既可以由始源域向目标域映射，也可以由目标域向始源域映射，证明了道德概念环境净脏隐喻映射具有双向性。

二、道德概念自身净脏隐喻的双向性

心理学诸多实验验证了净脏体验与道德概念的隐喻映射（Schnall et al.，2008；Zhong & Liljenquist，2006）。这种联结究竟是单向的还是双向的还尚未可知。有研究发现，启动被试自身的清洁体验，被试自身的道德意象提升，进而对社会有争议的道德问题做出更为严格的道德判断（Zhong et al.，2010）。这表明自身净脏启动影响被试的道德判断，从自身净脏始源域到道德目标域的隐喻映射具有心理现实性。此外，有学者指出，已形成的道德概念隐喻影响个体的道德认知和道德决策，理论而言，从道德目标域向自身净脏始源域的隐喻映射也具有实现的可能性（Johnson，1993）。

如前所述，自身净脏始源域向道德概念目标域的隐喻映射，实际就是证明道德概念自身净脏隐喻的心理现实性。道德概念自身净脏隐喻心理现实性的实验结果显示：在自身洁净语句启动下，被试判断道德词的反应时快于判断不道德词的反应时，表明自身洁净的具体感官体验会影响被试对道德词汇的判断，形成"洁净"与"道德"的隐喻联结，与前人研究结论一致（Zhong & Liljenquist，2006）。以往研究也表明，自身洁净的具身感受使得被试对道德词汇的判断更快、更自动化，同时自身洁净的具身感受还会增加道德判断的严苛性（陈潇，江琦，2014）。有研究也验证了身体清洁和道德判断的关系，即实验组被试在自身清洁条件下进行更严格的道德判断，而对照组则没有表现出明显差异（Zhong et al.，2010）。其原因在于，自身洁净体验与道德认知与判断建立了隐喻表征关系。当个体认识到自身清洁时，这种洁净感增强了被试的道德意识与道德思想，进而提高了道德自身意象，被试从而做出更加严格的道德判断。而在肮脏自身语句启动下，被试判断道德词的反应时和不道德词的反应时不存在显著差异，说明自身肮脏和不道德概念匹配时，并不能缩短被试的反应时，可能是被试对自身肮脏始源域向道德目标域的隐喻映射力不强，没有表现出"肮脏"与"不道德"的隐喻联结。

道德概念目标域向自身净脏始源域的隐喻映射实验结果表明，道德词启动后，被试对自身洁净句子的判断反应时快于自身肮脏句子的判断反应时；不道德词启动后，自身肮脏句子的判断反应时快于自身洁净句子的判断反应时，证实了道德概念目标域向自身净脏始源域隐喻映射的心理现实性。有学者在实验 1 中要求被试回想自己过去的道德或不道德的事件或行为，结果发现被试回忆自身不道德行为后进行补全单词任务（如 W-H、S-P），更倾向于完成与洁净相关的单词

（如 WASH、SOAP），说明自身不道德行为容易让被试产生"肮脏"的心理体验，为了达到内心的平衡，被试采用完成清洁相关单词的方式进行洁净意愿的补偿。他们在实验 3 中也进一步证明，回忆自身不道德行为的被试更愿意选择无垢纸巾代替铅笔作为实验的礼物，表现出对清洁产品的购买欲望（Zhong & Liljenquist，2006）。以上研究都证明，不道德行为会引起被试肮脏的心理体验，为了消除这种体验，被试更愿意选择洁净产品，以达到内心的补偿。同样，被试在道德词启动后，对自身洁净句子的判断反应时更短，产生道德与洁净的自然联结。这说明道德词汇启动增加了被试的道德意识，提升了其对洁净的自身感受性和认识，从而使其更容易进行自身洁净判断。

此外，概念模拟理论认为，个体多通道的身体感知觉是复杂抽象概念表征的基础（Barsalou，2009），并且高级抽象概念的加工过程是迅速、自动的（Wu & Barsalou，2009）。启动高级抽象概念后，个体具身体验也被易化加工（张恩涛等，2013）。奥苏贝尔的概念同化说也认为，高级概念可以代替低级概念进而形成概念之间的自动联结。道德概念自身净脏隐喻双向性实验表明，道德或不道德高级复杂概念启动后，被试的自身洁净或自身肮脏具身体验也会被迅速激活，被试倾向于"道德—自身干净""不道德—自身肮脏"的隐喻联结，实现了道德概念启动对净脏隐喻加工的激活。与此同时，概念隐喻理论与具身认知理论也强调，自身净脏身体体验是复杂抽象道德概念的前提与基础，自身净脏的体验也使被试将"自身洁净—道德""自身肮脏—不道德"进行隐喻联结。

总之，自身洁净句子启动和自身肮脏句子启动引发了被试对道德词与不道德词的不同判断，证实了自身净脏始源域向道德概念目标域的隐喻映射。道德词启动与不道德词启动引发了被试对自身洁净句子和自身肮脏句子的不同判断，证实了道德概念目标域向自身净脏始源域的隐喻映射。综合以上研究结果，道德概念自身净脏隐喻映射既可以由始源域向目标域映射，也可以由目标域向始源域映射，证明了道德概念自身净脏隐喻映射具有双向性。

三、道德概念净脏隐喻的偏向性

以往研究认为，始源域和目标域之间信息量的不对等可能会造成隐喻表征力量的不平衡（鲁忠义等，2017b）。道德概念始源域包括温热、芳香、明亮、洁净等，不道德概念始源域包括寒冷、恶臭、黑暗、肮脏等（吴念阳，郝静，2006）。道德概念始源域的信息和途径远远多于目标域的信息和途径。启动洁净或肮脏始源域，由于能表征洁净或肮脏的途径非常多，导致净脏始源域的语义联想分散，降低了与道德或不道德联结的频率，使得道德或不道德词匹配加工的难度提高，自然削弱了净脏始源域到道德概念目标域的信息传播速度；而启动道德或不道德概念目标域时，道德或不道德概念较为高级，存在较少的语义联想分散，会易化道德概念目标域的启动效果，使得道德概念目标域启动对洁净或肮脏始源域的隐喻表征力量加强。

此外，现实生活中，我们经常由洁净联想到道德，由肮脏联想到不道德，这种"约定俗成"的联结，到底是一种表面上的语义相互联结，还是存在偏向性？以往关于道德概念净脏隐喻的研究大多考察净脏与道德之间的隐喻联结，而对道德概念净脏隐喻偏向性的研究较少。值得思考的是，道德概念净脏隐喻是否也具有映射偏向性？本研究分别采用环境净脏句子启动、自身净脏句子想象启动、自身净脏行为启动分别探讨道德概念环境净脏隐喻的偏向性和道德概念自身净脏隐喻的偏向性和想象启动与行为启动条件下道德概念自身净脏隐喻的偏向性的聚合效度。

（一）道德概念环境净脏隐喻的偏向性

研究结果显示，被试在环境洁净启动和环境肮脏启动下对中性情绪面孔道德和不道德判断比例的差异不显著，也就是说，被试并不存在"环境洁净"与中性情绪面孔"道德"的联结，也不存在"环境肮脏"与中性情绪面孔"不道德"的联结，说明被试不存在道德概念环境净脏隐喻的偏向性。我们认为，环境净脏启动属于外部线索启动，单凭个体视觉观察到的外部环境洁净和环境肮脏进行道德判断，只是停留在道德判断的浅在表象，不足以引发个体内心深处的道德意识与道德判断，因此被试无法将"环境洁净""环境肮脏"与中性情绪面孔"道德""不道德"进行隐喻联结。此外，研究中采用分离式 Stroop 范式，用分离的意识进行具身体验与中性刺激的道德与不道德判断，致使被试对具身体验始源域向道德概念目标域隐喻映射的力量不足（鲁忠义等，2017b）。因此，本章研究采用分离式 Stroop 范式，也使得被试对中性情绪面孔的判断受环境净脏线索的影响较小，环境净脏启动下道德概念隐喻映射偏向性效应尚未证实。

（二）道德概念自身净脏隐喻映射偏向性：想象启动与行为启动的一致性

研究结果表明，基于想象启动视角研究，被试在自身洁净启动和自身肮脏启动下对中性情绪面孔道德和不道德判断的比例差异显著，自身洁净启动条件下被试将中性情绪面孔判断为道德的比例远高于将中性情绪面孔判断为不道德的比例；自身肮脏启动条件下被试将中性面孔判断为不道德的比例显著低于将中性情绪面孔判断为道德的比例；基于行为启动视角的研究也发现了同样的研究结果，与以往研究结果不尽一致。丁凤琴等（2017）的研究发现，自身洁净启动下被试对道德两难故事的不道德评分更高；郭瑞（2014）的研究发现，自身清洁启动使得被试对道德两难事件的判断更为严苛。原因在于，以往研究均采用泾渭分明的自身洁净与道德、自身肮脏与不道德匹配范式进行研究，净脏与道德和不道德之间很容易建立隐喻联结，并表现出隐喻补偿性效应；本章研究是将自身净脏与中性面孔进行匹配，自身洁净强化了被试内心对于道德的向往，倾向于对中性刺激进行道德判断，而自身肮脏弱化了被试内心对于道德的向往，倾向于对中性刺激进行不道德判断。与此同时，自身净脏的感知觉对道德判断的影响相对比较稳定，被试很容易在自身净脏启动下对中性刺激进行道德与不道德区分，道德概念自身净脏隐喻的偏向性相对较强。

（三）道德概念自身净脏隐喻映射偏向性：想象启动与行为启动的差异性

值得注意的是，本章研究探究了道德概念自身净脏隐喻的偏向性，基于句子想象启动和行为启动两种研究范式进行聚合研究，研究结果表明，在想象启动下，被试自身洁净启动下对中性刺激进行道德判断，自身肮脏启动下对中性刺激进行不道德判断；而在行为启动下，自身洁净条件下被试对中性刺激进行道德判断，而在自身肮脏条件下被试对中性刺激的道德判断和不道德判断没有差异。原因在于：不管是想象洁净启动还是行为洁净启动，均能激发被试的道德意识，对道德判断有显著影响（Zhong et al.，2010）。行为肮脏启动后，更能引发被试消极的情绪体验，为了弥补这一消极情绪，被试会放松判断标准，对中性面孔更倾向于道德判断，因而"肮脏"与"不道德"的隐喻联结消失。

此外，比较自身想象洁净与自身行为洁净，研究结果均表明两种条件下被试对中性情绪面孔的道德判断和不道德判断均存在显著差异，自身行为洁净比自身想象洁净条件下对中性刺激的道德判断更严厉；比较自身想象肮脏与自身行为肮脏，研究结果表明两种条件下被试对中性情绪面孔的道德判断和不道德判断均存在显著差异，自身行为肮脏比自身想象肮脏条件下对中性刺激的不道德判断更严厉。

　　其原因在于：第一，行为启动常常伴随较为强烈的个体自身躯体运动知觉，对与其躯体运动知觉相应的道德概念表征也产生较强影响；而想象启动下伴随的个体自身躯体感知觉较弱，相应地激活躯体感知觉相应的道德概念表征也较弱。这表明想象启动和行为启动激活的躯体感知觉相应的道德概念强度不同，自然，二者的自身净脏启动对中性词的道德判断可能也存在差异。也就是说，自身净脏想象启动和行为启动都是有效的，只是启动效应的强弱存在差异，对中性词的道德与不道德隐喻映射强弱也不同。

　　第二，想象启动与行为启动的信息加工方式不同。信息加工主要有两类：基于概念和理论的自上而下加工、基于数据与行为的自下而上加工。自上而下加工被称为概念驱动或理论驱动的上位信息加工，主要指个体采用已形成的知识图式、过往经验对知觉信息进行整合和表征的加工过程（Wolfe et al.，2003）。本节采用自身净脏想象启动，实际就是通过自上而下加工方式，被试在阅读、记忆和回忆自身净脏句子过程中自动激活了净脏相关信息，借助大脑中原有的净脏相关信息激活道德概念表征。而自下而上加工是由直接经验和具体行为入手、不断寻找与直接经验和具体行为共通的信息，并尝试匹配较高水平认知过程的信息加工方式（Galotti，2008）。本节采用自身行为启动，实际就是通过自下而上的信息加工方式，基于净脏手部的知觉直接体验进行道德概念隐喻联结，自身净脏体验信息更为直接，对中性词的道德判断影响更为显著。

　　第三，想象启动与行为启动可能与感知觉经验丰富程度有关。自身净脏行为启动根源于手部洁净和肮脏的直接触觉体验，也是人类最早、最为熟悉的感觉体验（Brauer et al.，2016）。所以，基于手部洁净和肮脏触觉的行为启动会激活被试较强的手部洁净和肮脏知觉体验，尽管知觉体验比较单一，但比较聚焦且针对性强，形成的知觉经验概念更为丰富，启动效果更为强烈，直接对应个体的道德或不道德判断。而自身净脏想象启动激活的不是单一的知觉体验，还涉及更复杂的躯体感受，如听觉、触觉、视觉等多种感觉通道的叠加。尽管知觉体验比较多元，但比较分散且散漫，启动效应可能更弱，对道德判断的影响更为多元。

　　第四，想象启动与行为启动受传统儒家文化的影响。受东方文化儒家思想的强烈影响，人们习惯于用儒家文化规范来约束人的行为（凌文辁等，2003）。这种儒家文化规范又以伦理道德为主，更加崇尚个体的实际行为与行动而非大脑想象的行为，强调实际发生行为的道德人格，而非只想不做的虚伪人格。正是由于这一根深蒂固的内在规范潜移默化地影响了人们对道德概念净脏隐喻的映射，人们更看重个体的内在道德规范和具体行动，而不是语言表述的净脏与否。如人们对农民工、清洁工人、下水道工人做道德评价时，不会因为他们不会华丽的语言描述而对其进行不道德判断。反之，若一个贪官污吏即使语言干净、一个奸商纵使口头表述再利落，人们也会对他们进行不道德判断。

总之，我们从想象启动与行为启动可能激活的道德概念隐喻差异、二者信息加工方式的差异、二者感知觉经验丰富程度的差异、受传统儒家文化的不同影响等方面对道德与不道德判断的差异进行了阐释。值得注意的是，本章研究探究道德净脏自身隐喻的偏向性，一是为社会道德规范的形成、高校的道德干预与道德教育工作提供了参考依据；二是在进行道德判断时，不能仅仅凭借"第六感"等的主观意志进行判断，而要提供更多的行为证据与支持，这样会使得相关部门在做道德判断时有更多行为证据的支撑，也会更加公正合理；三是探讨道德概念自身隐喻的偏向性，有利于发现自身净脏的感知觉体验对道德判断的影响机制，从而很好地运用到道德规范的形成过程中；四是通过自身的"干净"体验增强社会道德行为，以约束个人不道德行为，有利于促进个体的道德行为；五是有助于家庭、学校、社会进行净脏行为操作，以提升个体的道德修养和道德判断水平。

第六章　道德概念净脏隐喻的情境性

第五章探讨了道德概念净脏隐喻映射的双向性与偏向性。那么，是否"洁净"与"道德"、"肮脏"与"不道德"的隐喻联结稳定？如果是，如何解释中国文化群体津津乐道的"内在心灵美"？中国文化群体的净脏不但表现在外部环境和自身身体净脏，还表现在内在心灵净脏方面，如"心灵比肉体更干净""外表美丽内心肮脏""外貌与心灵一样纯洁/丑陋"等，用外在与内心干净/肮脏关联的词来代表道德高尚或品质恶劣的人。日常生活中，外表打扮干净整洁而行为龌龊的人依旧需要引起人们的警惕；同时，即使某人外表不整洁但做出道德之举，依旧会得到人们的褒奖和认可。从这层意义来看，人们的道德判断还需要考虑与情境的交互作用，而不是单纯的以貌取人。因此，创设符合中国文化群体的净脏情境非常重要。然而，在道德与净脏体验的隐喻表征中，情境因素是否影响二者的隐喻表征？道德概念净脏隐喻是否存在情境依赖？以往鲜有研究涉及这些问题。鉴于此，道德概念净脏隐喻可能因社会情境的不同而动态变化。本章研究意在考察社会情境对个体道德概念净脏隐喻加工的影响，探究社会公益情境和社会损害情境启动下道德概念自身净脏隐喻的情境依赖效应。

第一节　道德概念自身净脏隐喻的社会公益情境性

日常生活中，一个全身肮脏的个体会令人嫌弃，但当这个"不洁之人"勇救落水者或给老弱病残让座，人们原有的嫌弃可能烟消云散，代之以崇敬之心；某人蓬头垢面穿戴邋遢会被认为道德欠佳，让人不禁有鄙夷之色，可当这个"很脏"的个体不分场合捡起地上的垃圾，或不假思索做出助人为乐的行为，人们则对之赞赏有加。梳理过往文献发现，道德概念隐喻存在情境依赖性（Cramwinckel et al.，2013）。因此，道德概念的隐喻效应也会随情境的不同而动态变化。本研究则探讨道德概念自身净脏隐喻的社会公益情境性。

一、实验目的

实验拟基于情境启动实验范式和 Stroop 任务范式，启动被试的社会公益情境，在此情境下考察被试道德概念净脏隐喻的联结效应，以探讨社会公益情境对道德概念自身净脏隐喻的影响。

二、实验假设

社会公益情境下被试存在自身洁净与道德概念，自身肮脏与不道德概念的隐喻联结，则能够揭示道德概念净脏隐喻映射的社会公益情境性。

三、研究方法

（一）被试

样本量计算及参数设置同道德概念环境净脏隐喻实验。本节研究选取某大学本科生 60 名，其中男生 25 名，女生 35 名，平均年龄为 20.15 岁（SD=1.37）。

（二）实验材料

社会公益情境即对公众利益、众人的福利有益的情境，如慈善捐赠、扶困济危等。参考一些学者（Wei et al.，2015；吕军梅，鲁忠义，2013；丁凤琴，2013）的研究材料编制 6 个社会公益情境作为本实验情境故事材料。编制社会公益情境评估问卷，选取 40 名不参与正式实验的大学生对该情境的道德性进行评定，问卷采用 5 点计分（1=非常不道德，5=非常道德），4 名学生无效作答的数据被排除，采用 SPSS 25.0 对剩余 36 名学生的数据进行单样本 t 检验。结果显示，6 个社会公益情境句的道德性与理论均值 3 相比均显著（社会公益情境及数据比较结果见附录 8）。

道德与不道德词：同道德概念环境净脏隐喻实验。

（三）实验设计

参考前人情境启动的实验设计（Schnall et al.，2008a），在社会公益情境故事抄写记忆范式的基础上，进行同道德概念自身净脏隐喻心理现实性实验的 Stroop

任务，该任务采用 2（自身净脏启动类型：自身洁净启动 vs. 自身肮脏启动）×2（词汇类型：道德词 vs. 不道德词）两因素混合实验设计，其中组间变量为自身净脏启动类型，组内变量为词汇类别。因变量为被试对道德词和不道德词分类判断的反应时。

（四）实验程序

借鉴前人（Schnall et al.，2008a；杨慧芳，郑希付，2016）的实验范式编制实验程序，实验共包括三个任务，分别为情境记忆任务、Stroop 任务（同道德概念自身净脏隐喻心理现实性实验）和情境回忆评价任务。被试依次来到实验室，要求其端坐在屏幕前阅读指导语，告知被试这是一个考察记忆和直觉反应的实验。首先，要求被试熟记并默写 6 个社会公益情境句。待其完成默写任务后进入 Stroop 任务，这个任务完全同道德概念自身净脏隐喻心理现实性实验的流程，故此处不再详细说明。最后，对情境记忆任务进行检查，主试口头询问被试是否还记得默写过的情境句，并请其大致复述。实验流程见图 6-1。

图 6-1　实验流程

四、实验结果

删除情境回忆任务不合格的被试 1 名，再删除词汇分类判断正确率低于 80% 的被试 2 名，剩余 57 名被试自身净脏条件下道德词汇判断反应时见表 6-1。

表 6-1　社会公益情境下被试自身净脏与词汇类型联结反应时　　单位：ms

自身净脏启动类别	词汇类型	
	道德词	不道德词
自身洁净启动	762.04±105.49	836.16±127.11
自身肮脏启动	864.25±110.94	859.55±81.53

以社会公益情境下被试自身净脏与词汇类型联结反应时为因变量，进行 2（自身净脏启动类别：自身洁净启动 vs. 自身肮脏启动）×2（词汇类型：道德词 vs. 不道德词）的两因素混合测量方差分析。结果显示，自身净脏类型的主效应显著，$F_{(1, 55)}=6.16$，$p<0.05$，$\eta^2=0.101$，自身洁净条件下的反应时短于自身肮脏条件下的反应时；词汇类型的主效应显著，$F_{(1, 55)}=6.92$，$p<0.05$，$\eta^2=0.112$，道德词的反应时短于不道德词。自身净脏启动类别和词汇类型的交互

作用显著，$F(1, 55)=8.92$，$p<0.01$，$\eta^2=0.140$。简单效应分析发现：相比自身肮脏启动，自身洁净启动显著缩短了道德词的反应时，$F(1, 55)=12.71$，$p<0.001$，$\eta^2=0.188$；而不道德词的反应时在自身洁净启动和自身肮脏启动下无显著差异，$F(1, 55)=0.68$，$p>0.05$，$\eta^2=0.012$。二者交互作用见图6-2。

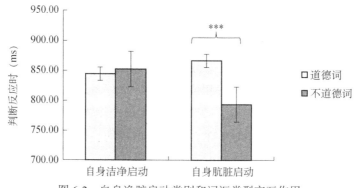

图6-2　自身净脏启动类别和词汇类型交互作用

五、讨论分析

研究结果显示，在社会公益情境下，与自身肮脏相比，自身洁净加快了道德词的反应；而不道德词的反应时在自身肮脏和自身洁净后没有显著差异。此研究结果表明，社会公益情境下，自身洁净易化了个体对道德词的加工，使自身洁净与道德概念产生隐喻联结；而在社会公益情境下，自身肮脏未能促进不道德词的加工，致使自身肮脏与不道德概念无法产生隐喻联结。这与道德概念自身净脏隐喻心理现实性的实验结果一致：在社会公益情境下，自身洁净与道德概念存在隐喻联结，而自身肮脏与不道德概念没有隐喻联结。可见，道德概念自身净脏隐喻依赖于社会公益情境，其原因可能是社会公益情境的正向性符合个体对自身洁净的美好体验，故促进自身洁净与道德概念的隐喻联结；而社会公益情境的积极性可能化解了个体对自身肮脏的不良体验，故消解了自身肮脏与不道德概念的隐喻联结。那么，如果启动与社会公益情境相对应的社会损害情境，道德概念自身净脏隐喻是否发生动态变化？第二节对此进行探讨。

第二节　道德概念自身净脏隐喻的社会损害情境性

在生活中，某人穿戴整洁，会让人感觉"近乎美德"，一种赞美之情油然而生。然而，当这个"很干净"的人在公共场合随手扔垃圾或做出坑蒙拐骗等不道德行为时，人们会对其嗤之以鼻，陡生厌恶之情，类似的情况不胜枚举。单纯的物理净脏似乎与道德、不道德联系密切，当净脏个体与有损社会的行为情境融合出现时，洁净与道德、肮脏与不道德的隐喻表征可能发生动态变化，人们会依据个体在社会情境中的具体行为构建道德框架，从而使原有道德认知发生改变。由此，本节研究从社会损害情境视角考察道德概念自身净脏隐喻的情境依赖性。

一、实验目的

基于情境启动实验范式和 Stroop 任务范式，启动被试的社会损害情境，在此情境下考察被试道德概念净脏隐喻的联结效应，以探讨社会损害情境对道德概念自身净脏隐喻的影响。

二、实验假设

社会损害情境下被试存在自身洁净与道德概念，自身肮脏与不道德概念的隐喻联结，则能够揭示道德概念净脏隐喻映射的社会损害情境性。

三、研究方法

（一）被试

样本量计算及参数设置同道德概念环境净脏隐喻实验。本节研究选取某大学本科生 65 名，其中男生 28 名，女生 37 名，平均年龄为 20.15 岁（$SD=1.37$）。

（二）实验材料

社会损害情境：即对公众利益和众人福利不益的情境，如破坏公物、伤害他人等。参考一些学者（Wei et al.，2015；吕军梅，鲁忠义，2013；丁凤琴，2013）的研究编制与道德概念净脏隐喻映射的社会公益情境性实验相对的 6 个社会损害情境句（如，我撞倒一位老人后迅速逃离现场）作为本实验材料。编制社会损害情境评估问卷，40 名（与实验道德概念自身净脏隐喻的社会公益情境性的材料评定同一批）不参与正式实验的大学生对该情境的道德性进行评定，问卷采用 5 点计分（1=非常不道德，5=非常道德），4 名学生无效作答的数据被排除，采用 SPSS 25.0 对剩余 36 名学生的数据进行统计分析。结果显示，6 个社会损害情境句子的不道德性与理论均值 3 相比均存在显著差异（社会损害情境及数据比较结果见附录 9）。

道德与不道德词：同道德概念环境净脏隐喻实验。

（三）实验设计

参考前人情境启动的实验设计（Schnall et al.，2008a），在社会损害情境故事抄写记忆范式的基础上，进行同道德概念自身净脏隐喻心理现实性实验的 Stroop 任务，采用 2（自身净脏启动类别：自身洁净启动 vs. 自身肮脏启动）×2（词汇类型：道德词 vs. 不道德词）两因素混合实验设计，其中，组间变量为净脏类型，组内变量为词汇类别。因变量为被试对道德词和不道德词分类判断的反应时。

（四）实验程序

实验程序同道德概念净脏隐喻映射的社会公益情境性实验，不同之处在于将上述社会公益情境替换为本实验的社会损害情境。

四、实验结果

所有被试都能基本准确复述社会损害情境句，删除词汇分类判断正确率低于 80% 的被试 2 名，剩余 63 名被试道德词汇判断反应时见表 6-2。

表 6-2　社会损害情境下被试自身净脏与词汇类型联结反应时　　单位：ms

自身净脏启动类别	词汇类型	
	道德词	不道德词
自身洁净启动	844.07±80.42	851.97±102.87
自身肮脏启动	866.17±102.23	793.13±83.82

以社会损害情境下被试自身净脏与词汇类型联结反应时为因变量，进行 2（自身净脏启动类别：自身洁净启动 vs. 自身肮脏启动）×2（词汇类型：道德词 vs. 不道德词）的两因素重复测量方差分析。结果显示社会损害情境下，自身净脏启动类别的主效应不显著，$F_{(1, 61)}=0.78$，$p>0.05$，$\eta^2=0.013$；词汇类型主效应显著，$F_{(1, 61)}=9.30$，$p<0.01$，$\eta^2=0.132$，不道德词的反应时短于道德词。自身净脏启动类别和词汇类型的交互作用显著，$F_{(1, 61)}=14.35$，$p<0.001$，$\eta^2=0.190$。简单效应分析发现：自身洁净和自身肮脏对道德词加工的影

响无明显差异，$F(1, 61)=0.91$，$p>0.05$，$\eta^2=0.015$；相比自身洁净，自身肮脏促进了不道德词的加工，$F(1, 61)=6.21$，$p<0.05$，$\eta^2=0.092$。二者的交互作用见图6-3。

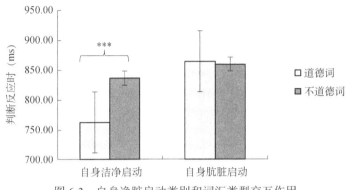

图6-3　自身净脏启动类别和词汇类型交互作用

五、讨论分析

研究结果显示，社会损害情境下，自身洁净和自身肮脏对道德词的反应加工无显著差异；而社会损害情境下，与自身洁净相比，自身肮脏缩短了不道德词的反应时。此研究结果表明，社会损害情境下的自身洁净没有促进道德词的加工，致使自身洁净与道德概念未能产生隐喻联结；而社会损害情境下的自身肮脏易化了不道德词的加工，使自身肮脏与不道德概念产生了隐喻联结。社会损害情境使自身肮脏与不道德概念的隐喻联结稳固，而使自身洁净与道德概念的隐喻联结消解。可见，道德概念自身净脏隐喻亦依赖于社会损害情境，究其原因，可能是社会损害情境的负向性符合个体对自身肮脏的消极体验，故而促进自身肮脏与不道德概念的隐喻联结；而社会损害情境的消极意义可能中和了个体对自身洁净的良好感知觉，故而消解了自身洁净与道德概念的隐喻联结。

第三节　综　合　讨　论

一、社会公益情境下的道德概念自身净脏隐喻

社会公益情境下道德概念自身净脏隐喻实验结果显示，在社会公益情境下，与自身肮脏相比，自身洁净加快了道德词的反应时；而不道德词的反应时在自身肮脏和自身洁净后没有显著差异。该结果表明，社会公益情境下的自身洁净易化

了道德词的加工，使自身洁净与道德概念产生隐喻联结；而社会公益情境下，自身肮脏未能促进不道德词的加工，致使自身肮脏与不道德概念无法产生隐喻联结。也就是说，社会公益情境下，自身洁净与道德概念的隐喻联结依旧存在，自身肮脏与不道德概念的隐喻联结消解，说明道德概念自身净脏隐喻依赖于社会公益情境。

社会情境认知（Socially Situated Cognition，SSC）理论认为，个体认知具有情境性、社会性、具身性和行为适应性（Smith & Semin，2004）。以往研究发现，风险决策领域（刘永芳等，2010）、归因（黎晓丹等，2018；Heider，1958；高晶晶，2015）和道德判断（Schnall et al.，2008）等认知过程均存在情境依赖性。而且，概念的具身表征（Wei et al.，2015；Barsalou，2003）、道德隐喻（唐佩佩等，2015；张潮等，2019；Sherman & Clore，2009）也具有情境依赖性。本章研究结果表明，道德概念自身净脏隐喻也有情境依赖性，得到了与前人关于概念隐喻情境依赖性相似的研究结果。隐喻的形成是一种认知加工过程，社会公益情境对道德概念自身净脏隐喻加工是如何产生影响的？由道德概念自身净脏隐喻实验结果可知，自身净脏与道德概念隐喻表征。而当启动社会公益情境后，洁净与道德概念的隐喻表征依旧明显，证明了道德概念净脏隐喻的认知加工依赖于社会公益情境。该结果符合社会情境认知理论的基本观点，也表明道德概念自身净脏隐喻的情境依赖性。

道德概念自身净脏隐喻具有情境依赖性，可能原因在于，在社会公益情境中，人们更看重行为的道德导向而不甚关注个体自身的净脏程度或个体是否穿着考究。例如，环卫工人每天忙碌于清理人们的生活垃圾，即便有时身处肮脏污秽之境，他们也会因自己做的是服务社会大众的好事而自豪、骄傲，人们也会对他们的行为产生敬佩、赞美之情。推广到普通大众亦如此，当全身一尘不染的大学生热衷于慈善捐助事业，人们自然对其刮目相看；当衣衫褴褛者扶危济困时，人们也对其持赞美之态。由此，公益情境消解了物理肮脏与不道德概念的隐喻联结，维持了物理洁净与道德概念的隐喻表征，表明净脏与道德概念的隐喻联结依赖于社会公益情境。

二、社会损害情境下的道德概念自身净脏隐喻

社会损害情境下的道德概念净脏隐喻结果显示，在社会损害情境下，自身洁净和自身肮脏对道德词的反应加工无显著差异；而在社会损害情境下，与自身洁

净相比，自身肮脏缩短了个体对不道德词的反应时。该结果表明，社会损害情境下的自身洁净没有促进道德词的加工，致使自身洁净与道德概念未能产生隐喻联结；而社会损害情境下的自身肮脏易化了不道德词的加工，使自身肮脏与不道德概念产生了隐喻联结。这体现了道德概念自身净脏隐喻的情境依赖性。

社会情境认知理论（Smith & Semin，2004）强调社会情境对个体认知的影响。本章研究的社会损害情境是对公众利益和众人福利不利的情境，如破坏公物、伤害他人等，启动该情境使自身净脏与道德概念的隐喻加工过程发生动态变化，再一次证实了道德概念自身净脏隐喻的情境依赖性。其原因可能是，社会损害情境的性质具有很强的不道德性，被试以第一人称抄写记忆该情境时便可能产生较大的负性情绪体验，该情绪契合个体对自身肮脏的消极体验，促成自身肮脏与不道德概念的隐喻联结；而社会损害情境启动产生的负性情绪体验与个体对自身洁净的良好感觉相抵消，进而消解了自身洁净与道德概念的隐喻联结。可见，自身净脏与道德概念的隐喻联结依赖于社会损害情境。

情境依赖性已在多个领域得到证实，如情绪（Hunsinger et al.，2012）领域，公平（罗俊，叶航，2018）、合作（Nilsen & Valcke，2018）等道德行为领域。概念的具身表征（Wei et al.，2015；Barsalou，2003）、道德概念隐喻（唐佩佩等，2015；张潮等，2019；Sherman & Clore，2009）也具有情境依赖性。上述诸多领域的研究共同表明，情境依赖性是客观存在的心理机制，对个体道德认知、道德行为、道德概念隐喻等方方面面具有重要作用。本章研究结果与上述研究基本一致，即道德概念净脏隐喻也存在情境依赖性。隐喻联结会因社会情境因素或持续存在，或土崩瓦解。这启示我们，在社会生活中，不能随意对某人某事做出主观臆断的决定，而要依据情境审慎决断，从而避免误会的产生或歧视的存在。

总之，道德概念自身净脏隐喻的情境性可以为城市卫生建设和德育工作提供一定的启示。如果城市中的居民处于社会公益情境中，将会提高城市居民的道德自我意象和爱干净、爱清洁的意识，城市居民对不道德的事或人就会更加厌恶和拒绝，久而久之这种严厉的道德要求和道德规范在社会上就会形成一种良好的道德氛围。相反，如果城市居民处于社会损害情境中，将会降低城市居民的道德自我意象，居民无视污垢遍野和臭气熏天的城市环境，产生对这个城市本能的排斥和躲避。所以，洁净的自我往往与个体道德的高尚和社会公益情境相联系，通过社会公益情境来帮助居民形成积极的道德自我意象和维护城市的干净和卫生，进而提升其道德思想与道德意识，促进社会和谐与稳定。

第三篇

道德概念净脏隐喻对行为判断
与决策的影响

第七章　道德概念净脏隐喻对道德判断的影响

　　第二篇基于多种视角证实了道德概念环境和自身净脏隐喻的心理现实性及其双向性、偏向性和情境性。那么，个体已形成的道德概念环境和自身净脏隐喻对道德判断是否产生影响？以往研究主要有两种观点：一种观点认为，道德概念净脏隐喻不但影响道德判断，而且道德概念净脏隐喻对道德判断具有同化和促进作用。如霍兰德研究表明，在洁净环境背景下，个体更愿意从事道德行为（Holland et al.，2005）；有研究表明，自身洁净启动的被试比自身肮脏启动的被试道德判断更严苛（Zhong et al.，2010）。另一种观点认为，道德概念净脏隐喻影响个体的道德判断，但道德概念净脏隐喻与个体的道德判断方向相反。如有研究表明，被试完成不道德行为抄写任务后对手部清洁产品更加渴望（Zhong et al.，2006）；还有研究表明，肮脏环境启动下的被试比洁净环境启动下的被试对道德判断得分更低（Schnall et al.，2008a）。以上两种观点均强调道德概念净脏隐喻对道德判断的影响，但显而易见，道德概念净脏隐喻对道德判断作用的方向不同。

　　究其原因，研究者认为，道德判断材料的不统一是其中重要的原因。如学者使用的道德判断材料涉及诸如通奸、吸毒等违背社会伦理道德方面的内容，探讨道德概念自身净脏隐喻的影响（Zhong et al.，2010）；还有学者采用的道德判断材料涉及道德情绪方面的内容，尤其是引起个体产生厌恶、呕吐方面的不道德材料，探讨道德概念环境净脏隐喻的影响（Schnall et al.，2008b）；郭瑞（2014）同时使用道德事件评价和不道德事件评价材料考察了道德概念洁净隐喻的影响；丁凤琴等（2017）同时使用不道德材料和道德两难材料探讨了道德概念自身净脏隐喻的影响差异，结果发现道德概念自身净脏隐喻只对道德两难判断有显著影响，对不道德判断无显著影响；陶欣蕾（2018）同时使用不道德材料、道德两难材料和道德材料考察了道德概念洁净隐喻的影响差异，结果显示道德概念洁净隐喻仅对道德两难材料和不道德材料的评价产生影响。由上可知，不同道德材料选取会影响道德概念净脏隐喻对道德判断的影响，尤其道德两难材料涉及两难抉择、不道德材料的道德性更低，对此二者材料进行道德判断更能引起认知共鸣。基于此，本章研究选取不道德材料和道德两难材料进行考察，以厘清道德概念净脏隐喻对道德判断影响的主要因素，拓展和丰富道德概念净脏隐喻的理论研究和实践应用。

第一节　道德概念环境净脏隐喻对道德判断的影响

第五章和第六章分别证明了道德概念环境净脏隐喻的心理现实性和双向性。那么，已形成的道德概念环境净脏隐喻是否对道德判断产生影响？约翰逊指出，道德隐喻可能直接影响道德决策和认知加工（Johnson，1993）。有研究发现，启动与环境洁净有关的词后，被试对道德两难故事给予更低的不道德分数，表现出道德概念洁净隐喻对道德判断的影响（Schnall et al.，2008a）。如果启动环境洁净和环境肮脏，二者对道德判断产生的影响是否有差异还尚未可知。尤其面临道德两难境界之时，被试是否还会表现出道德判断的不同表现，值得进一步探索。

一、研究目的

采用环境净脏句子启动探讨道德概念环境净脏隐喻对道德判断的影响。如果被试在环境洁净句子和环境肮脏句子启动下对道德判断表现出差异性，就能够支持道德概念环境净脏隐喻影响道德判断的净脏线索差异。

二、研究假设

环境洁净和环境肮脏对不道德判断没有显著的影响。环境洁净和环境肮脏对道德两难判断有干扰作用，具体而言，环境洁净线索启动使得被试对道德两难故事评判向道德一侧偏移；环境肮脏线索启动使得被试对道德两难故事评判向不道德一侧偏移。

三、研究方法

（一）被试

随机选取 72 名本科生，其中男生 28 名，女生 44 名，平均年龄为 20.39 岁

（*SD*=1.48）。

（二）实验材料

环境洁净与环境肮脏启动句子：同环境净脏始源域向道德概念目标域的隐喻映射实验。

道德故事判断材料：借鉴以往研究（丁凤琴等，2017），选取典型不道德故事和道德两难故事各 6 则（样例见附录 10）。另请 30 名不参加正式实验的本科生分别对不道德故事和道德两难故事进行 9 级评价，1=做出道德判断非常容易，9=做出道德判断非常困难。结果发现，被试对不道德故事的评价（2.58±0.58）显著低于理论均值 5，t（29）=-22.74，$p<0.001$；被试对道德两难故事的评价（6.50±0.71）显著高于理论均值 5，t（29）=11.62，$p<0.001$。这说明被试判断不道德故事非常容易，判断道德两难故事存在困难，不道德故事和道德两难故事选取有效。

（三）实验设计

实验为 2（环境句子启动组别：环境洁净启动组 vs. 环境肮脏启动组）×2（故事类型：不道德故事 vs. 道德两难故事）的两因素混合实验设计，环境句子启动组别是被试间因素，故事类型是被试内因素，因变量为被试在环境洁净句子和环境肮脏句子启动下对不道德故事和道德两难故事的道德判断得分。

（四）实验程序

首先，将所有被试随机分为环境洁净句子启动组和环境肮脏句子启动组，要求被试进行环境洁净或环境肮脏启动句子的记忆任务，并告知被试完成实验后将对这些句子进行默写以作为实验课的平时成绩；接着，屏幕中央出现注视点"+"500ms；紧接着，屏幕中央随机呈现不道德故事和道德两难故事 5000ms，被试的任务是按照自己的想法对这些故事中主人公的行为进行道德评价，1=非常不道德，9=非常道德，得分越高越倾向于道德判断。最后，被试按键反应后空屏500ms，进入下一个试次判断。实验程序如图 7-1 所示。所有试次判断结束后，请被试对"环境启动句子的洁净或肮脏程度"进行 9 级判断，1=启动句非常肮脏/非常洁净，9=启动句非常洁净/非常肮脏，得分越高，表明被试对环境洁净或环境肮脏启动句子的洁净/肮脏程度判断值越高。

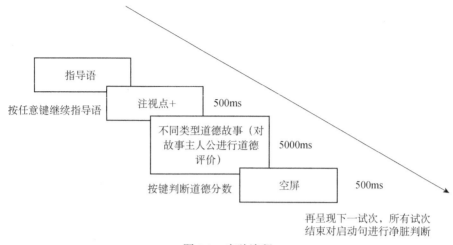

图 7-1　实验流程

四、研究结果

排除 2 名未完成实验的被试数据，有效被试为 70 名，其中环境洁净句子启动组 36 名、环境肮脏句子启动组 34 名。

（一）环境净脏启动有效性检验

对被试环境洁净句子判断得分进行单样本 t 检验，结果发现，环境洁净句子启动组的洁净判断得分（5.92±1.23）显著高于理论均值 5，t（35）=4.32，$p<0.001$；对被试环境肮脏句子判断得分进行单样本 t 检验，结果发现，环境肮脏句子启动组的肮脏判断得分（5.85±1.39）显著高于理论均值 5，t（33）=3.56，$p<0.001$。以上结果表明，环境洁净句子和环境肮脏句子启动有效。

（二）道德概念环境净脏隐喻对道德判断的影响

环境洁净句子启动组和环境肮脏句子启动组对不道德故事和道德两难故事判断得分的描述性统计结果如表 7-1 所示。

表 7-1　两组被试对不道德故事和道德两难故事判断得分（$M ± SD$）

环境句子启动组别	故事类型	
	不道德故事	道德两难故事
环境洁净启动组	2.67±0.59	6.35±1.02
环境肮脏启动组	2.36±0.93	4.85±1.22

以被试对道德故事类型判断得分为因变量，进行 2（环境句子启动组别：环境洁净启动组 vs. 环境肮脏启动组）×2（故事类型：不道德故事 vs. 道德两难故事）的两因素混合方差分析。研究结果表明：环境句子启动组别主效应显著，F（1，68）=29.43，$p<0.001$，$\eta^2=0.30$，相比于环境肮脏启动组，环境洁净启动组对两类道德故事的道德评价更高；故事类型的主效应显著，F（1，68）=372.86，$p<0.001$，$\eta^2=0.84$，相比于不道德故事，被试对道德两难故事的道德评分更高；环境句子启动组别与故事类型的交互作用显著，F（1，68）=12.47，$p<0.01$，$\eta^2=0.17$。进一步进行简单效应检验表明：环境洁净启动组和环境肮脏启动组被试对不道德故事的评分差异不显著，F（1，68）=2.62，$p>0.05$，$\eta^2=0.04$；环境洁净启动组和环境肮脏启动组被试对道德两难故事的评分差异显著，F（1，68）=31.59，$p<0.001$，$\eta^2=0.32$，环境洁净启动组比环境肮脏启动组被试更倾向于对道德两难故事进行道德判断。二者的交互作用如图 7-2 所示。

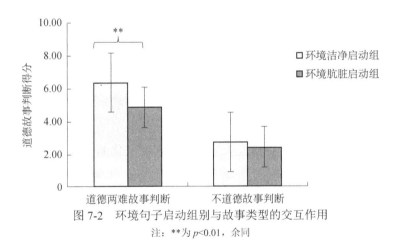

图 7-2 环境句子启动组别与故事类型的交互作用

注：**为 $p<0.01$，余同

五、讨论分析

研究结果表明，环境洁净启动组和环境肮脏启动组被试对不道德故事的评分差异不显著，这也正好说明不道德故事材料的选取是合理有效的，因为在日常生活中，不道德行为故事泾渭分明，个体对待不道德行为的态度明确，不会因为环境净脏启动而对其不道德行为判断表现出差异化。而对于道德两难故事而言，故事中既存在有利于故事主人公的积极评判信息，也存在有利于故事主人公的消极评判线索（肖静，潘泽江，2005），容易使被试处于两难抉择和两难判断中。因此，道德两难故事容易产生道德判断的线索启动效应。

研究结果表明，环境洁净启动组和环境肮脏启动组被试对道德两难故事的评分差异显著，具体而言，环境洁净启动组比环境肮脏启动组被试更倾向于将道德两难故事判断为道德。以上研究结果表明，来自环境净脏的线索感知会影响个体对道德两难故事的评判。以往研究结果也表明，当被试对呈现在黑色背景或者白色背景上的故事主人公进行道德两难判断时，黑白线索启动影响被试的道德判断，白色背景启动使得被试倾向于故事主人公的道德判断，黑色背景启动使得被试倾向于故事主人公的不道德判断（殷融，叶浩生，2014）。在本节研究中，当被试进行道德两难判断时，环境净脏的线索感知会干扰被试的道德两难判断：环境洁净句子启动下，被试倾向于故事主人公的道德判断；环境肮脏句子启动下，被试倾向于故事主人公的不道德判断。究其原因，来自环境洁净的线索会使被试产生心理上的愉悦，判断故事主人公更加积极、道德；来自环境肮脏的线索会使被试产生心理上的厌恶，判断故事主人公更加消极、不道德。所以，被试对道德两难故事的评判向着与净脏隐喻映射一致的方向倾斜。

第二节　道德概念自身净脏隐喻对道德判断的影响

第一节证明了道德概念环境净脏隐喻对道德判断的影响，由于净脏始源域有来自环境的净脏，也有来自自身的净脏，为此，第二节继续证明道德概念自身净脏隐喻对道德判断的影响。有研究表明，对于东亚文化的被试，脸部清洁能够有效减少其心理懊悔，表现出"洁净心理"的隐喻效应（Lee et al.，2015）。那么，道德概念净脏隐喻对道德判断是否产生隐喻一致或补偿性效应？道德概念净脏隐喻对道德判断的影响是否也存在净脏类别差异的动态变化？

现有研究采用自身想象和自身行为引发个体自身净脏，如有学者探究自身想象洁净和自身行为洁净对道德行为的影响差异，结果发现相比于自身洁净想象（句子启动、词汇启动），自身行为洁净（洗手、擦手）对道德行为的影响更大（Kaspar & Teschlade，2016）。还有学者分别采用自身想象洁净和自身行为洁净启动探讨其对道德判断的影响，研究表明，自身想象洁净和自身行为洁净启动都增加了被试道德判断的严苛性（Zhong et al.，2010）。张凤华和叶红燕（2016）发现，不同洁净启动也是影响道德判断差异的重要原因。毕竟自身行为洁净启动是自下而上的认知活动，主要通过个体手部触觉产生净脏体验进而进行道德判断，对个体而言，净脏体验更为直接也更能引发感知觉体验；自身想象启动更多的是自上而下的认知过程，主要通过大脑概念激活净脏图式引发被试的净脏体验，自然而然，自身想象洁净和自身行为洁净启动对道德判断的影响也不同。为此，本节研究基于自身想象和自身行为启动视角，分别探究道德概念净脏隐喻对道德判断的影响差异。

一、想象启动下道德概念自身净脏隐喻对道德判断的影响

（一）研究目的

采用净脏想象启动探讨道德概念自身净脏隐喻对道德判断的影响。如果被试在自身洁净想象启动和自身肮脏想象启动下对道德判断表现出差异性，则能够支持道德概念自身净脏隐喻影响道德判断的净脏想象线索启动差异。

（二）实验假设

自身洁净想象和自身肮脏想象对不道德判断没有显著的影响；自身洁净想象和自身肮脏想象对道德两难判断的影响存在差异，相比于自身洁净想象启动，自身肮脏想象启动下，被试对道德两难判断更严苛。

（三）研究方法

1. 被试

随机选取本科生 63 名，其中男生 19 名，女生 44 名，平均年龄为 20.45 岁（SD=1.61）。被试选取条件同道德概念环境净脏隐喻的心理现实性实验。

2. 实验材料

自身净脏想象材料：同道德概念自身净脏隐喻实验。

道德判断材料：选取典型不道德故事和道德两难故事各 6 则，具体同道德概念环境净脏隐喻对道德判断影响的实验材料。

3. 实验设计

实验为 2（自身想象启动组别：自身洁净想象组 vs. 自身肮脏想象组）× 2（故事类型：不道德故事 vs. 道德两难故事）的两因素混合实验设计，自身想象启动组别是被试间因素，故事类型是被试内因素，因变量为被试对不道德故事和道德两难故事的判断得分。

4. 实验程序

首先，将所有被试随机分为自身洁净想象组和自身肮脏想象组；接着，请被

试进行自身洁净或自身肮脏句子记忆任务，请被试将自身洁净或自身肮脏句子想象为自己曾经有过的体验，并告知被试完成实验后续任务之后还要进行自身洁净或自身肮脏句子材料的默写；然后，随机呈现不道德故事和道德两难故事并请被试进行评价，要求被试对不道德故事和道德两难故事故事主人公的行为进行9级评价，1=非常不道德，9=非常道德，得分越高越倾向于道德判断；最后，请被试对"自身体验到洁净或肮脏程度"进行9级报告，1=完全没有体验到，9=完全体验到，得分越高，表明被试体验到的自身洁净或自身肮脏程度越高。

（四）实验结果

排除问卷缺失被试3人，有效被试为60人，其中自身洁净想象组27人、自身肮脏想象组33人。

1. 分组有效性检验

对被试自身洁净体验得分进行单样本 t 检验，结果发现自身洁净想象组的洁净体验得分（6.37±1.25）显著高于理论均值5，t（26）=5.72，$p<0.001$；对被试自身肮脏体验得分进行单样本 t 检验，结果发现自身肮脏想象组的肮脏体验得分（5.94±1.52）显著高于理论均值5，t（32）=3.55，$p<0.01$。以上结果表明，自身洁净想象和自身肮脏想象分组有效。

2. 想象启动下道德概念自身净脏隐喻对道德判断的影响

自身洁净想象组和自身肮脏想象组对不道德故事和道德两难故事判断得分的描述性统计结果如表7-2所示。

表7-2　两组被试对不道德故事和道德两难故事判断得分（$M \pm SD$）

自身想象启动组别	故事类型	
	不道德故事	道德两难故事
自身洁净想象组	1.57±0.42	4.07±0.74
自身肮脏想象组	1.92±0.94	5.26±0.89

以被试对故事类型判断得分为因变量，进行2（自身想象启动组别：自身洁净想象组 vs. 自身肮脏想象组）×2（故事类型：不道德故事 vs. 道德两难故事）的两因素混合方差分析。研究结果表明：自身想象启动组别主效应显著，F（1，58）=24.17，$p<0.001$，$\eta^2=0.29$，相比于自身肮脏想象组，自身洁净想象组对两类道德故事的评价更低；故事类型的主效应显著，F（1，58）=489.83，$p<0.001$，$\eta^2=0.89$，相比于不道德故事，被试对道德两难故事的评分更高。自身想象启动组

别与故事类型的交互作用显著，$F（1，58）=10.38$，$p<0.01$，$\eta^2=0.15$。进一步进行简单效应检验表明：自身洁净想象组和自身肮脏想象组被试对不道德故事的评分差异不显著，$F（1，58）=3.11$，$p>0.05$，$\eta^2=0.05$；自身洁净想象组和自身肮脏想象组被试对道德两难故事的评分差异显著，$F（1，58）=31.33$，$p<0.001$，$\eta^2=0.35$。自身洁净想象组比自身肮脏想象组被试更倾向于对道德两难故事进行道德判断。二者的交互作用如图 7-3。

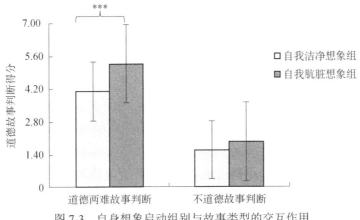

图 7-3　自身想象启动组别与故事类型的交互作用

3. 道德概念净脏隐喻对道德判断的影响：自身与环境视角差异

本章第一节证明了环境净脏句子启动下道德概念环境净脏隐喻对道德两难故事判断有影响，本节证明了自身净脏句子启动下道德概念自身净脏隐喻对道德两难故事判断也有影响。对上述两个实验的研究结果进行整合，以进一步探究自身启动与环境启动下道德概念净脏隐喻对道德判断影响的差异，描述性数据如表 7-3 所示。

表 7-3　环境和自身启动下道德概念隐喻对道德判断的影响（$M\pm SD$）

启动类型	净脏组别	故事类型	
		不道德故事	道德两难故事
环境启动	环境洁净	2.67±0.59	6.35±1.02
	环境肮脏	2.36±0.93	4.85±1.22
自身启动	自身洁净	1.57±0.42	4.07±0.74
	自身肮脏	1.92±0.94	5.26±0.89

以自身与环境启动下不同洁净组和肮脏组被试对道德故事判断得分为因变量，进行 2（启动类型：环境启动 vs. 自身启动）×2（净脏组别：洁净组 vs. 肮脏

组）×2（故事类型：不道德故事 vs. 道德故事）的三因素方差分析。研究结果表明：启动类型主效应显著，F（1，126）=54.41，$p<0.001$，$\eta^2=0.30$，环境启动下对两类故事的评分高于自身启动下对两类故事的评分；净脏组别主效应不显著，F（1，126）=0.32，$p>0.05$，$\eta^2=0.003$；故事类型主效应显著，F（1，126）=804.63，$p<0.001$，$\eta^2=0.85$，道德两难故事组的道德得分显著高于不道德故事组的道德得分；三者的交互作用显著，F（1，126）=23.35，$p<0.001$，$\eta^2=0.16$。由于三者的交互作用显著，分别对不同启动条件下的洁净和肮脏组被试的道德判断进行比较。

首先，对环境洁净和自身洁净条件下道德概念洁净隐喻对道德故事判断影响的差异进行分析，2（洁净类型：环境洁净 vs. 自身洁净）×2（故事类型：不道德故事 vs. 道德两难故事）的方差分析结果显示：洁净类型主效应显著，F（1，61）=159.73，$p<0.001$，$\eta^2=0.72$，相比于自身洁净启动，环境洁净启动下被试对道德两难故事的道德判断得分更高；故事类型主效应显著，F（1，61）=548.84，$p<0.001$，$\eta^2=0.90$，道德两难故事的道德得分显著高于不道德故事的道德得分；洁净类型和故事类型的交互作用显著，F（1，61）=20.21，$p<0.001$，$\eta^2=0.25$。进一步简单效应检验结果表明：环境洁净与自身洁净被试对不道德故事评分差异显著，F（1，61）=65.96，$p<0.001$，$\eta^2=0.52$，相比于环境洁净组被试，自身洁净组被试对不道德故事判断评分更低，道德判断更为严苛；环境洁净与自身洁净被试对道德两难故事评分差异显著，F（1，61）=99.09，$p<0.001$，$\eta^2=0.61$，相比于环境洁净组被试，自身洁净组被试对道德两难故事判断评分更低，道德判断更为严苛。洁净类型和故事类型的交互作用见图7-4。

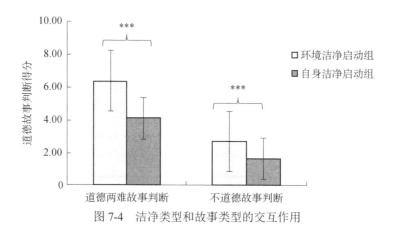

图7-4 洁净类型和故事类型的交互作用

其次，对环境肮脏和自身肮脏条件下道德概念肮脏隐喻对道德故事判断影响的差异进行分析，2（肮脏类型：环境肮脏 vs. 自身肮脏）×2（故事类型：不道德故事 vs. 道德两难故事）的方差分析结果显示：肮脏类型主效应不显著，F（1，65）=0.01，$p>0.05$；故事类型主效应显著，F（1，65）=319.37，$p<0.001$，$\eta^2=0.83$，道德两难故事的道德得分显著高于不道德故事的道德得分；肮脏类型和故事类型的交互作用显著，F（1，65）=6.96，$p<0.001$，$\eta^2=0.09$。进一步简单效应检验结果表明：环境肮脏与自身肮脏被试对不道德故事评分差异不显著，F（1，65）=2.51，$p>0.05$；环境肮脏与自身肮脏被试对道德两难故事评分差异显著，F（1，65）=3.76，$p<0.05$，$\eta^2=0.06$。相比于环境肮脏组被试，自身肮脏组被试对道德两难故事判断评分更高，道德判断更为宽松。肮脏类型和故事类型的交互作用见图 7-5。

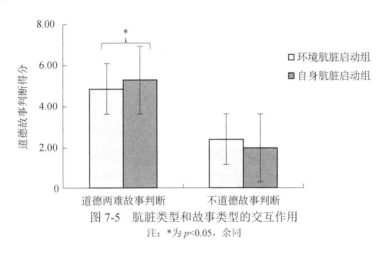

图 7-5　肮脏类型和故事类型的交互作用

注：*为 $p<0.05$，余同

（五）分析讨论

研究结果表明，自身洁净想象组和自身肮脏想象组对不道德故事的判断差异不显著，自身洁净想象组和自身肮脏想象组对道德两难故事的判断差异显著。以上研究结果表明，自身净脏想象对道德两难判断的影响存在差异，与以往研究结果（Tobia，2015；Xu et al.，2014）相吻合。托比亚（Tobia，2015）提出自身构建理论，强调自身洁净导致个体对道德判断更严苛。托比亚（Tobia，2015）进一步提出，之所以存在自身洁净对道德判断更为严苛，主要原因在于自身净脏根源于自身内心感受，诱发的道德或不道德效应更为强烈，自然而然对自身洁净加工存在优势效应。此外，有研究发现，自身洁净能够降低被试的内疚感，并且相比于他人洁净，自身洁净启动后对被试内疚感的减缓更为明显（Xu et al.，2014）。

　　此外，相比于自身肮脏想象组，自身洁净想象组对道德两难判断更严厉。究其原因：其一，想象自身洁净能够带给被试心理上的舒适和洁净体验；想象自身肮脏容易引起被试心理上的厌恶和不适感，被试内心拒绝这种肮脏感觉，以避免自身内心受到伤害，为此，被试更愿意接受自身洁净想象带来的洁净体验和洁净的道德隐喻效应，对道德两难故事判断更为严苛。其二，中国文化背景下的被试深受儒家文化和社会道德准则的影响，更愿意将洁净和道德联结以此提升自身道德意象，加强自身道德品质和道德思想意识，这种提升的道德自身意象增强了被试对道德两难故事判断的严厉性。

　　此外，比较道德概念环境净脏隐喻与道德概念自身净脏隐喻对道德判断影响的差异，结果发现相比于环境洁净组被试，自身洁净组被试对道德两难故事判断评分更低，道德判断更为严苛；相比于环境肮脏组被试，自身肮脏组被试对道德两难故事判断评分更高，道德判断更为宽松。以往实证研究也发现，环境情境的动态改变影响个体的道德判断，如相比于喝甜味饮料的被试，喝了苦味饮料的被试会做出更严厉的道德判断（Eskine et al.，2011）；相比于中性情境被试，处于洁净和清新气味环境中的被试的道德判断更为宽松（Liljenquist et al.，2010）；而那些处于昏暗房间或者佩戴墨镜的被试更容易表现出不道德行为（Zhong et al.，2010）。在本节研究中，环境净脏和自身净脏对不道德行为故事判断没有影响，而对道德两难故事判断影响明显，可能的原因是，典型的不道德行为界限明显、边界清晰，被试判断不受外界净脏线索的干扰，道德判断比较容易；而道德两难故事提供了有利有弊的行为背景信息，被试在进行判断时容易引发内心冲突，个体道德两难判断极易受外界净脏线索的影响，并且向自身有利的方向倾斜，就会表现出自身洁净组被试对道德两难故事判断更严苛、自身肮脏组被试对道德两难故事判断更宽松的隐喻映射的补偿性效应。那么，自身净脏行为启动是否依旧存在以上效应？为回答此问题，进行行为启动下道德概念自身净脏隐喻对道德判断影响的实验。

二、行为启动下道德概念自身净脏隐喻对道德判断的影响

　　想象启动下道德概念自身净脏隐喻对道德判断的影响，主要探究了想象启动下自身洁净想象与自身肮脏想象对不道德故事和道德两难故事判断影响的差异。在此基础上，本研究将自身净脏想象启动扩展到自身净脏行为启动，考察净脏行为启动下道德概念自身净脏隐喻对道德判断的影响。

（一）实验目的

采用净脏行为启动探讨道德概念自身净脏隐喻对道德判断的影响。如果被试在自身洁净行为和自身肮脏行为启动下对道德判断表现出差异性，则能够支持道德概念自身净脏隐喻影响道德判断的净脏行为线索启动差异。

（二）实验假设

自身洁净行为和自身肮脏行为启动对不道德判断没有显著的影响；自身洁净行为和自身肮脏行为对道德两难判断的影响存在差异，相比于自身洁净行为启动，自身肮脏行为启动下被试对道德两难判断更严苛。

（三）研究方法

1. 被试

随机选取本科生 69 名，其中男生 20 名，女生 49 名，平均年龄为 20.64 岁（$SD=1.38$）。

2. 实验材料

自身净脏行为启动：同自身净脏行为条件下道德概念隐喻映射偏向性实验。

道德判断材料：同道德概念环境净脏隐喻对道德判断影响的实验。

3. 实验设计

实验为 2（自身行为启动组别：自身洁净行为组 vs. 自身肮脏行为组）×2（故事类型：不道德故事 vs. 道德两难故事）的两因素混合实验设计，行为启动类型是被试间因素，故事类型是被试内因素，因变量为被试对不道德故事和道德两难故事的判断得分。

4. 实验程序

首先，借鉴前人的实验范式（Xu et al.，2014），将进入实验室的被试随机分为自身洁净行为组和自身肮脏行为组；接着，请自身洁净行为组和自身肮脏行为组被试分别按照主试要求进行擦手任务，请被试不管毛巾的洁净和肮脏程度，无论如何也要进行擦手，否则无法进行评价反应，并告知被试完成擦手任务后保证手部湿润并向主试展示后方可进行实验；然后，随机呈现不道德故事和道德两难故事并请被试进行评价，要求被试对不道德故事和道德两难故事故事主人公的行为进行 9 级评价，1=非常不道德，9=非常道德，得分越高，越倾向于道德判断；

最后，请被试对"擦手后被试自身体验到的洁净或肮脏程度"进行 9 级评价，1=完全没有体验到，9=完全体验到，得分越高，表明被试体验到的自身洁净或自身肮脏程度越高。

（四）实验结果

排除数据不完整的被试 4 人，实际有效被试为 65 人，其中自身洁净行为组 32 人、自身肮脏行为组 33 人。

1. 分组有效性检验

对被试自身洁净体验得分进行单样本 t 检验，结果发现自身洁净行为组的洁净体验得分（7.09±1.42）显著高于理论均值 5，t（31）=8.33，$p<0.001$；对被试自身肮脏体验得分进行单样本 t 检验，结果发现自身肮脏行为组的肮脏体验得分（6.73±1.86）显著高于理论均值 5，t（32）=5.34，$p<0.001$。以上结果表明，自身洁净行为和自身肮脏行为分组有效。

2. 行为启动下道德概念自身净脏隐喻对道德判断的影响

自身洁净行为组和自身肮脏行为组被试对不道德故事和道德两难故事判断得分的描述性统计结果如表 7-4 所示。

表 7-4　两组被试对不道德故事和道德两难故事判断得分（M±SD）

行为启动组别	故事类型	
	不道德故事	道德两难故事
自身洁净行为组	1.55±0.44	3.79±0.79
自身肮脏行为组	1.88±0.90	5.72±0.58

以被试对故事类型判断得分为因变量，进行 2（自身行为启动组别：自身洁净行为组 vs. 自身肮脏行为组）×2（故事类型：不道德故事 vs. 道德两难故事）的两因素混合方差分析。研究结果表明：自身行为启动组别主效应显著，F（1，63）=90.58，$p<0.001$，$\eta^2=0.59$，相比于自身肮脏行为组，自身洁净行为组对两类道德故事的评价更低；故事类型的主效应显著，F（1，63）=575.63，$p<0.001$，$\eta^2=0.90$，相比于不道德故事，被试对道德两难故事的评分更高；自身行为启动组别与故事类型的交互作用显著，F（1，63）=39.63，$p<0.001$，$\eta^2=0.38$。进一步进行简单效应分析表明：自身洁净行为组和自身肮脏行为组被试对不道德故事的评分差异不显著，F（1，63）=3.64，$p>0.05$，$\eta^2=0.06$；自身洁净行为组和自身肮脏行为组被试对道德两难故事的评分差异显著，F（1，63）=127.48，

$p<0.001$，$\eta^2=0.66$。自身洁净行为组比自身肮脏行为组被试更倾向于道德两难故事的不道德判断，道德判断更为严苛。自身行为启动组别与故事类型的交互作用如图 7-6 所示。

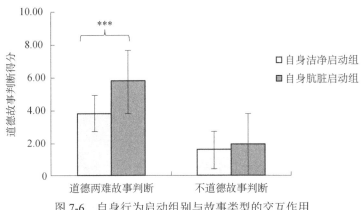

图 7-6　自身行为启动组别与故事类型的交互作用

3. 想象与行为启动下道德概念自身净脏隐喻对道德判断的影响

想象与行为启动下道德概念自身净脏隐喻对道德判断影响的研究结果表明，想象与行为启动下道德概念自身净脏隐喻对道德两难判断均有显著影响。对上述两个实验的研究结果进行整合，以进一步探究想象与行为启动下道德概念自身净脏隐喻对道德两难判断影响的差异，不同启动条件下道德概念自身净脏隐喻对道德两难故事判断影响的描述性数据如表 7-5 所示。

表 7-5　想象与行为启动下道德概念自身净脏隐喻对道德两难故事判断的影响（*M*±*SD*）

自身启动类型	自身净脏组别	
	自身洁净组	自身肮脏组
自身想象启动	4.07±0.74	5.26±0.89
自身行为启动	3.79±0.79	5.72±0.58

以想象与行为启动下自身洁净组和自身肮脏组被试对道德两难故事判断得分为因变量，进行 2（自我启动类型：想象启动 vs. 行为启动）×2（自身净脏组别：自身洁净组 vs. 自身肮脏组）的两因素被试间方差分析。研究结果表明：自我启动类型主效应不显著，$F(1, 121)=0.41$，$p>0.05$，$\eta^2=0.003$；自身净脏组别主效应显著，$F(1, 121)=132.58$，$p<0.001$，$\eta^2=0.52$，相比于自身肮脏组，自身洁净组对道德两难故事的评价更低；自我启动类型与自身净脏组别的交互作用显著，$F(1, 121)=9.637$，$p<0.05$，$\eta^2=0.06$。进一步进行简单效应检验，结

果表明：自身洁净组被试在自身想象与自身行为启动下对道德两难故事的评分差异不显著，$F(1, 57)=1.98$，$p>0.05$，$\eta^2=0.03$；自身肮脏组被试在自身想象与自身行为启动下对道德两难故事的评分差异显著，$F(1, 64)=6.1$，$p<0.05$，$\eta^2=0.09$。相比于自身肮脏想象启动，自身肮脏行为启动下被试对道德两难故事判断评分更高，道德判断更为宽松。自身启动类型和自身净脏组别的交互作用如图7-7所示。

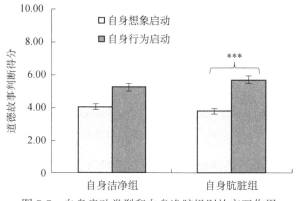

图 7-7　自身启动类型和自身净脏组别的交互作用

（五）分析讨论

　　行为启动下道德概念自身净脏隐喻对道德判断影响的实验结果表明，对于不道德故事判断，自身洁净行为组和自身肮脏行为组被试的评分差异不显著；对于道德两难故事判断，相比于自身洁净行为组，自身肮脏行为组被试道德两难故事的道德评分更高，道德两难判断更为宽松。以上结果表明，行为启动下道德概念自身净脏隐喻对道德两难故事判断有影响，并且存在自身洁净与自身肮脏的组间差异，与想象启动下道德概念自身净脏隐喻对道德两难故事判断结果一致，表明想象启动可以扩展到行为启动上，为今后学校、家庭、社会开展净脏行为条件下的道德教育和道德干预提供参考依据。自身洁净行为组比自身肮脏行为组被试更倾向于道德两难故事的不道德判断，道德判断更为严苛。究其原因，一是本节研究选取的是儒家文化背景下的大学生被试，他们深受儒家文化道德规则和道德教育的影响，对道德品质和道德思想境界有较高的判断标准，对道德两难行为标准和要求更高，判断更为严厉；二是依据道德概念隐喻的补偿性效应，被试在自身洁净行为启动后，会自动激活道德概念隐喻，将自身洁净与道德联结，心理上建构起自身道德意象，为维护道德自身意象，被试的道德判断标准相应提升，道德两难判断更加严苛，表现出自身洁净行为启动后被试更倾向于道德两难故事的不道德判断。

综合以上实验的结果表明，相比想象自身肮脏，行为自身肮脏启动下被试的道德两难判断更为宽松，与以往的研究结果相一致（Kaspar & Teschlade，2016）。有研究者通过实验探究了手部洁净行为和想象洁净启动对道德行为的影响，结果表明手部洁净行为减少了不道德行为的可能性，行为洁净启动的效果更显著（Kaspar & Teschlade，2016）。因为相比于想象启动，行为启动下被试的卷入程度更高，体验也更深刻，真正启动了被试的净脏体验，这种净脏体验刻骨铭心，对道德概念的隐喻映射力量更强，相应地对道德判断的影响也更大。本节研究中，被试自身接触肮脏毛巾带来的肮脏体验更为强烈，激活净脏隐喻的强度更高，更能体会到不道德的感受，相应地会以更加宽松的道德标准进行道德判断。

第三节　综　合　讨　论

一、道德概念环境净脏隐喻对道德判断的影响

研究发现，外界环境作用于个体产生感知觉体验，个体通过外界环境刺激形成感知觉经验，这种已形成的具体感知觉体验以隐喻映射的方式影响个体对抽象概念的理解和认知（殷融等，2013）。在道德研究领域也存在类似的隐喻映射效应，如有研究发现，在臭味熏天的外部环境中，个体的道德判断变得更加严苛（Schnall et al.，2008b）；殷融和叶浩生（2014）的研究发现，黑色污染背景使得个体对道德两难故事主人公的行为判断更倾向于不道德一侧，道德评判更加严厉。由此，洁净和肮脏的环境作为道德判断的重要刺激源，自然而然通过与个体的身体互动使个体获得净脏的具身经验，然后对道德判断和决策产生影响。

本章第一节探讨了个体的道德判断是否会受到洁净和肮脏环境线索的影响，结果发现洁净和肮脏的环境线索能够影响被试的道德两难判断，具体而言，相较于环境洁净句子，环境肮脏句子启动下被试对道德两难故事中主人公判断更倾向于不道德判断，道德判断更为严苛。原因就在于，道德两难判断使得被试产生抉择冲突和困难，在此情况下，被试的道德两难判断不仅仅依据已形成的道德规则和道德标准进行理性推理，还极易受来自外界环境洁净和肮脏的影响，环境洁净和肮脏的线索以隐喻映射的方式影响个体的道德两难判断，具体表现为个体的道德两难判断与环境洁净和肮脏的隐喻映射方向趋于一致，即"环境洁净"使个体

更倾向于道德判断，"环境肮脏"使个体更倾向于不道德判断，这再次印证了道德概念环境净脏隐喻的心理现实性。此外，该研究结果也验证了海德特（Haidt，2001）的社会直觉模型。社会直觉模型强调，个体的道德判断并非理性，而是受非理性因素的影响，个体依靠直觉进行直接判断。具体到本章研究，在被试进行道德两难判断时，环境的洁净和肮脏线索作为直接感知觉体验，对个体产生直接影响，也就是说，来自环境洁净和肮脏的直觉体验可直接影响个体的道德直觉判断。

实验结果还发现，洁净和肮脏的环境线索只对道德两难故事判断产生影响，而对不道德故事判断没有产生影响。为什么会出现这种现象呢？梳理以往文献发现，有研究者进行洁净和肮脏与道德判断的隐喻研究，采用的是经典的道德困境故事进行研究（Zhong & Liljenquist，2006）；有学者研究净脏隐喻对道德判断的影响时，采用的是有社会争议的生活事件，以上两种实验材料与本章研究道德两难判断故事材料相同，其共同点是让被试处于无法快速抉择的两难境地，引发其内心的矛盾与冲突（Zhong et al.，2010）。殷融和叶浩生（2014）的研究也发现，黑白线索对典型不道德行为的判断不产生干扰。正因为道德两难判断存在道德性的"不确定"状况，来自环境洁净和肮脏的信息便很容易成为被试道德判断的引发线索。而不道德判断的道德性具体明确，被试的衡量标准明晰，不容易受外界洁净和肮脏环境线索的影响。

二、道德概念自身净脏隐喻对道德判断的影响

身体的感知觉经验对个体的认知和决策产生重要影响（殷融等，2013）。有研究结果表明，手部触摸热物体的被试更倾向于对他人进行热情判断，手部触摸冷物体的被试更倾向于对他人进行冷漠判断，并且手部触摸热物体的被试表现出更多的亲社会行为（Williams & Bargh，2008）。艾柯曼等的研究发现，手部接触过粗糙物体的被试在进行人际关系判断时，更倾向于糟糕和不可调和的判断；而当被试坐在冰冷坚硬的垫子，更倾向于对他人做出稳重而非情绪化的判断（Ackerman et al.，2010）。有研究结果显示，手持较重写字板的被试更倾向于精细化思考和公平决策重要性的判断（Jostmann et al.，2009）。有研究发现，被试回忆过往被他人冷漠排斥的社会事件，引发其对室内温度低估（Zhong & Leonardelli，2008）。以上研究均说明，身体的各种感知觉与被试的道德判断息息相关，为本章关于道德概念自身净脏隐喻影响道德判断的研究奠定了理论基础。

本章研究结果发现，自身净脏启动影响被试的道德判断，具体而言，不管是想象启动还是行为启动，自身洁净组比自身肮脏组被试更倾向于对道德两难故事的不道德判断，道德判断更为严苛，表现出道德概念自身净脏隐喻影响道德判断的补偿性效应。也就是说，被试对故事主人公的道德判断倾向于与自身净脏隐喻映射相反的方向偏离，当自身身体感觉洁净时，被试对故事主人公的道德评判更加严厉，当自身身体感觉肮脏时，被试对故事主人公的道德评判更加宽松，这与以往研究结果相吻合。以往研究也发现，被试回忆过往不道德行为后会更加渴望身体的清洁（Zhong & Liljenquist，2006）；内心比较孤独的个体更倾向于热水取暖和泡澡（Bargh & Shalev，2012）；身体处于寒冷环境的被试更渴望观看温暖而浪漫的影视作品（Hong & Sun，2012）。

那么，为什么会出现自身净脏启动影响道德两难判断的隐喻补偿性效应？究其原因，自身洁净句子启动后，被试自然而然倾向于自身道德品质和道德思想意识的提升，也就是说，自身洁净启动后，被试将洁净与道德隐喻联结，使其道德自身意象得到提升，进而更加排斥不道德行为，对故事主人公的道德判断更加严厉。道德自身意象在洁净启动和道德判断之间起着中介作用。此外，以上研究结果与我们日常生活中的洁净知觉体验也是相符的，日常生活中的清洁体验会促进我们对潜在污染物的高度警觉，也就是说，当身体洁净时，我们会对肮脏的物体或环境更加排斥，对他人的行为更倾向于不道德判断。

三、道德概念环境与自身净脏隐喻对道德判断影响的差异

整合第一节和第二节的实验研究结果发现，道德概念环境与自身净脏隐喻对道德判断影响存在差异。

第一，道德概念环境净脏隐喻对道德判断的影响存在隐喻一致性效应，即相较于环境洁净句子，环境肮脏句子启动下被试对道德两难故事中主人公判断更倾向于不道德判断，道德判断更为严苛；而道德概念自身净脏隐喻对道德判断的影响存在隐喻补偿性效应，即相较于自身洁净句子，自身肮脏句子启动下被试对道德两难故事中主人公判断更倾向于道德判断，道德判断更为宽松。以往研究发现，外部环境感知和身体感觉均会作为刺激信息而影响个人的道德判断和决策（Schwarz，2011）。道德概念隐喻一致性效应更加强调净脏启动以同化的方式影响被试的道德判断；道德概念隐喻补偿性效应更加强调净脏启动以补偿的方式影响被试的道德判断。究其原因，就是环境净脏启动指向不明确。环境净脏只有引

起被试内在感知觉并内化于心时，方可对被试内在认知和判断产生影响；环境净脏不能引起被试内部认知时，只是属于外部净脏感知觉，对被试的影响和启动效应仅存于外表且比较肤浅，而自身净脏启动比较明确，直接指向个体并引发个体内在感知觉，对被试的启动效应更强，由此对道德判断的方向也发生动态变化。

第二，本章研究结果也发现，相比于环境洁净组被试，自身洁净组被试对道德两难故事判断评分更低，道德判断更为严苛；相比于环境肮脏组被试，自身肮脏组被试对道德两难故事判断的评分更高，道德判断更为宽松，与以往的研究结果一致。有研究发现，吃过冷饮后知觉到身体冷的被试也会知觉到内心的冰冷，被试会以补偿性的方式去寻觅让其内心感觉温暖的电影（Hong & Sun，2012）。以上研究结果再次印证了净脏启动对道德判断的影响具有具身性，而不仅仅是简单的语义联结或语义启动。毕竟环境净脏启动句子只是增强了被试道德判断的易得性和启发性甚至同化性，而自身净脏启动句子不仅增强了被试语义启动的通达性，更增强了被试身体的具身感知觉。按照道德概念隐喻理论，洁净使被试内心感知更加舒服与愉悦，身体的洁净感也会让被试知觉到自己道德的纯洁，增加被试道德自身意象，被试的道德判断更为严苛；肮脏使被试内心更加内疚与自责，身体的肮脏感也会让被试知觉到自己道德的不纯洁，降低被试道德自身意象，被试的道德判断更为宽松。

第三，以上研究结果均发现，洁净和肮脏的感知觉经验确实会影响我们对道德概念的理解和道德行为的判断，但是对道德判断的影响是有限的。我们发现无论是基于环境的净脏启动还是基于身体的净脏启动都很难对典型的不道德行为产生影响，这可能是因为我们对这类行为已经形成稳定的态度，很难受到影响；而当我们评判道德两难故事时，身体的净脏启动和环境的净脏启动都会产生较为显著的影响，就是因为当我们处于两难判断和决策时，来自自身和外界净脏的经验会不断干扰我们的判断过程，而且这种影响会因为我们洁净和肮脏的经验不同而产生的隐喻映射效应也不同。如果我们的净脏知觉是来自环境，我们的判断受外界环境净脏的影响，那么我们对他人的道德判断倾向于与隐喻一致的方向偏离；相反，如果我们启动了基于自身身体的净脏感知觉经验，我们的判断受自身净脏体验的影响，同时产生道德自我意象，为了弥补个体在道德自我意象降低带来的自尊威胁，我们对他人的道德判断会倾向于与隐喻相反的方向偏离，以达到内心的平衡。

四、道德概念自身净脏隐喻影响道德判断的启动差异

本章研究发现，想象启动和行为启动下道德概念自身净脏隐喻对道德两难故事判断的影响均显著。具体而言，想象与行为启动下道德概念自身洁净隐喻对道德两难故事的评分差异不显著；想象与行为启动下道德概念自身肮脏隐喻对道德两难故事的评分差异显著，相比于自身肮脏想象启动，自身肮脏行为启动下被试对道德两难故事判断评分更高，道德判断更为宽松。原因在于：其一，道德判断存在自身相关程度高低信息加工的差异。在道德判断过程中，个体在对外界信息进行加工，自身相关程度高低信息会得到不同程度的加工，相比于自身相关程度低的信息，个体会优先处理与自身相关程度高的信息，并且在加工过程中会更精细（颜志雄等，2014）。所以，相比于想象肮脏启动，行为肮脏启动属于个体亲力亲为的信息加工，与自身信息的相关程度更高，对行为启动下的肮脏信息加工体验更深，加工更精细，信息的通达性更强，表现出想象与行为启动下自身肮脏信息加工的明显差异。其二，想象与行为启动下自身肮脏信息加工的卷入程度上存在差异。自身肮脏行为启动时，涉及自身的操作体验，被试的自身肮脏卷入程度高，更易激活被试强自身肮脏隐喻，对道德两难判断的影响更为显著；而想象净脏启动后，被试会表现出"事不关己，高高挂起"的心态，被试的自身卷入程度低，对道德判断的影响也相对较小。

此外，道德概念自身肮脏隐喻对道德两难故事的影响借助道德自身意象的中介作用实现（张凤华，叶红燕，2016；Zhong et al.，2010）。具体而言，行为和想象自身肮脏启动均会增强个体的"肮脏"自身意象，从而减弱被试的道德自身意象，个体自身意象的降低会促使个体以更低的道德标准判断故事主人公的行为，更容易接受故事主人公的不道德行为，从而使被试的道德判断更宽松，道德判断偏向道德一侧。但本章研究中的行为自身肮脏启动，一方面使被试自外向内感同身受"自身肮脏"体验，理应降低被试的道德自身意象；另一方面，"打扫厕所"本身就具有道德行为的成分，实则提高被试的自身道德意象，这种应然和实然的比对，最终以实然为充分的道德判断理由，使得被试的道德判断更为宽松。而自身肮脏想象启动下会增加被试"肮脏"的自身意象，使自身道德意象降低。相比于"道德"行为肮脏启动，想象肮脏启动下自身道德意象降低程度更高，为维护个体的道德自身意象，被试以更高的道德标准进行道德判断，道德判断更为严苛，道德判断偏向不道德一侧。

依据以上研究结果，今后在学校道德教育中，为了净化中小学生的心灵，可

以通过具体的洁净行为（洗手、擦手）进行实地操作，以增加中小学生的道德自身意象，进而增强其道德行为。特别对幼儿园、小学和初中等年龄较小群体学校而言，倡导洁净行为不仅可以使学生保持卫生、养成良好卫生习惯，更重要的是提升学生的道德品质，使其形成正确的道德判断，这为家庭、学校和社会开展洁净行为和提升学生道德品质提供了理论依据。实践上，深化中小学生对洁净行为及其道德概念隐喻映射机制的认识和理解，通过洁净行为锻炼提升其道德自我意象以及道德概念隐喻映射，不仅能为和谐校园的建构提供有益的建议和对策，更有助于基础教育管理决策部门有效地利用道德概念洁净隐喻映射进行道德认知和道德行为的有效预测和干预，为提升中小学生道德认知与校园道德和谐氛围提供实践指导和参考依据。

第八章　道德概念自身净脏隐喻对消费决策的影响

　　基于概念隐喻理论和具身认知理论，研究者也开始关注道德概念净脏隐喻对消费决策的影响。如有研究发现，当广告与包装设计产品以水平或垂直的方向呈现给被试时，被试存在上下或左右空间隐喻，对产品的感知和价格预期也存在差异（Van Rompay et al.，2012）。冯文婷等（2016）的研究发现，相比于在顶楼房间填写问卷的被试，在底层房间填写问卷的被试在此过程中消耗更多的薯片。有研究发现，被试抄写不道德故事或回忆自己曾经经历的不道德行为后，更加偏爱购买清洁有关产品（Zhong & Liljenquist，2006）。不仅如此，不同具身体验对消费决策的影响也不同，如研究发现，亲口告知他人关于自己做过的不道德行为，这些被试在选择清洁相关产品时更偏好漱口水；而通过手部打字和发邮件的方式实施撒谎行为，这些被试更倾向于选择与手部相关的香皂和洗手液（Lee & Schwarz，2010）。吉诺等的研究也发现，回忆自己不诚实经历的被试觉得自己更不干净，对与清洁相关的产品更加渴望，也更渴望进行淋浴等清洁行为（Gino et al.，2015）。已有研究关注具身隐喻在消费领域的应用，以及特定身体部位的道德概念净脏隐喻对清洁产品消费决策的影响，但国内缺乏实证研究的支持。

　　在现实文化背景下，假如有两名诽谤他人的犯罪嫌疑人，一名犯罪嫌疑人满口黄牙并且呼气难闻，另一名犯罪嫌疑人牙齿洁白且口气清新，受不洁、污秽等因素的影响，人们会倾向于判断前者是诽谤者。人们为什么会做出这样的判断呢？在人际交往当中，人们总是希望将自己干净整洁的一面展现给大家，如通过展现洁白的牙齿、清新的口气、修剪整齐干净的指甲等来给大家留下好的印象，而不希望被人评价为臭气熏天、令人恶心。但是干净的外表容易被看到，肮脏的内心却总是易于被掩盖。在日常生活中，有人口气清新、手部白皙干净，却随手扔垃圾、随地吐痰；而清洁工人虽可能手部有污渍，却在清理城市垃圾，维持城市环境的干净整洁。人们常说"这个人手不干净"意在表达此人有偷盗的不道德行为，"这个人嘴真臭"意在表达此人经常讲有悖伦理的话。

值得注意的是，有学者认为，道德概念净脏隐喻影响消费决策存在文化差异性，如东亚文化背景下，个体更关注"面子"效应，面部"洁净"隐喻效应更强（Lee et al.，2015）。该研究请被试回忆自己做过的道德和不道德行为，接着报告其对面部、手部和嘴部相关清洁产品的购买欲望和购买行为，结果发现，与回忆自己做过道德行为的被试相比，回忆自己做过不道德行为的被试对面部相关清洁产品的购买欲望和购买行为增加。第七章的研究也证明，想象与行为启动下道德概念自身肮脏隐喻对道德两难故事的评分差异显著。那么，道德概念自身净脏隐喻对消费决策是否产生影响？回忆启动和行为启动下道德概念自身净脏隐喻对消费决策影响是否存在差异？如果存在差异，特定身体部位的净脏刺激与道德隐喻联结对清洁产品消费决策产生影响是否不同？有必要基于中国文化背景对以上问题进行探究。理论上，本章研究旨在弥补以往研究仅关注西方文化群体道德概念净脏隐喻对消费决策影响机制和规律的不足，将研究的视角延伸到中国本土文化群体上，以拓展道德概念净脏隐喻影响消费决策的多元文化建构理论，提高道德概念净脏隐喻研究的本土契合性和生态效度；实践上，本章研究意在深化人们对道德概念净脏隐喻影响消费决策机制的认识和理解，并基于本土文化视角延伸道德概念净脏隐喻在消费领域的应用，为社会消费决策提供实践指导和参考依据。

第一节 回忆启动下道德概念自身净脏隐喻对消费决策的影响

研究者关注道德概念自身净脏隐喻对消费决策的影响，主要采用回忆启动范式进行研究，如吉诺等采用回忆启动方法研究发现，回忆自己不诚实经历的被试会觉得自己更不干净，增强其对身体清洁的渴望，更渴望进行淋浴等清洁行为（Gino et al.，2015）。还有研究采用回忆启动方法研究发现，回忆自己做过的不道德经历后，被试对清洁产品的购买渴望和意愿增强（Lee et al.，2015）。但国内此方面的实证研究相对较少，更缺少足够的实证研究支持。可见，回忆启动下净脏的身体体验如何影响个体的消费决策和行为，值得继续探究。

一、实验目的

采用自身回忆启动范式探讨道德概念自身净脏隐喻对消费决策的影响。如果被试在自身道德行为和不道德行为回忆启动下对清洁相关产品消费决策表现出差异性，则能够支持回忆启动下道德概念自身净脏隐喻对消费决策的影响。

二、实验假设

自身道德行为和不道德行为回忆启动对清洁相关产品消费决策有显著的影响。具体而言，相比于自身道德行为回忆启动，被试在自身不道德行为回忆启动下对清洁相关产品的消费需求程度更高、购买意愿更强。

三、研究方法

（一）被试

随机选取本科生 65 名，其中男生 18 名，女生 47 名，平均年龄为 20.56 岁（$SD=1.80$）。被试选取条件同道德概念环境净脏隐喻的心理现实性实验。

（二）实验材料

清洁有关和无关消费产品：选取借鉴以往清洁产品消费决策产品（Zhong & Liljenquist，2006），包括与清洁有关（毛巾、肥皂等）和与清洁无关的产品（电池、饮料等）各 10 种（样例见附录 11）。

（三）实验设计

实验为 2（回忆故事类型：道德行为故事 vs. 不道德行为故事）×2（消费产品类型：清洁相关产品 vs. 清洁无关产品）的两因素混合实验设计，回忆故事类型是被试间因素，消费产品类型是被试内因素，因变量为被试对清洁相关产品和清洁无关产品的消费需求程度和购买意愿。

（四）实验程序

采用回忆范式进行研究，首先，将被试分为两组，一组为道德行为故事回忆组，另一组为不道德行为故事回忆组；接着，请两组被试分别回忆自己曾经做过的道德行为或不道德行为故事，要求被试尽可能多地回忆道德行为或不道德行为故事发生的具体细节和自己当时的感受，并自我重复回忆 3 遍；然后，请被试对自己当时做过的行为进行道德判断（1=非常不道德，7=非常道德）；最后，呈现清洁相关产品和清洁无关产品，请被试自我报告对呈现的每种清洁相关产品和清洁无关产品的消费需求程度和购买意愿。

四、实验结果

（一）分组操作有效性检验

排除数据不完整的被试 8 人，实际有效被试为 57 人，其中，道德行为故事回忆组被试 30 人、不道德行为故事回忆组被试 27 人。被试回忆自己做过的道德行为或不道德行为故事，并对自己当时的行为进行道德判断。对被试的道德行为或不道德行为故事判断得分进行 t 检验，道德行为故事回忆组的道德判断得分（6.06±1.01）显著高于理论均值 4，$t(29)=11.15$，$p<0.001$；不道德行为故事回忆组的道德判断得分（1.62±0.68）显著低于理论均值 4，$t(26)=-17.91$，$p<0.001$。以上结果说明，道德行为故事回忆组被试更倾向于道德判断，不道德行为故事回忆组被试更倾向于不道德判断，说明道德行为或不道德行为故事回忆启动材料有效。

（二）回忆启动下道德概念自身净脏隐喻对消费决策的影响

不同行为故事回忆下被试对清洁相关产品和清洁无关产品消费需求程度和购买意愿如表 8-1 所示。

表 8-1　不同行为故事回忆下被试清洁产品消费需求和购买意愿（$M\pm SD$）

回忆故事类型	消费需求程度		购买意愿	
	清洁相关产品	清洁无关产品	清洁相关产品	清洁无关产品
道德行为故事	5.30±1.11	4.44±0.88	5.29±1.18	4.41±0.92
不道德行为故事	5.48±0.51	3.93±0.98	5.52±0.61	4.24±0.96

首先，以被试对清洁相关产品和清洁无关产品的消费需求程度为因变量，进行 2（回忆故事类型：道德故事 vs. 不道德故事）×2（消费产品类型：清洁相关产品 vs. 清洁无关产品）两因素混合方差分析。研究结果显示：回忆故事类型的主效应不显著，$F(1, 55) = 0.66$，$p>0.05$；消费产品类型的主效应显著，$F(1, 55)=90.76$，$p<0.001$，$\eta^2=0.62$，被试对清洁相关产品的消费需求程度均高于清洁无关产品；回忆故事类型与消费产品类型的交互作用显著，$F(1, 55)=7.31$，$p<0.05$，$\eta^2=0.12$。简单效应检验发现：道德行为故事回忆组对清洁无关产品和清洁相关产品的消费需求程度存在差异，$F(1, 55)=24.56$，$p<0.001$，相比于清洁无关产品，道德行为故事回忆组对清洁相关产品的消费需求程度更高；不道德行为故事回忆组对清洁无关产品和清洁相关产品的消费需求程度存在差异，$F(1, 55)=71.07$，$p<0.001$，相比于清洁无关产品，不道德行为故事回忆组对清

洁相关产品的消费需求程度更高。二者的交互作用见图8-1。

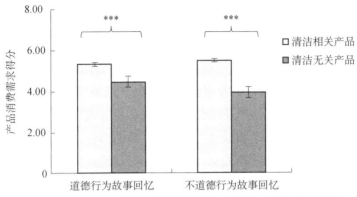

图 8-1　回忆故事类型与消费产品类型交互作用（消费需求程度）

其次，以被试对清洁相关产品和清洁无关产品的购买意愿为因变量，进行 2（回忆故事类型：道德行为故事 vs. 不道德行为故事）×2（消费产品类型：清洁相关产品 vs. 清洁无关产品）两因素混合方差分析。研究结果显示：回忆故事类型主效应不显著，$F(1，55)=0.21$，$p>0.05$；消费产品类型的主效应显著，$F(1，55)=125.54$，$p<0.001$，$\eta^2=0.69$，相比于清洁无关产品，被试对清洁相关产品的购买意愿更强烈；回忆故事类型与消费产品类型的交互作用显著，$F(1，55)=4.22$，$p<0.05$，$\eta^2=0.071$。简单效应检验发现：道德行为故事回忆组对清洁相关产品与清洁无关产品的购买意愿存在差异，$F(1，55)=44.18$，$p<0.001$，相比于清洁无关产品，道德行为故事回忆组被试对清洁相关产品的购买意愿更强烈；不道德行为故事回忆组对清洁无关产品和清洁相关产品的购买意愿也存在差异，$F(1，55)=83.51$，$p<0.001$，相比于清洁无关产品，不道德行为故事回忆组对清洁相关产品的购买意愿更强烈。二者的交互作用见图8-2。

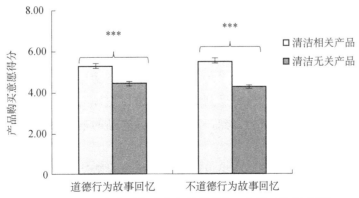

图 8-2　回忆故事类型与消费产品类型交互作用（购买意愿）

五、讨论分析

本节研究发现，相比于清洁无关产品，道德行为故事回忆组被试对清洁相关产品的消费需求程度更高、购买意愿更强烈，表现出道德概念自身净脏隐喻影响消费决策的隐喻一致性效应。王锃和鲁忠义（2013）指出，个体具身体验启动能够产生与隐喻映射方向一致的认知判断。本节研究请被试回忆自己曾做过的道德行为故事，被试在大脑中呈现道德概念表征，很容易形成道德概念自身清洁隐喻，道德概念自身清洁隐喻影响了被试对清洁相关产品的消费决策，尤其当道德概念自身清洁隐喻与其产生的道德情感效价一致时，被试自然而然对清洁相关产品的消费决策产生同化反应。所以，相比于清洁无关产品，道德行为故事回忆组被试对清洁相关产品的消费需求程度更高、购买意愿更强烈，这与吉诺等（Gino et al.，2015）的研究结果一致。

以往研究发现，被试做出不道德行为后对清洁产品的消费需求更高（Lee & Schwarz，2010），回忆违反道德的故事使得被试更愿意积极从事亲社会行为（Jordan et al.，2011），玩过违反道德的暴力游戏后，被试更倾向于选择清洁商品（Gollwitzer & Melzer，2012），这些均属于典型的道德概念净脏隐喻影响消费决策的隐喻补偿性效应，即道德概念隐喻映射与消费决策方向不一致。本节研究发现，相比于清洁无关产品，不道德故事回忆组被试对清洁相关产品的消费需求程度更高、购买意愿更强烈，表现出道德概念自身净脏隐喻影响消费决策的隐喻补偿性效应，与以往研究结果一致。本节研究中，当被试回忆自己曾做过的不道德行为故事时，大脑中呈现不道德概念表征，其道德自身意象受到一定的威胁，随之产生自身不道德压力和道德消极评价，为了维护头脑中已建立的自身道德形象，被试会选择做出一些补偿性行为，以"补偿"自己的不道德形象。这种补偿性行为也影响了其对清洁相关产品的消费决策，尤其清洁相关产品对被试而言更具有补偿作用，因为清洁相关产品的消费需求程度和购买意愿能够减轻被试不道德行为故事回忆而产生的"内心罪恶感"和"内心不洁感"，帮助被试消除不道德行为故事回忆带来的道德自身"污点"，相当于道德自身"洗白"。因此，不道德行为故事回忆组的道德自身受到威胁时，被试更倾向于补偿自己的不道德自身意象，清洁自身的愿望更为强烈，对清洁相关产品的消费需求程度更高、购买意愿更强烈。

需要说明的是，以上研究结果也可用道德情绪对清洁相关产品的消费需求程度和购买意愿进行解释。道德情绪是个体依据已有的道德标准和道德规范评价自身行为时而产生的情绪感受，诸如羞愧和自豪（俞国良，赵军燕，2009）。本节研究中，被试在回忆曾经做过的道德行为或不道德行为故事时，这些故事具有不同的效价，被试进行回忆时自然会带有一定的道德情感。被试回忆自己曾经做过的道德行为故事时，极有可能引发其内心的积极情感体验；回忆自己曾经做过的不道德行为故事时，极有可能引发其内心的消极情感体验。道德行为故事回忆与积极情感体验对应，在此积极情感体验影响下，被试对清洁相关产品的消费需求程度和购买意愿更积极；不道德行为故事回忆与消极情感体验对应，被试为了消除这种消极情感体验带来的消极影响和心理上的不平衡感引起的道德焦虑，因而更愿意选择清洁相关产品以此弥补不道德情感体验，对清洁相关产品的消费需求程度和购买意愿更强。这与以往研究（Zhong & Liljenquist，2006）的结果一致。那么，被试抄写道德行为或不道德行为故事是否也能影响其对清洁相关产品的消费需求程度和购买意愿？回忆启动与行为启动是否会影响实验结果的一致性？第二节将对这些问题进行进一步探究。

第二节　行为启动下道德概念自身净脏隐喻对消费决策的影响

研究者关注道德概念自身净脏隐喻对消费决策的影响，不仅采用回忆启动范式进行研究，还采用行为启动方式进行研究，如抄写不道德故事的被试会更渴望购买也更偏爱清洁相关产品（Zhong & Liljenquist，2006），但国内以往鲜有研究探讨行为启动下道德概念自身净脏隐喻对消费决策的影响。此外，儒家文化提倡"仁义"，鼓励个体道德行为与道德思想境界的提升，可谓之是"扬善"的文化（凌文轻等，2003）。为此，中国文化背景下被试对于道德概念与洁净的联结敏感性可能更高，很有必要结合中国文化背景探讨行为启动下净脏的身体体验如何影响个体的消费决策，并比较回忆启动和行为启动下道德概念自身净脏隐喻对消费决策的影响差异。

一、实验目的

采用自身行为启动范式探讨道德概念自身净脏隐喻对消费决策的影响。如果被试在自身道德行为和不道德行为启动下对清洁相关产品消费决策表现出差异性，则能够支持行为启动下道德概念自身净脏隐喻对消费决策的影响。

二、实验假设

自身道德行为和不道德行为启动对清洁相关产品消费决策有显著的影响。具体而言，相比于自身道德行为启动，被试在自身不道德行为启动下对清洁相关产品的消费需求程度更高、购买意愿更强。

三、研究方法

（一）被试

随机选取本科生 64 名，其中男生 12 名，女生 52 名，平均年龄为 20.45 岁（$SD=1.76$）。

（二）实验材料

道德行为启动材料：选取典型不道德行为和道德行为故事各 6 则，具体同道德概念环境净脏隐喻对道德判断影响的实验。

清洁有关和无关消费产品：同回忆启动下道德概念自身净脏隐喻对消费决策影响的实验。

（三）实验设计

实验为 2（行为启动类型：道德行为 vs. 不道德行为）×2（消费产品类型：清洁相关产品 vs. 清洁无关产品）的两因素混合实验设计，行为启动类型是被试间因素，消费产品类型是被试内因素，因变量为被试对清洁相关产品和清洁无关产品的消费需求程度和购买意愿。

（四）实验程序

采用行为启动范式进行研究，首先，将被试分为两组，一组为道德行为组，另一组为不道德行为组；其次，请道德行为组被试以第一人称抄写道德故事材料，请不道德行为组被试以第一人称抄写不道德行为故事材料，要求被试尽最大努力将自己置身于行为故事材料中，并告知被试抄写故事材料后要进行记忆任务测试，将故事材料默写的完整性作为记忆成绩，以保证启动的有效性；接着，请被试对自己当前的行为进行道德判断（1=非常不道德，7=非常道德）；然后，呈现清洁相关产品和清洁无关产品，请被试自我报告对呈现的每种清洁相关产品和清洁无关产品的消费需求程度和购买意愿；最后，请被试默写刚才抄写的故事材料。

四、实验结果

（一）分组操作有效性检验

排除数据不完整的被试 4 人，实际有效被试为 60 人，其中道德行为故事抄写组 30 人、不道德行为故事抄写组 30 人。被试抄写道德或不道德行为故事，并对自己当时的行为进行道德判断。对被试的道德行为或不道德行为故事判断得分进行 t 检验，道德行为故事抄写组的道德判断得分（6.46±0.73）显著高于理论均值 4，t（29）=18.50，$p<0.001$；不道德行为故事抄写组的道德判断得分（1.83±0.19）显著低于理论均值 4，t（29）=-13.00，$p<0.001$。以上结果说明，道德行为故事抄写组被试更倾向于道德判断，不道德行为故事抄写组被试更倾向于不道德判断，说明被试道德行为或不道德行为抄写启动材料有效。

（二）行为启动下道德概念自身净脏隐喻对消费决策影响

不同行为故事抄写启动下被试对清洁相关产品和清洁无关产品消费需求程度和购买意愿如表 8-2 所示。

表 8-2　不同行为故事抄写启动下被试清洁产品消费需求和购买意愿（$M±SD$）

行为启动类型	清洁产品需求程度		清洁产品购买意愿	
	清洁相关产品	清洁无关产品	清洁相关产品	清洁无关产品
道德行为启动	5.27±1.08	4.48±0.89	5.31±1.17	4.46±0.90
不道德行为启动	5.53±0.69	4.34±0.94	5.51±0.63	4.24±0.95

首先，以被试对清洁相关产品和清洁无关产品消费需求程度为因变量，进行 2（行为启动类型：道德行为 vs. 不道德行为）×2（消费产品类型：清洁相关产品 vs. 清洁无关产品）两因素混合方差分析。研究结果显示：行为启动类型的主效应不显著，F（1，58）=0.90，$p>0.05$；消费产品类型的主效应显著，F（1，58）= 103.6，$p<0.001$，$\eta^2=0.64$，被试对清洁相关产品的消费需求程度均高于清洁无关产品；行为启动类型与消费产品类型的交互作用显著，F（1，58）=4.09，$p<0.05$，$\eta^2=0.07$。简单效应检验发现：道德行为启动组对清洁无关产品和清洁相关产品的消费需求程度存在差异，F（1，58）=33.27，$p<0.001$，相比于清洁无关产品，道德行为启动组对清洁相关产品的消费需求程度更高；不道德行为启动组对清洁无关产品和清洁相关产品的消费需求程度存在差异，F（1，58）=74.44，$p<0.001$，相比于清洁无关产品，不道德行为启动组对清洁相关产品的消费需求程度更高。二者的交互作用如图 8-3 所示。

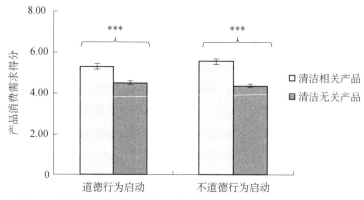

图 8-3   行为启动类型与消费产品类型交互作用（消费需求程度）

其次，以被试对清洁相关产品和清洁无关产品的购买意愿为因变量，进行 2（行为启动类型：道德行为 vs. 不道德行为）×2（消费产品类型：清洁相关产品 vs. 清洁无关产品）两因素混合方差分析。研究结果显示：行为启动类型主效应不显著，$F_{(1, 58)}=0.10$，$p>0.05$；消费产品类型的主效应显著，$F_{(1, 58)}=112.52$，$p<0.001$，$\eta^2=0.66$，相比于清洁无关产品，被试对清洁相关产品的购买意愿更强烈；行为启动类型与消费产品类型的交互作用显著，$F_{(1, 58)}=4.53$，$p<0.05$，$\eta^2=0.072$。简单效应检验发现：道德行为故事抄写组对清洁相关产品与清洁无关产品的购买意愿存在差异，$F_{(1, 58)}=35.95$，$p<0.001$，相比于清洁无关产品，道德行为故事抄写组被试对清洁相关产品的购买意愿更强烈；不道德行为故事抄写组对清洁无关产品和清洁相关产品的购买意愿也存在差异，$F_{(1, 58)}=81.10$，$p<0.001$，相比于清洁无关产品，不道德行为故事抄写组对清洁相关产品的购买意愿更强烈。二者的交互作用如图 8-4 所示。

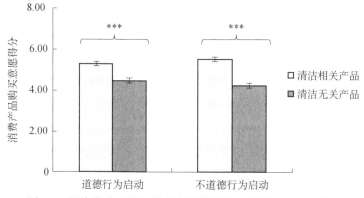

图 8-4   行为启动类型与消费产品类型交互作用（购买意愿）

（三）回忆与行为启动下道德概念自身洁净隐喻对消费决策的影响
差异

整合回忆与抄写行为条件下道德概念自身洁净隐喻对消费决策影响的数据，
分别进行道德故事回忆与行为条件下的清洁产品需求程度和清洁产品购买意愿的
差异分析、不道德故事回忆与行为条件下的清洁产品需求程度和清洁产品购买意
愿的差异分析。

1. 道德故事回忆与抄写行为条件下消费决策差异分析

道德故事回忆与抄写行为启动下被试清洁产品需求程度和清洁产品购买意愿
描述数据见表 8-3。

表 8-3　道德故事回忆与行为启动下被试的消费决策（M±SD）

启动组别	清洁产品需求程度		清洁产品购买意愿	
	清洁相关产品	清洁无关产品	清洁相关产品	清洁无关产品
道德回忆组	5.30±1.11	4.44±0.88	5.29±1.18	4.41±0.92
道德行为组	5.27±1.08	4.48±0.89	5.31±1.17	4.46±0.90

以被试对清洁相关产品和清洁无关产品消费需求程度为因变量，进行 2（启
动组别：道德回忆组 vs. 道德行为组）×2（消费产品类型：清洁相关产品 vs. 清洁
无关产品）两因素混合方差分析。研究结果显示：启动组别的主效应不显著，F
（1，58）=0.10，p >0.05；消费产品类型的主效应显著，F（1，58）=76.02，
$p<0.001$，$\eta^2=0.57$，被试对清洁相关产品的消费需求程度均高于清洁无关产品；
启动组别与消费产品类型的交互作用不显著，F（1，58）=1.36，$p>0.05$。

以被试对清洁相关产品和清洁无关产品购买意愿为因变量，进行 2（启动组
别：道德回忆组 vs. 道德行为组）×2（消费产品类型：清洁相关产品 vs. 清洁无关
产品）两因素混合方差分析。研究结果显示：启动组别的主效应不显著，F（1，
58）=0.20，$p>0.05$；消费产品类型的主效应显著，F（1，58）=80.57，$p<0.001$，
$\eta^2=0.58$，被试对清洁相关产品的消费需求程度均高于清洁无关产品；启动组别与
消费产品类型的交互作用不显著，F（1，58）=0.33，$p>0.05$。

2. 不道德故事回忆与抄写行为启动下消费决策差异

不道德故事回忆与抄写行为启动下被试清洁产品需求程度和清洁产品购买意
愿描述数据见表 8-4。

表 8-4　不道德故事回忆与行为启动下被试的消费决策（M±SD）

启动组别	清洁产品需求程度		清洁产品购买意愿	
	清洁相关产品	清洁无关产品	清洁相关产品	清洁无关产品
不道德回忆组	5.48±0.51	3.93±0.98	5.52±0.61	4.24±0.96
不道德行为组	5.53±0.69	4.34±0.94	5.51±0.63	4.24±0.95

以被试对清洁相关产品和清洁无关产品消费需求程度为因变量，进行 2（启动组别：不道德回忆组 vs. 不道德行为组）×2（消费产品类型：清洁相关产品 vs. 清洁无关产品）两因素混合方差分析。研究结果显示：启动组别的主效应不显著，$F（1，55）=1.83$，$p>0.05$；消费产品类型的主效应显著，$F（1，55）=113.33$，$p<0.001$，$\eta^2=0.67$，被试对清洁相关产品的消费需求程度均高于清洁无关产品；启动组别与消费产品类型的交互作用不显著，$F（1，55）=1.98$，$p>0.05$。

以被试对清洁相关产品和清洁无关产品购买意愿为因变量，进行 2（启动组别：不道德回忆组 vs. 不道德行为组）×2（消费产品类型：清洁相关产品 vs. 清洁无关产品）两因素混合方差分析。研究结果显示：启动组别的主效应不显著，$F（1，55）=0.11$，$p>0.05$；消费产品类型的主效应显著，$F（1，55）=161.4$，$p<0.001$，$\eta^2=0.75$，被试对清洁相关产品的消费需求程度均高于清洁无关产品；启动组别与消费产品类型的交互作用不显著，$F（1，55）=0.01$，$p>0.05$。

五、讨论分析

本节研究发现，相比于清洁无关产品，道德行为故事组被试对清洁相关产品的消费需求程度更高、购买意愿更强烈，表现出道德概念自身净脏隐喻影响消费决策的隐喻一致性效应。依据概念隐喻理论，道德行为故事启动能够增强个体内心的洁净感，并具有净化灵魂的作用，被试很容易形成道德概念自身清洁隐喻，被试期望保持内心的净化和精神的纯洁，对清洁相关产品的消费决策要求更高，自然而然对清洁相关产品的消费决策产生同化反应。

本节研究还发现，相比于清洁无关产品，不道德行为故事组被试对清洁相关产品的消费需求程度更高、购买意愿更强烈，表现出道德概念自身净脏隐喻影响消费决策的隐喻补偿性效应。道德平衡模型（Nisan & Horenczyk，2011）强调，个体在头脑中都建构有道德自身意象并努力保持道德自尊感，一旦做了不道德行为，个体的道德自身意象和道德自尊感自然降低，但个体会尽力使自己的道德意象保持平衡。本节研究启动被试的不道德行为，使被试道德自身意象遭到一定程度的损害，被试觉得自己变得不道德，容易产生心灵肮脏之感，但同时儒家文化强调修身与立德，注重伦理与道德，鼓励个体向善与自省，注重自身的道德修养，为了维持自己的道德意象，被试产生想要弥补不道德威胁的动力，更期望通过做出洁净行为满足自己心理洁净的需求；而清洁相关产品产生麦克白效应，被试为弥补道德纯洁性被玷污与威胁的状态，采用清洁相关产品清洁内心的需求更强烈。所以，不道德行为故事组被试更需要并且更愿意购买一些与清洁自身相关的产品，以减轻自己的不道德感，达到内心的平衡。

本节研究还发现，道德故事回忆与行为启动下被试清洁产品消费决策一致；不道德故事回忆与行为启动下被试清洁产品消费决策也一致。这说明不同启动方式对被试清洁产品消费决策影响差异不显著，即无论是自身故事回忆启动还是自身故事行为启动下，道德概念净脏隐喻对清洁产品需求程度和购买意愿的影响都无显著差别。原因在于，回忆启动和行为启动均是基于自身视角进行的清洁产品消费决策，回忆启动和行为启动均有效，被试在两种启动下对道德故事均产生了道德洁净的内心体验，对不道德故事均产生了不道德肮脏的内心体验。所以，无论是回忆启动范式还是行为启动范式，被试回忆、抄写自己经历时，都感受到同等程度的洁净或肮脏体验，对清洁相关产品的消费需求与购买意愿一致。此外，有学者指出，个体的道德同一性在不同条件和情境下能保持相对稳定（Aquino et al.，2009）。尽管两种启动条件不同，但不同启动条件下个体的道德同一性特质相对稳定，清洁相关产品的消费需求与购买意愿受道德自身同一性特质的影响。所以，道德故事回忆与行为启动下被试清洁产品消费决策一致，不道德故事回忆与行为启动下被试清洁产品消费决策也一致。

第三节　道德概念自身净脏隐喻对消费决策的影响： 惩罚的净化作用

第一节和第二节分别在回忆启动和行为启动条件下探讨了道德概念自身净脏隐喻对消费决策的影响，证实了不道德故事回忆启动和不道德行为启动条件下道德概念自身洁净隐喻对消费决策均产生补偿性效应，被试为了弥补内心的自责和维护自身道德意象，更倾向于选择清洁相关产品，对清洁相关产品的消费需求程度更高、购买意愿更强烈。

以往研究也发现，个体也会通过惩罚消除自己内心的自责感和罪恶感，以达到内心的平衡，即惩罚具有净化自我心灵的作用。如有研究发现，惩罚能起到净化心灵和灵魂的作用，尤其当个体做了违法和犯罪等不道德行为后，惩罚能够使个体弥补其内心的自责而达到心理上的平衡（Bastian et al.，2011）。也有研究发现，回忆自己做过的不道德行为，具有道德内疚感的被试对自己实施更强的电击，以减小内心的压力（Yoel et al.，2013）；身体遭受痛苦能够有效地减轻被试对不道德行为带来的心理罪恶感（Tangney et al.，2007）。所以，本节研究将继续探究惩罚是否在道德概念自身肮脏隐喻影响消费决策中具有净化作用。

一、实验目的

采用自身行为启动范式探讨惩罚在道德概念自身肮脏隐喻对消费决策的影响中所起的净化作用。如果被试在有惩罚和无惩罚条件下对清洁相关产品消费决策表现出差异性，则能够支持惩罚在道德概念自身肮脏隐喻对消费决策影响中的净化作用。

二、实验假设

被试在有惩罚和无惩罚的不道德行为启动下对清洁相关产品的消费决策存在显著差异。具体而言，相比于无惩罚不道德行为条件，被试在有惩罚不道德行为条件下对清洁相关产品的消费需求程度和购买意愿降低，表现出惩罚的净化效应。

三、研究方法

（一）被试

随机选取本科生 66 名，其中男生 20 名，女生 46 名，平均年龄为 20.53 岁（$SD=1.78$）。

（二）实验材料

有惩罚和无惩罚不道德故事：借鉴研究者（Sekulak & Maciuszek，2017）的不道德行为故事，包括有惩罚的不道德行为故事和无惩罚的不道德行为故事（具体见附录12）。

清洁有关和无关消费产品：同回忆启动下道德概念自身净脏隐喻对消费决策影响的实验。

（三）实验设计

实验为 2（不道德行为故事组别：有惩罚组 vs. 无惩罚组）×2（消费产品类型：清洁相关产品 vs. 清洁无关产品）的两因素混合实验设计，不道德行为故事组别是被试间因素，消费产品类型是被试内因素，因变量为被试对清洁相关产品和清洁无关产品的消费需求程度和购买意愿。

（四）实验程序

采用行为启动范式进行研究，其一，将被试分为两组，一组为有惩罚不道德行为组，另一组为无惩罚不道德行为组；其二，请两组被试分别以第一人称抄写有惩罚和无惩罚的不道德行为材料，尽最大努力将自己置身于有惩罚和无惩罚的不道德行为材料中，并告知被试抄写材料之后要进行记忆任务测试，将故事材料默写的完整性作为记忆成绩，以保证启动的有效性；其三，请被试对自己当前的行为进行道德判断（1=非常不道德，7=非常道德），并回答自身感到的惩罚程度（1=惩罚不严厉，7=惩罚严厉）；其四，呈现清洁相关产品和清洁无关产品，请被试报告对呈现的每种产品的消费需求程度和购买意愿；其五，请被试默写刚才抄写的故事材料。

四、实验结果

（一）故事启动有效性检验

排除数据不完整的被试 8 人，实际有效被试为 58 人，其中有惩罚不道德行为组 30 人、无惩罚不道德行为组 28 人。两组被试抄写不道德行为故事，并对自己做过的行为进行道德判断。对两组被试的不道德行为故事判断得分进行 t 检验，有惩罚组（2.10±1.12）和无惩罚组（2.38±1.21）被试的不道德行为判断得分均显著低于理论均值 4，$t(29)=-9.21$，$p<0.001$；$t(27)=-7.05$，$p<0.001$。两组被试不道德行为判断得分差异不显著，$t(56)=-1.12$，$p>0.05$。以上研究结果说明，有惩罚和无惩罚不道德行为故事启动有效。

（二）道德概念肮脏隐喻对清洁产品消费决策的影响：惩罚的净化作用

有惩罚和无惩罚不道德行为组对清洁产品需求程度和购买意愿如表 8-5

所示。

表 8-5　有惩罚和无惩罚组被试消费决策（M±SD）

不道德行为故事组别	清洁产品需求程度		清洁产品购买意愿	
	清洁相关产品	清洁无关产品	清洁相关产品	清洁无关产品
有惩罚组	4.34±1.02	4.01±0.85	4.10±1.12	4.03±0.81
无惩罚组	4.92±1.08	4.03±1.14	4.81±1.27	3.97±1.22

首先，以被试对清洁相关产品和清洁无关产品消费需求程度为因变量，进行 2（不道德行为故事组别：有惩罚组 vs. 无惩罚组）×2（消费产品类型：清洁相关产品 vs. 清洁无关产品）两因素混合方差分析。研究结果显示：不道德行为故事组别的主效应不显著，$F（1，56）=1.55$，$p>0.05$；消费产品类型的主效应显著，$F（1，56）=24.93$，$p<0.001$，$\eta^2=0.308$，被试对清洁相关产品的消费需求程度均高于清洁无关产品；不道德行为故事组别与消费产品类型的交互作用显著，$F（1，56）=5.36$，$p<0.05$，$\eta^2=0.08$。简单效应检验发现：有惩罚不道德行为组被试对清洁无关产品和清洁相关产品的消费需求程度不存在显著差异，$F（1，56）=3.72$，$p>0.05$；无惩罚不道德行为组被试对清洁无关产品和清洁相关产品的消费需求程度存在显著差异，$F（1，56）=25.81$，$p<0.01$，相比于清洁无关产品，无惩罚不道德行为组被试对清洁相关产品的消费需求程度更高。二者的交互作用如图 8-5 所示。

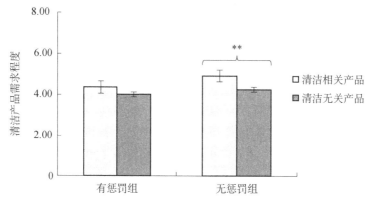

图 8-5　不道德行为故事组别与消费产品类型交互作用（消费需求程度）

其次，以被试对清洁相关产品和清洁无关产品的购买意愿为因变量，进行 2（不道德行为故事组别：有惩罚组 vs. 无惩罚组）×2（消费产品类型：清洁相关产品 vs. 清洁无关产品）两因素混合方差分析。研究结果显示：不道德行为故事组别主效应不显著，F（1，58）=1.72，$p>0.05$；消费产品类型的主效应显著，F（1，56）=8.85，$p<0.05$，$\eta^2=0.14$，相比于清洁无关产品，被试对清洁相关产品的购买意愿更强烈；不道德行为故事组别与消费产品类型的交互作用显著，F（1，56）=6.45，$p<0.05$，$\eta^2=0.11$。简单效应检验发现：有惩罚不道德行为组被试对清洁相关产品与清洁无关产品的购买意愿差异不显著，F（1，56）=0.10，$p>0.05$；无惩罚不道德行为组被试对清洁无关产品和清洁相关产品的购买意愿差异显著，F（1，56）=14.7，$p<0.01$，相比于清洁无关产品，无惩罚不道德行为组被试对清洁相关产品的购买意愿更强烈。二者的交互作用如图 8-6 所示。

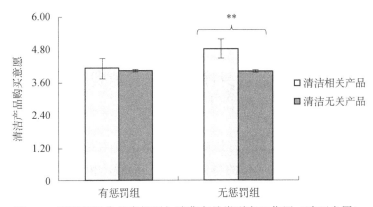

图 8-6　不道德行为故事组别与消费产品类型交互作用（购买意愿）

五、讨论分析

本节研究结果表明，无惩罚不道德行为故事组被试对清洁无关产品和清洁相关产品的消费需求程度与购买意愿均存在显著差异，相比于清洁无关产品，无惩罚不道德行为故事组被试对清洁相关产品的消费需求程度更高；有惩罚不道德行为故事组被试对清洁无关产品和清洁相关产品的消费需求程度与购买意愿均不存在差异，表现出惩罚的净化作用。作为赎罪和减轻个体不道德污点的手段，"惩罚可以净化邪恶"（Rothschild et al.，2015），通过对个体不道德行为进行惩罚以恢复其道德品质（Victor，2003）。此外，巴斯蒂安等认为，惩罚是对个体不道德行为的一种补偿（Bastian et al.，2011）。

本节研究中，被试以第一人称抄写不道德行为故事，不道德行为故事的启动使被试将不道德行为与"肮脏"隐喻映射，致使被试认为自己更不道德，更不洁净，为了消除这种不道德和不洁净带来的不道德自我意象和不道德心理内疚，被试会采用道德和洁净进行补偿以达到内心的平衡，于是更倾向于选择清洁相关产品进行道德补偿，以净化自己的不道德行为和减缓自己的不道德内疚，因此产生道德概念肮脏隐喻映射的补偿性效应。以往研究也证明，惩罚是不道德行为的净化补偿方式（Tetlock et al.，2000）。本节研究加入惩罚因素，即使不道德行为使被试产生道德负罪感，但由于惩罚弥补了被试的不道德行为，有惩罚组被试对清洁无关产品和清洁相关产品的消费需求程度与购买意愿不存在显著差异；无惩罚不道德行为组的不道德行为使被试产生道德负罪感，但由于无惩罚因素，不能弥补被试的不道德行为，无惩罚组被试对清洁无关产品和清洁相关产品的消费需求程度与购买意愿存在显著差异，表明被试的不道德负罪感因惩罚因素的加入而消失，恰好证明了惩罚的净化作用。

第四节 道德概念自身净脏隐喻对消费决策的影响：嘴部和手部证据

前三节证明了道德概念自身净脏隐喻对消费决策产生影响。研究发现，道德概念净脏隐喻的产生可能与具体的身体部位密切关联，相对于其他身体部位，个体经常通过嘴部和手部执行不同的道德行为或不道德行为，与此相关的抽象概念则更容易被激活（Lacey et al.，2017；Lee & Schwarz，2010；阎书昌，2011）。在日常语言表述中，用"手不干净"（dirty hands）或"嘴很臭"（dirty mouth）来表达不符合社会规范的行为，表明个体可以借助"脏嘴"和"脏手"的身体经验来理解和表征不道德概念。还有研究发现，道德概念净脏隐喻会影响清洁产品消费决策（Zhong et al.，2006；Schnall et al.，2008；Lee & Schwarz，2010；Lee et al.，2015），而且道德概念净脏隐喻指向特定的身体部位，即倾向于净化"脏"的部位（Lee & Schwarz，2010；Claudia et al.，2016；Bilz，2012；Zhong et al.，2006；Schnall et al.，2008；Schaefer et al.，2015）。因此，道德概念净脏隐喻对清洁产品消费决策的影响，可能依据不同身体部位的净脏对清洁产品做出不同的消费决策。

在以往关于道德概念净脏隐喻的研究中，只单纯探究"净脏"身体经验与"道德概念"之间的隐喻联结，而并未划分不同身体部位的净脏体验与"道德概念"或"道德判断"之间的隐喻联结。此外，梳理文献后发现，目前关于道德概念净脏隐喻对消费决策的影响在消费领域的应用较为广泛（Van Rompay et al.，

2012；Mehta et al.，2011；丁瑛等，2016；Zhong et al.，2006；Lee & Schwarz，2010；Lee et al.，2015；Schnall et al.，2008）。但以往鲜有实证研究探究自身不同部位的净脏体验与道德概念的隐喻表征及其对消费决策的影响，而这正是本节关注的焦点。

一、道德概念嘴部净脏隐喻对清洁产品消费决策的影响

（一）实验目的

本实验采用行为启动范式探讨道德概念嘴部净脏隐喻对消费决策的影响。如果被试在嘴部道德行为和嘴部不道德行为启动下对清洁相关产品消费决策表现出差异，则能够支持道德概念嘴部净脏隐喻对消费决策的影响。

（二）实验假设

嘴部道德行为和嘴部不道德行为启动对被试清洁相关产品消费决策有显著的影响。具体而言，相比于嘴部道德行为，被试在执行嘴部不道德行为后对嘴部清洁相关产品的消费需求程度更高、购买意愿更强烈。

（三）研究方法

1. 被试

随机选取 80 名在校大学生作为实验被试，其中男生 32 名，女生 48 名，平均年龄为 18.67 岁（$SD=1.02$）。被试被随机分为两组进行实验。

2. 实验材料

嘴部道德行为和嘴部不道德行为：借鉴学者（Zhong et al.，2006）使用的实验情境故事进行改编。要求被试想象自己是一家会计公司的助手，而且正与同事小李竞争升职的机会，但小李丢失一份直接影响他升职的文件，而你发现了小李丢失的这份文件。如果你把文件归还给小李，小李就能升职，但你会因此失去这次升职机会。嘴部道德行为：要求被试用语音邮件（用嘴）的形式告诉小李，你找到了他的文件。嘴部不道德行为：用语音邮件（用嘴）的形式告诉小李，你没有找到他的文件。

清洁有关和无关消费产品：同道德概念嘴部净脏隐喻对清洁产品消费决策影响的实验。

3. 实验设计

实验设计为 2（嘴部行为组别：嘴部执行道德行为 vs. 嘴部执行不道德行为）×3（消费产品类型：嘴部清洁产品 vs. 手部清洁产品 vs. 中性产品）的两因素混合实验设计。其中嘴部行为类型是被试间变量，消费产品类型是被试内变量。因变量为被试对不同产品的消费需求程度及购买意愿。

4. 实验程序

被试被分为两组，一组为嘴部道德行为组，另一组为嘴部不道德行为组。告知被试一项有关人格的测验需要完成；之后要求被试给小李发一条语音信息（用嘴）执行道德或不道德行为；然后让被试评估对不同产品的消费需求程度（1=完全不渴望，7=非常渴望）及购买意愿（1=意愿非常不强烈，7=意愿非常强烈）；最后请被试对自己做过的行为进行道德判断（1=非常不道德，7=非常道德）。

（四）研究结果

筛选问卷并剔除数据不完整的 10 名被试的问卷，最终有效被试 70 名，嘴部道德行为组 36 名被试，嘴部不道德行为组 34 名被试。

1. 分组有效性检验

被试对自己做过的行为进行道德判断，单样本 t 检验结果显示，嘴部道德行为组得分（5.94±1.01）显著高于理论均值 4，t（35）=11.52，$p<0.001$；嘴部不道德行为组评分为（1.65±0.85）显著低于理论均值 4，t（33）=-16.17，$p<0.001$。这说明嘴部道德行为组的被试认为其更道德，而嘴部不道德行为组的被试认为其更不道德，嘴部道德行为组和嘴部不道德行为组操纵有效。

2. 道德概念嘴部净脏隐喻对清洁产品消费决策的影响

嘴部道德行为组和不道德行为组被试对不同产品的消费需求程度及购买意愿描述数据如表 8-6 所示。

表 8-6　道德概念嘴部净脏隐喻对清洁产品消费决策的影响（$M \pm SD$）

嘴部行为类型	清洁产品需求程度			清洁产品购买意愿		
	嘴部清洁产品	手部清洁产品	中性产品	嘴部清洁产品	手部清洁产品	中性产品
嘴部道德行为	4.38±1.12	3.87±1.20	3.82±0.84	4.42±0.98	3.83±1.18	3.78±1.01
嘴部不道德行为	5.10±0.67	4.01±1.19	3.79±1.21	5.04±0.82	3.94±1.24	3.74±1.17

首先，以被试对清洁产品的消费需求程度为因变量，进行 2（嘴部行为组

别：嘴部道德行为 vs. 嘴部不道德行为）×3（消费产品类型：嘴部清洁产品 vs. 手部清洁产品 vs. 中性产品）的两因素混合实验方差分析。结果显示：嘴部行为组别的主效应不显著，F（1，68）=1.22，$p>0.05$，消费产品类型的主效应显著，F（1，68）=21.53，$p<0.001$，$\eta^2=0.24$，与中性产品和手部清洁产品相比，被试对嘴部清洁产品的需求程度更高；嘴部行为组别与消费产品类型的交互作用显著，F（1，68）=3.34，$p<0.05$，$\eta^2=0.05$。进一步简单效应检验发现：与嘴部道德行为组相比，嘴部不道德行为组被试对嘴部清洁产品的消费需求程度更高，F（1，68）=10.73，$p<0.01$；而嘴部道德行为组和嘴部不道德行为组对手部清洁产品和中性产品的消费需求程度均不存在显著差异，Fs（1，68）<1，ps>0.05。二者的交互作用见图 8-7。

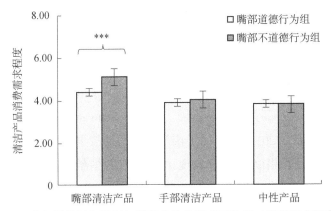

图 8-7　嘴部道德行为组别与消费产品类型交互作用（消费需求程度）

其次，以被试对清洁产品的购买意愿为因变量，进行 2（嘴部行为组别：嘴部道德行为组 vs. 嘴部不道德行为组）×3（消费产品类型：嘴部清洁产品 vs. 手部清洁产品 vs. 中性产品）的两因素混合实验方差分析。结果显示：嘴部行为组别的主效应不显著，F（1，68）=1.32，$p>0.05$，消费产品类型主效应显著，F（1，68）=25.22，$p<0.001$，$\eta^2=0.27$，与中性产品和手部清洁产品相比，被试对嘴部清洁产品的购买意愿更强烈；嘴部行为组别与消费产品类型的交互作用边缘显著，F（1，68）=2.72，$p=0.07$，$\eta^2=0.04$。进一步简单效应检验发现：与嘴部道德行为组相比，嘴部不道德行为组对嘴部清洁产品的购买意愿更强烈，F（1，68）=8.32，$p<0.01$；而嘴部道德行为组和嘴部不道德行为组对手部清洁产品和中性产品的购买意愿不存在显著差异，Fs（1，68）<1，ps>0.05。二者的交互作用见

图 8-8。

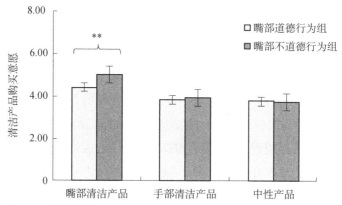

图 8-8　嘴部道德行为组别与消费产品类型交互作用（购买意愿）

（五）讨论分析

本节研究结果显示，与嘴部执行道德行为组相比，嘴部执行不道德行为组对嘴部清洁产品的消费需求程度及购买意愿更高。以往研究也发现，个体在执行不道德行为后，将清洁相关产品评价为更积极（Lee & Schwarz，2010；Claudia et al.，2016；Schaefer et al.，2015）；相比于撰写自身道德故事的个体，撰写自身不道德故事的个体在随后的捐助行为中表现出更强烈的捐献意愿（Sachdeva et al.，2009）。原因在于，本节研究被试执行嘴部不道德行为后会激活被试的嘴部"不道德概念"，嘴部"不道德概念"与"嘴部肮脏"的身体体验形成隐喻联结，个体为了维护自身良好的道德形象，会更倾向于寻找具有"清洁"意义的相关线索，以补偿由于"不道德"自我意象带来的威胁和内心的谴责。嘴部清洁产品正好可以消除"嘴部肮脏"的身体体验，被试更愿意选择嘴部相关的清洁产品。因此，嘴部执行不道德行为后个体会产生道德概念嘴部净脏隐喻，进而影响了个体对嘴部清洁产品的消费决策。

本节研究结果还显示，个体的消费抉择与道德概念嘴部净脏隐喻方向相反。具体而言，个体在嘴部执行不道德行为后，相较于手部清洁产品和中性产品，个体对嘴部清洁产品消费需求程度更高、购买意愿更强烈，表现出道德概念净脏隐喻的补偿性效应。以往研究也发现，个体回忆自身不道德行为后，在后续的任务中会选择消毒纸巾作为礼物（Zhong et al.，2006）。个体从事不道德行为后，会激发自身的肮脏体验，导致其内部价值感失衡，为了弥补这种肮脏体验所带来的不适感，个体会采取一定的补偿措施，所以在面对商品选择任务时会倾向于选择相关的清洁产品。清洁产品不仅能够增加个体的"清洁感"，同时能够帮助个体洗去"道德污点"，恢复个体自身的道德形象。

以往研究也认为，肮脏的身体感觉会引发个体的负性道德情绪（Zhong et al.，2006；燕良轼等，2014），个体可以通过增加洁净身体体验以缓解负性道德情绪所带来的心理不适感（Xu et al.，2014）。本节研究中，个体采用特定的身体部位"嘴部"来执行不道德行为，引发被试的"不道德感"，其嘴部自然而然会被隐喻为"肮脏"，这种"特定身体部位的肮脏体验感"会伴随负性道德情绪（内疚、厌恶等）而出现。也就是说，个体从事不道德行为后，不仅会激发自身的"肮脏体验感"，还会引起"心理强烈的罪恶感"。为了缓解负性道德情绪所带来的心理不适感和罪恶感，个体倾向于增加清洁体验感，以保持良好的道德自我形象。因此，清洁产品的补偿作用不仅能够洗刷个体的"道德污点"同时降低"罪恶感"，个体会选择嘴部清洁产品来缓解负性道德情绪所带来的不适感，恢复受损的道德自我形象。那么，个体在手部执行不道德行为之后是否会更倾向于选择手部相关消费产品？下面的实验将对此进行验证。

二、道德概念手部净脏隐喻对清洁产品消费决策的影响

（一）实验目的

本实验采用行为启动范式探讨道德概念手部净脏隐喻对消费决策的影响。如果被试在手部道德行为和手部不道德行为启动下对清洁相关产品消费决策表现出差异性，则能够支持道德概念手部净脏隐喻对消费决策的影响。

（二）实验假设

手部执行道德行为与不道德行为后，个体对各类产品的消费需求程度及购买意愿存在差异。具体而言，相较于手部执行道德行为，手部执行不道德行为之后对手部清洁产品的消费需求程度更高、购买意愿更强烈。

（三）研究方法

1. 被试

随机选取 75 名在校大学生作为实验被试，其中男生 28 名，女生 47 名，被试平均年龄为 18.99 岁（$SD=1.52$）。

2. 实验材料

手部行为类型：实验材料同道德概念嘴部净脏隐喻对清洁产品消费决策影响的实验，不同之处在于将执行道德与不道德行为的身体部位改为手部。手部道德行为：要求被试用手部打字的形式发邮件告诉小李，你找到了他的文件；手部不道德行为：用手部打字的形式发邮件告诉小李，你没有找到他的文件。

清洁有关和无关消费产品：同道德概念嘴部净脏隐喻对清洁产品消费决策影响的实验。

3. 实验设计

实验设计为 2（手部行为组别：手部道德行为组 vs. 手部不道德行为组）×3（消费产品类型：嘴部清洁产品 vs. 手部清洁产品 vs. 中性产品）的两因素混合实验设计。其中，手部行为组别是被试间变量，消费产品类型是被试内变量。因变量是被试对各类产品的消费需求程度及购买意愿。

4. 实验程序

实验流程：同道德概念嘴部净脏隐喻对清洁产品消费决策影响的实验，不同之处在于将执行行为的身体部位改为手部。

（四）研究结果

对问卷进行筛选，剔除无效数据的问卷共 7 份，最终有效问卷为 68 份，手部道德行为组 38 人，手部不道德行为组 30 人。

1. 分组有效性检验

被试对自己做过的行为进行道德判断，单样本 t 检验结果显示：手部道德行为组的被试对自身道德判断评分（5.74±1.27）显著高于理论均值 4，$t(37)=8.45$，$p<0.001$；手部不道德行为组的被试对自身道德判断评分（2.30±1.26）显著低于理论均值 4，$t(29)=-7.34$，$p<0.001$。这说明手部道德行为组的被试认为自身更道德，而手部不道德行为组的被试认为自身更不道德。

2. 道德概念手部净脏隐喻对清洁产品消费决策的影响

手部执行道德和不道德行为的被试对相关身体部位清洁产品及中性产品的消费需求程度及购买意愿得分结果如表 8-7。

表 8-7　道德概念手部净脏隐喻对清洁产品消费决策的影响（ $M \pm SD$ ）

手部行为组别	产品消费需求程度			产品购买意愿		
	手部清洁产品	嘴部清洁产品	中性产品	手部清洁产品	嘴部清洁产品	中性产品
手部道德行为	4.43±0.94	3.90±0.95	3.85±0.89	4.36±1.00	3.93±1.09	3.86±0.93
手部不道德行为	5.10±0.88	3.95±1.16	3.78±1.22	5.13±0.87	3.99±1.25	3.80±1.09

　　首先，以手部执行道德行为或不道德行为后，被试对相关身体部位清洁产品的消费需求程度作为因变量，进行 2（手部行为组别：道德行为组 vs. 不道德行为组）×3（消费产品类型：手部清洁产品 vs. 嘴部清洁产品 vs. 中性产品）的两因素混合实验方差分析。结果显示：手部行为组别主效应不显著， F（1，66）=1.35， p>0.05，消费产品类型的主效应显著， F（1，66）=22.28， p<0.001， η^2=0.25，与中性产品和嘴部清洁产品相比，个体对手部清洁产品的需求程度更高；手部行为组别与消费产品类型的交互作用显著， F（1，66）=3.23， p<0.05， η^2=0.05。进一步简单效应检验结果显示：与手部执行道德行为相比，手部执行不道德行为后被试对手部清洁产品的消费需求程度更高， F（1，66）=9.05， p<0.01；而手部道德行为组和手部不道德行为组对嘴部清洁产品和中性产品的消费需求程度均不存在显著差异， Fs（1，66）<1， ps>0.05。二者交互作用见图8-9。

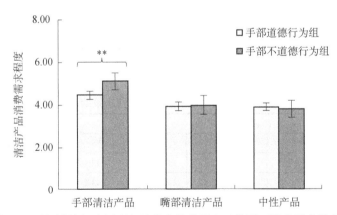

图 8-9　手部道德行为组别与消费产品类型交互作用（消费需求程度）

　　其次，以手部执行道德或不道德行为后被试对清洁产品购买意愿作为因变量，进行 2（手部行为组别：道德行为组 vs. 不道德行为组）×3（消费产品类型：手部清洁产品 vs. 嘴部清洁产品 vs. 中性产品）的两因素混合实验方差分析。结果显示：手部行为组别的主效应不显著， F（1，66）=1.09， p>0.05，消费产品类型主效应显著， F（1，66）=19.88， p<0.001， η^2=0.23，与中性产品和嘴部清

洁产品相比，个体对手部清洁产品的购买意愿更强烈；手部行为组别与消费产品类型的交互作用显著，$F（1，66）=4.13$，$p<0.05$，$\eta^2=0.06$。进一步简单效应分析结果显示，与手部道德行为组相比，手部不道德行为组被试对手部清洁产品的购买意愿更强烈，$F（1，66）=11.03$，$p<0.01$；而手部道德行为组和手部不道德行为组对嘴部清洁产品和中性产品的购买意愿均不存在显著差异，$Fs（1，66）<1$，$ps>0.05$。二者的交互作用见图8-10。

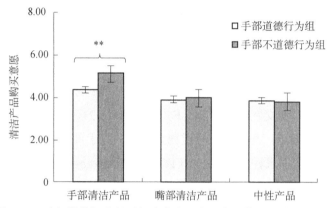

图8-10　手部道德行为组别与消费产品类型交互作用（购买意愿）

3. 嘴部和手部条件下道德概念净脏隐喻对清洁产品消费决策影响的差异

首先，整合上述两个实验，对嘴部和手部道德行为组道德概念净脏隐喻对消费产品决策产生影响的差异进行分析，结果见表8-8。

表8-8　嘴部和手部道德行为组清洁产品消费决策的差异（$M \pm SD$）

组别	产品消费需求程度			产品购买意愿		
	嘴部清洁产品	手部清洁产品	中性产品	嘴部清洁产品	手部清洁产品	中性产品
嘴部道德行为组	4.38±1.12	3.87±1.19	3.82±0.84	4.42±0.98	3.83±1.18	3.78±1.01
手部道德行为组	3.90±0.95	4.43±0.94	3.85±0.89	3.93±1.09	4.36±1.00	3.86±0.93

以嘴部和手部执行道德行为后，个体对清洁产品消费需求程度为因变量，进行2（组别：嘴部道德行为组 vs. 手部道德行为组）×3（消费产品类型：手部清洁产品 vs. 嘴部清洁产品 vs. 中性产品）的两因素混合实验方差分析。结果显示：组别的主效应不显著，$F（1，72）=0.89$，$p>0.05$，消费产品类型的主效应显著，$F（1，72）=4.10$，$p<0.05$，$\eta^2=0.05$，与中性产品相比，嘴部清洁产品和手部清洁产品消费需求程度更高；组别与消费产品类型的交互作用显著，$F（1，72）=$

8.41，$p<0.001$，$\eta^2=0.11$。简单效应分析发现：嘴部和手部道德行为组的被试对嘴部清洁产品和手部清洁产品的消费需求程度存在显著差异，F（1，72）= 3.81，$p=0.055$，F（1，72）=5.07，$p<0.05$；而对中性产品的消费需求程度不存在显著差异，F（1，72）=0.35，$p>0.05$。具体而言，嘴部道德行为组的被试对嘴部清洁产品的消费需求程度更高，而手部道德行为组对手部清洁产品消费需求程度更高。二者交互作用见图 8-11。

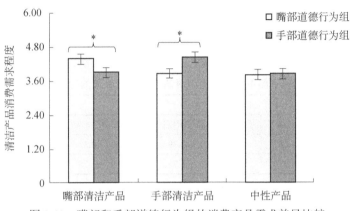

图 8-11 嘴部和手部道德行为组的消费产品需求差异比较

以嘴部和手部执行道德行为后，个体对清洁产品的购买意愿为因变量，进行 2（组别：嘴部道德行为组 vs. 手部道德行为组）×3（消费产品类型：手部清洁产品 vs. 嘴部清洁产品 vs. 中性产品）的两因素混合实验方差分析。结果显示：组别的主效应不显著，F（1，72）=0.29，$p>0.05$，消费产品类型的主效应显著，F（1，72）=4.21，$p<0.05$，$\eta^2=0.06$，与中性产品相比，嘴部清洁产品和手部清洁产品的购买意愿更强烈；组别与消费产品类型的交互作用显著，F（1，72）=7.87，$p<0.001$，$\eta^2=0.10$。简单效应分析发现：嘴部和手部道德行为组被试对嘴部清洁产品和手部清洁产品的购买意愿存在显著差异，F（1，72）=4.01，$p<0.05$，F（1，72）=4.35，$p<0.05$；而对中性产品的购买意愿不存在显著差异，F（1，72）<1，$p>0.05$。具体而言，嘴部道德行为组的被试更愿意购买嘴部清洁产品，而手部道德行为组的被试更愿意购买手部清洁产品。二者交互作用见图 8-12。

其次，对嘴部和手部不道德行为组道德概念净脏隐喻对消费产品决策影响的差异进行分析，结果见表 8-9。

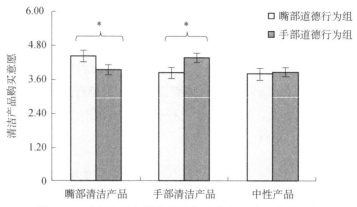

图 8-12　嘴部和手部道德行为组消费产品购买意愿比较

表 8-9　嘴部和手部不道德行为组清洁产品消费决策的比较（$M \pm SD$）

组别	产品消费需求程度			产品购买意愿		
	嘴部清洁产品	手部清洁产品	中性产品	嘴部清洁产品	手部清洁产品	中性产品
嘴部不道德行为组	5.10±0.67	4.01±1.10	3.79±1.21	5.04±0.82	3.94±1.24	3.74±1.66
手部不道德行为组	3.95±1.16	5.10±0.88	3.78±1.22	3.99±1.25	5.13±0.87	3.80±1.09

以嘴部和手部执行不道德行为后被试清洁产品的消费需求程度为因变量，进行 2（组别：嘴部不道德行为组 vs. 手部不道德行为组）×3（消费产品类型：手部清洁产品 vs. 嘴部清洁产品 vs. 中性产品）的两因素混合实验方差分析。结果显示：组别的主效应不显著，F（1，62）=0.23，$p>0.05$，消费产品类型的主效应显著，F（1，62）=11.07，$p<0.001$，$\eta^2=0.15$，与中性产品相比，嘴部与手部清洁产品消费需求程度更高；组别与消费产品类型的交互作用显著，F（1，62）=18.33，$p<0.001$，$\eta^2=0.23$。简单效应分析发现：嘴部不道德行为和手部不道德行为组被试对嘴部清洁产品和手部清洁产品的消费需求程度均存在显著差异，F（1，62）=24.32，$p<0.001$，F（1，62）=16.97，$p<0.001$；而对中性产品的消费需求程度不存在显著差异。具体而言，嘴部不道德行为组的被试对嘴部清洁产品的消费需求程度更高，而手部不道德行为组的被试对手部清洁产品消费需求程度更高，具体见图 8-13。

以嘴部和手部执行不道德行为后被试对清洁产品的购买意愿为因变量，进行 2（组别：嘴部不道德行为组 vs. 手部不道德行为组）×3（消费产品类型：手部清洁产品 vs. 嘴部清洁产品 vs. 中性产品）的两因素混合实验方差分析。结果显示：组别的主效应不显著，F（1，62）=0.34，$p>0.05$，消费产品类型的主效应显著 F（1，62）=12.05，$p<0.001$，$\eta^2=0.16$，与中性产品相比，不同组别被试对嘴部与手

部清洁产品的购买意愿更高；组别与消费产品类型的交互作用显著，$F(1, 62)=$ 19.60，$p<0.001$，$\eta^2=0.24$。简单效应分析发现：嘴部与手部不道德行为组对嘴部清洁产品和手部清洁产品的购买意愿存在显著差异，$F(1, 62)=16.16$，$p<0.001$，$F(1, 62)=19.18$，$p<0.001$；而对中性产品的购买意愿不存在显著差异。具体而言，嘴部不道德行为组的被试更愿意购买嘴部清洁产品，而手部不道德行为组的被试更愿意购买手部清洁产品，具体见图8-14。

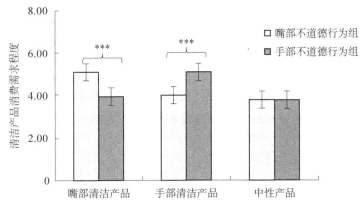

图8-13 嘴部和手部不道德行为组与消费产品类型交互作用

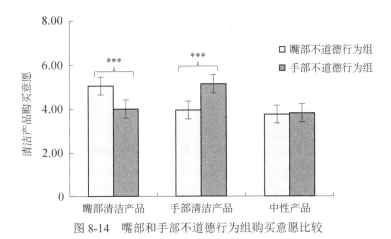

图8-14 嘴部和手部不道德行为组购买意愿比较

（五）讨论分析

研究结果显示，与嘴部/手部执行道德行为相比，嘴部/手部执行不道德行为后被试对嘴部/手部清洁产品的消费需求程度及购买意愿更强烈。这也再次证明了道德违反后的清洁补偿行为是特定于具体身体部位的观点。与道德概念嘴部/手部肮脏隐喻相似，不道德行为与个体的"不道德概念"形成隐喻映射，个体感受到"嘴部/手部肮脏"的体验，其道德自我意象受到威胁。为了保持内心的平衡，被试宁愿选择清洁产品，进而弥补"不洁净"带来的内疚与自责。个体道德自身受到威胁、内部价值感失衡时，个体努力寻找替代性的补偿行为进行补偿（Gollwitzer et al.，1982）。有研究发现，在审判活动中使用虚假证据（脏手）的个体对消毒洗手液的评价更高（Bilz，2012）。由此可见，个体嘴部/手部执行不道德行为后，其道德自身受损，进而推动个体作出更多努力，通过清洁补偿行为恢复道德自身形象、保持内部价值感的平衡。

以上研究也说明，"洁净"对于我们的意义更多的是在于能够消除我们过往"不道德"的痕迹和不道德行为之后的"肮脏"隐喻痕迹。尤其由于中国传统文化强调立德修身，个体更加注重道德自我的塑造，其嘴部/手部从事不道德行为后，会给自身的道德带来威胁。根据具身认知理论的观点，个体会将嘴部/手部不道德与肮脏进行隐喻联结，将手部隐喻为"脏"的部位，激发个体清洁此部位的欲望，因此更加倾向于选择嘴部/手部清洁产品。这也表明，道德概念身体净脏隐喻会影响个体的消费决策。

整合实验的结果发现，虽然执行道德行为或不道德行为的身体部位不同，但表现出了一致性的结果，与执行道德行为相比，个体执行不道德行为后都更愿意选择相应的身体部位清洁产品。嘴部和手部是个体执行行为的主要器官，尤其是执行各种道德以及不道德行为的主要身体部位。在嘴部或手部执行不道德行为的过程中，个体都是亲身体验的，从而激活感觉运动皮层以及相应的道德概念图式（Schaefer et al.，2015）。个体会自动将嘴部或手部不道德行为隐喻为"肮脏"体验，因此会体验到相同的负面情绪，继而对道德自身产生消极评价。为了消除这种消极的道德自身所引发的负面威胁，个体会做出清洁相应身体部位的行为。因此，两种操作方式之间不存在显著差异。

第五节　综　合　讨　论

一、道德概念自身净脏隐喻对消费决策的影响

（一）回忆启动下道德概念自身净脏隐喻对消费决策的影响

具身认知理论强调，个体的具身体验会影响其认知加工和判断（Wilson & Golonka，2013）。具身体验是个体认知的基础和前提，具身感知觉经验是个体通

过与外界环境交互作用而产生，并进一步影响个体的道德判断和决策（Barsalou，2008）。有学者探究了广告设计垂直线索对消费产品的影响，结果发现被试认为货架上方的产品价钱更昂贵更奢侈（Van Rompay et al.，2012）；身体寒冷的体验会增加消费者对人际温暖电影和浪漫电影的追求（Hong & Sun，2012）。因此，具身认知理论与消费决策之间关系紧密。有研究发现，在法庭审判中，相比不使用违规证据的被试，使用违规证据的被试更愿意选择消毒剂作为实验礼物（Bilz，2012）。以上研究均表明具身认知理论与消费决策之间关系紧密，具身认知是消费决策的基础与前提，为道德概念净脏隐喻影响消费决策提供了理论依据。

本章研究发现，回忆启动下道德概念自身净脏隐喻对消费决策产生影响，具体而言，相比于清洁无关产品，道德故事回忆组被试对清洁相关产品的消费需求程度更高、购买意愿更强烈；相比于清洁无关产品，不道德故事回忆组被试对清洁相关产品的消费需求程度更高、购买意愿更强烈。原因在于，道德故事和不道德故事的回忆激活了个体头脑中的抽象概念（道德或不道德），抽象概念与具体经验产生自动隐喻映射，将道德或不道德抽象概念与具身洁净或肮脏体验联结。这种具身的洁净或肮脏体验自然会影响个体对清洁相关产品的消费决策，具体体现在对清洁相关产品的消费需求程度和购买意愿产生影响。

值得关注的是，回忆道德故事时道德概念净脏隐喻对清洁相关产品的消费决策产生了隐喻一致性效应，与以往研究结果吻合。隐喻一致性效应强调，个体具身感知觉对抽象概念的加工和判断产生同化影响（王锃，鲁忠义，2013）。如丁凤琴等（2017）的研究发现，道德概念净脏隐喻一致条件下（道德概念呈现在洁净背景、不道德概念呈现在肮脏背景）被试的反应时较短。在本章研究中，道德故事的回忆激活了个体的洁净体验，继而以同化的方式对清洁相关产品的消费决策产生影响；本章研究回忆不道德故事的被试则产生与隐喻方向相反的消费决策，体现了道德概念净脏隐喻影响消费决策的补偿性效应，与以往研究结果一致。如有研究结果表明，与控制组相比，回忆自己不道德行为的被试更愿意去做一些亲社会行为，表现出与隐喻方向相反的补偿性效应（Jordan et al.，2011）。原因在于，个体回忆不道德行为时，内心产生肮脏体验，降低个体的道德自身意象，为了维持个体原有的道德自身意象，被试更倾向于选择洁净线索相关的清洁产品，以达到心理上的平衡，补偿自己的不道德感和内疚感，以进一步完善道德自身意象，保持道德自身形象。

（二）行为启动下道德概念自身净脏隐喻对消费决策的影响

本章研究发现，与回忆启动下道德概念自身净脏隐喻对消费决策的影响一致，行为启动下道德概念自身净脏隐喻对消费决策同样产生影响。具体而言，相比于清洁无关产品，道德故事行为组被试对清洁相关产品的消费需求程度更高、购买意愿更强烈，表现出道德概念自身净脏隐喻影响消费决策的隐喻一致性效应；相比于清洁无关产品，不道德故事行为组被试对清洁相关产品的消费需求程度更高、购买意愿更强烈，表现出道德概念自身净脏隐喻影响消费决策的隐喻补偿性效应。原因与回忆启动下道德概念自身净脏隐喻对消费决策的影响一致，说明道德行为启动激活了被试头脑中的洁净体验，被试选择与具身体验一致的消费产品，以达到隐喻映射的一致；与此同时，不道德行为启动激活了被试的肮脏体验，被试容易产生内在的道德内疚与较低的道德自身形象，为了维持已有的道德自身意象，被试选择清洁相关产品以弥补道德内疚感，所以表现出与隐喻映射方向相反的消费决策。

在日常生活中，当做出不道德行为或产生不道德的想法（如闯红灯、乱扔垃圾、公共场所制造噪声、欺骗朋友、考试作弊等）时，个体也会产生内疚和后悔之意。研究发现，个体做出不道德行为后会产生内疚和悔恨等道德情绪，为了对抗负面道德情绪，个体会积极购买清洁产品，以补偿内心的不安（Nezlek et al.,2015）。研究也发现，隐喻常被用于广告宣传中，通过画面播放或语言表达激发个体的想象，促进个体的消费行为（殷丽君，2017）。因此，在清洁产品的广告设计中也可加入洁净和道德相关线索，以独特创意的商品宣传语吸引消费者。企业生产洗手液、香皂等产品时，也可将洁净和道德相关线索同时设计。商场清洁产品区放映道德类的公益广告、法治栏目等可以唤起消费者对自身道德经历的回忆，提升消费者对于清洁产品的关注及购买渴望，使得商品利益最大化。

（三）不同启动下道德概念自身净脏隐喻对消费决策的影响

本章研究还发现，回忆与行为启动下不道德故事组和道德故事组消费决策一致，即不同启动方式对消费决策影响差异不显著，无论是自身故事回忆启动还是自身故事行为启动下道德概念净脏隐喻，对清洁产品的需求程度和购买意愿的影响没有差别。同样，有研究采用回忆范式与行为范式探讨社会信任对于人际信任的影响，结果显示回忆范式与行为范式对社会排斥情境下的被试信任水平无显著影响（徐同洁等，2017）。本章研究发现，回忆与行为两种不同启动条件下被试的消费决策不存在显著差异，原因在于，回忆道德故事与道德行为启动均激活了被试的道德自身意象和洁净具身体验，尤其道德自身意象是个体基于洁净线索对自己做出的道德评价和道德形象评估，被试自然而然对清洁相关产品的消费决策水平更高；回忆不道德故事与不道德行为启动均激活了被试的不道德自身意象和肮脏具身体验，使被试此时的道德自身感知与已有的道德自身形象存在差距，个体就会修复自身的道德形象已达到内心的平衡，被试对清洁相关产品的消费决策也同样更高。乔丹等认为，个体的道德自身知觉动态变化，很大程度上受道德或不道德行为线索影响，道德行为线索促进了道德自身知觉水平的增高，不道德行为线索减弱了道德自身意象（Jordan et al.，2011）。在本章研究中，不论被试回忆自己的道德经历还是以行为方式启动道德故事，在此过程中都能够使被试将道德故事材料与自身洁净关联，并激活道德自身意象，故而被试选择了清洁相关产品；不论被试回忆自己的不道德经历还是以行为方式启动不道德故事，不道德事件都使得个体的道德自身意象受损，继而降低道德自身意象，选择清洁相关产品以补偿内心的不平衡。所以，回忆与行为两种不同启动条件下被试的消费决策不存在显著差异。

此外，本章研究回忆启动和行为启动均是基于自身视角进行的消费决策，回忆启动和行为启动均有效。本章研究中，采用回忆范式要求被试回忆做过的道德或不道德事件，采用行为启动范式要求被试完成同样的实验任务，研究结果一致表明，虽然启动方式不同，但两个实验的研究结果一致，也表明自身故事回忆和自身行为条件下，道德概念净脏隐喻对清洁产品消费决策的影响一致。因为无论是回忆启动范式还是行为启动范式，被试回忆自己和抄写自己道德经历或不道德经历时，都激活了被试的道德自身意象。阿奎诺等指出，个体的道德自身意象一旦相对稳定，即使在不同条件和情境下动态变化，个体也会依据情境动态调整以达到和谐和平衡（Aquino et al.，2009）。所以，尽管两种启动条件不同，但个体对清洁相关产品的消费需求与购买意愿一致。

二、道德概念肮脏隐喻对消费决策的影响：惩罚的净化作用

道德净化是指当个体的道德自身意象受到威胁，为了维护已有的道德自身意象，个体实施补偿性行为净化心灵（Sachdeva et al.，2009），惩罚就是其中的一种（Tetlock et al.，2000）。如中世纪欧洲的违法犯罪者被要求当众殴打自己以赎罪（Leff，1967）。这种试图通过惩罚来补偿因不道德行为而产生的罪恶感的方式即惩罚的净化作用（Rothschild et al.，2015）。可见，对不道德行为个体的惩罚意

在"净化"其心灵，消除其道德污点，惩罚作为一种替代手段减轻了个体的内疚感和负罪感，个体无须再选择清洁相关产品来洁净身体。洛贝尔等的研究发现，身体洁净的被试，其捐赠行为和捐助意愿降低就是因为身体洁净促使个体心灵净化，减少了个体道德行为倾向（Lobel et al.，2015）。有研究发现，被试实施道德违反行为后产生不道德感，这种不道德体验感会促使被试为了提升自己的道德自身意象而进行道德努力，而被试实施道德行为后就会逐渐放松这种努力（Jordan et al.，2011）。可见，个体的道德自身意象一旦受到威胁，个体就会产生修复自身道德意象的内在动力，以恢复已有的道德自身意象。

本章研究发现，相比于清洁无关产品，无惩罚不道德行为组被试对清洁相关产品的消费需求程度更高；有惩罚不道德行为组被试对清洁无关产品和清洁相关产品的消费需求程度与购买意愿均不存在差异。原因在于，不道德行为诱发了个体的肮脏体验，使其产生不道德概念，个体已有的道德自身意象受到威胁，就会寻求补偿方式以此净化自己的心灵。惩罚正是个体道德自身意象补偿的方式，能够减弱个体因不道德行为而产生的内疚感、负罪感，使个体的道德自身意象得以维持，所以，个体在进行清洁产品消费决策中，对清洁无关产品和清洁相关产品的消费需求程度与购买意愿均不存在显著差异。无惩罚不道德行为组被试由于未受到惩罚的影响，依旧能体验到不道德行为带来的肮脏以及内疚感，因此对清洁无关产品和清洁相关产品的消费需求程度更高、购买意愿更强烈，以恢复自己的道德纯洁。以上研究与以往研究结果一致，如罗思柴尔德的研究发现，被试做了不道德行为或违规行为，自己有肮脏之感的体验，但被试如果受到惩罚，其肮脏之感减弱或消失，这表明惩罚可以消除个体不洁之感，即惩罚能净化自身（Rothschild et al.，2015）。本章研究中，有惩罚不道德行为组抄写有惩罚的不道德行为故事后对清洁产品的消费决策降低，就是因为惩罚净化了有惩罚不道德行为组被试的不道德感，减弱了有惩罚不道德行为组被试通过选择清洁产品净化身体的倾向。这表明不道德行为引发的净脏身体体验能够影响个体的道德概念隐喻映射，进而对其消费决策产生影响。

三、道德概念身体净脏隐喻对清洁产品消费决策的影响

（一）道德概念嘴部净脏隐喻对清洁产品消费决策的影响

以往大量研究发现，具身隐喻对消费决策会产生影响，如个体认为高价产品放在高层货架、低价产品放在底层货架更合理（Valenzuela & Raghubir，2009）；

个体在购买商品时，重量体验感会导致个体认为阅读商品相关信息更重要（Zhang & Li，2012）。具体到道德领域，相关研究发现，个体发送不道德的语音邮件后会更偏爱购买牙膏（Lee et al.，2010）；克劳迪娅等的研究发现，个体撒谎后更倾向于购买漱口水（Claudia et al.，2016）。由此可见，道德概念嘴部净脏隐喻会影响清洁产品消费决策。

本章研究结果显示，与嘴部执行道德行为相比，嘴部执行不道德行为后对嘴部清洁产品的消费需求程度及购买意愿都更强烈。这与以往研究结果一致（Lee et al.，2010；Claudia et al.，2016；Schaefer et al.，2015），出现了隐喻的补偿性效应，即个体在执行不道德行为后，将清洁相关产品评价为更积极。出现该效应的原因有两个方面，其一是嘴部不道德行为会激发个体的肮脏感，个体为了消除肮脏体验所带来的不适感，会采取相应的补偿行为，而嘴部清洁产品作为洗去"道德污点"的最有效、最有针对性的产品自然得到个体的偏爱。其二是不道德行为会引发负性道德情绪（内疚、厌恶等）（燕良轼等，2014）。当嘴部不道德行为激发个体的负性道德情绪时，为了缓解负性道德情绪所带来的心理压力，个体会倾向于增强清洁体验感（Xu et al.，2014）。在本章研究中，为了缓解嘴部不道德行为所带来的"内部价值失衡"，个体同样会选择嘴部清洁产品来缓解负性道德情绪所带来的不适感，恢复受损的道德自身形象。因此，个体的选择向与隐喻方向相反的一侧偏移，更愿意选择与嘴部相关的清洁产品。

（二）道德概念手部净脏隐喻对清洁产品消费决策的影响

实验结果表明，与手部执行道德行为相比，个体手部执行不道德行为后更愿意选择手部清洁产品，证明了道德概念手部净脏隐喻对清洁产品消费决策的影响。

首先，每个人都希望自身形象是道德的，并将道德视为自身的重要组成部分（Blasi，1993）。因此，个体会自发地评价自身的行为是否符合道德规范，当个体将行为判断为不道德行为时，其道德自身就会感觉受到威胁，为了缓解所带来的负面影响，个体会采取清洁自身的行为进行道德补偿，以恢复自身的道德形象。其次，道德行为评价是相对动态性的（Wicklund & Gollwitzer，1982）。当自身的道德形象未能达到与自身道德价值相关的阈值时，个体就会感到不完整，为保证自身道德价值的平衡，个体会从事替代性的补偿行为；相比之下，当个体的道德形象与自身道德价值符合时，个体会体验到一种完整感，便做出较少的道德努力（Gollwitzer et al.，1982）。因此，个体手部从事不道德行为后，个体会产生道德自身的不完整感，继而推动自己做出更多的努力来恢复自身的平衡感，手部清洁相关产品更符合个体此时想要恢复不道德形象的迫切需要，因此个体更愿意选择手部清洁产品；而个体手部从事道德行为后，个体自身的道德形象良好，个体不需要采取道德努力，但是依然会选择保持道德形象的产品，这也表明，"清洁"对于个体的意义更多地在于能够消除过往的痕迹。人们都想要消除自己不道德行为之后的消极隐喻痕迹，因此，个体在用手部执行不道德行为后，会更偏爱手部相关的清洁产品。

（三）道德概念嘴部和手部净脏隐喻对清洁产品消费决策影响的差异

实验验证了道德概念身体净脏隐喻对清洁产品消费决策的影响。虽然两个实验中执行道德或不道德行为的身体部位不同，但是得出了一致的结果，即个体执行道德或不道德行为后都更加偏爱与身体部位相对应的清洁产品。以往研究也发现，个体发不道德的语音邮件后更愿意选择漱口水，而发不道德的电子邮件后更愿意选择洗手液（Lee et al.，2010）。由此可见，个体在道德或不道德行为后都倾向于清洗与此相对应的身体部位。

道德自身意象是动态可塑的（Jordan et al.，2011），个体在某一情境下会对自身道德行为进行评价。嘴部和手部执行道德行为后，激活个体道德的概念图式，个体将自身评价为更加积极，其道德自身意象更强；而个体执行不道德行为后，会激活个体不道德的概念图式，个体将自身评价为更加消极，因此道德自身意象减弱，为了弥补道德失衡造成的威胁，个体会采取道德清洗的补偿措施。另外，在嘴部和手部执行道德或不道德行为过程中，个体会体验到积极或消极的情绪，继而对道德自身产生积极或消极的评价，而为了消除/保留这种负面威胁/正面激励，个体会做出清洁相应身体部位的行为。具身认知理论认为，认知过程是基于身体经验的（叶浩生，2010）。手部和嘴部的身体经验深深根植于人的大脑认知图式中，无论个体通过手部执行不道德行为，还是通过嘴部执行不道德行为，都能激发感觉运动皮层和大脑中的认知图式，个体都能体验到"肮脏的感觉"，因此会选择与此相对应的手部/嘴部清洁产品恢复洁净感。根据具身认知理论的观点，个体手部/嘴部从事不道德行为后，个体会将手部/嘴部不道德与肮脏进行隐喻联结，将手部/嘴部隐喻为"脏"的部位，更加倾向于选择手部/嘴部清洁产品消除脏的感觉。因此，道德概念嘴部净脏隐喻与道德概念手部净脏隐喻对清洁产品消费决策的影响结果一致。

第四篇

道德概念洁净隐喻的教育干预

第九章　道德概念洁净隐喻的团体辅导

　　以往研究认为，抽象概念源于个体的身体经验以及身体经验与环境的交互作用（Barsalou，2008；Lakoff & Johnson，1999；Williams et al.，2009），清新的环境会促进被试心理上的洁净进而使被试倾向于保持周围环境的整洁和有序（Holland et al.，2005），为环境洁净与道德概念隐喻的心理现实性提供了有力支撑。那么，基于环境洁净视角对个体的道德概念环境洁净隐喻进行团体辅导干预，是否能带来个体环境洁净与道德概念联结效应的增强？当前还未有实证研究对此问题进行探索。

　　此外，道德概念自身洁净隐喻也具有心理现实性。如有研究发现，自身嗅觉与视觉洁净下被试的亲社会行为意愿更为强烈（Liljenquist et al.，2010）；也有研究发现，自身洁净组被试比控制组被试表现出更为严格的道德违反判断（Helzer & Pizarro，2011）；还有研究发现，接触洁净物体的被试道德判断标准更高（Cramwinckel et al.，2013）。可见，道德概念自身洁净隐喻根植于个体自身身体经验中，身体洁净经验具有净化个体道德概念的心理效应并对其道德判断产生影响。那么，基于自身洁净对个体的道德概念自身洁净隐喻进行团体辅导干预，能否增强个体自身洁净与道德概念联结效应？目前还尚未可知。

　　在中国文化背景下，个体不但注重外在环境的洁净，更注重自身的洁净。一方面，人们常借助外在环境的"纯净"和"明亮"描述一个人的道德，借助外在环境的"肮脏"和"黑暗"描述一个人的不道德；另一方面，人们借助"某人手脚不干净"来表达"此人常有偷窃类的不道德行为"，用"某人嘴挺臭/脏的"来表达"此人经常说一些有悖道德的话"，更常借用"心灵比肉体更干净""外表美丽内心肮脏""外貌与心灵一样纯洁/丑陋"等来表达道德高尚或品质恶劣之人。然而不能忽视的是，道德概念环境洁净和自身洁净隐喻干预能否得到验证？道德概念环境洁净和自身洁净隐喻干预效果是否相同？以往鲜有研究回答这些问题，这也是本章研究试图解决的焦点问题。对此问题的解决，不仅是为了揭示道德概念洁净隐喻干预的有效性，更是为了寻求环境洁净和自身洁净与道德隐喻之间的相互关系。故基于环境洁净和自身洁净视角探讨道德概念洁净隐喻的干预效果更有实际意义，研究结果理应更具生态效度。

第一节　道德概念环境洁净隐喻的团体心理干预

个体身体感知觉与情境互动的经验影响个体的道德判断（李其维，2008；Barsalou，2008；Wilson，2002），且身体物理量的改变能使个体的道德认知发生变化（彭凯平，喻丰，2012）。已有研究停留在道德概念隐喻的心理现实性，但鲜有研究结合现实进行道德概念环境洁净隐喻映射的团体心理辅导干预。道德概念环境洁净隐喻映射的团体心理辅导干预，一方面，需要关注道德概念环境洁净隐喻的特异性，探索适合我国文化群体道德概念环境洁净隐喻干预本土化的研究；另一方面，可以将道德概念洁净隐喻映射研究应用于团体心理干预方面。

一、实验目的

本实验采用团体心理辅导，通过对被试环境洁净进行干预从而考察道德概念环境洁净隐喻干预的有效性及其对被试良好卫生习惯和道德行为的影响。

二、实验假设

团体心理辅导对道德概念环境洁净隐喻的干预是有效的，相比于对照组，干预组被试对环境洁净与道德词的联结反应时更短，且干预后被试的良好卫生习惯及道德行为有所增强。

三、研究方法

（一）被试

随机选取某中学学生 68 名，其中，男生 32 名，女生 36 名，平均年龄为 13.77 岁（$SD=1.34$）。随机将被试分为干预组和控制组，每组各 34 名。

（二）测量工具

（1）《中学生道德行为问卷》。本节研究采用彭蕾（2015）编制的中学生道德行为问卷，该问卷共 50 个题目（样例见附录 13）。问卷涉及中学生日常行为规范的五个方面，包括中学生的注重自身仪表和自身价值、中学生礼貌待人和团结友爱、中学生遵纪守法和勤奋学习、中学生孝敬父母和勤俭节约、中学生遵守公德和严格要求自己。采用 5 级评分，5=完全符合自己，1=完全不符合自己，分数越高，表示中学生道德行为表现越好。

（2）《中学生卫生习惯问卷》。本节研究采用肖丁和李蓉（2008）编制的《中学生卫生习惯问卷》，共 16 个题目（样例见附录 14），问卷涉及中学生卫生习惯认识、中学生个人卫生、中学生口腔卫生。按 5 级记分，5=完全符合自己，1=完全不符合自己。分数越高，表示中学生卫生习惯越好。

（3）干预材料。①环境洁净句子：同环境净脏始源域向道德概念目标域隐喻映射实验的环境洁净句子。②道德词汇：同道德环境净脏隐喻心理现实性实验中的道德词汇。

（三）实验设计

采用 2（组别：干预组 vs. 控制组）×3（测试类型：前测 vs. 即时后测 vs. 追踪后测）混合实验设计。其中，组别为被试间变量，测量类型为被试内变量。因变量为道德概念环境洁净隐喻反应时、道德行为得分、中学生卫生习惯得分。

（四）团体心理辅导方案

团体心理辅导具体干预方案见表 9-1。

表 9-1　道德概念环境洁净隐喻团体心理辅导方案

次数	主题	单元目的	课堂内容	知音时间	总结与预告
一	环境洁净之认识	认识环境污染危害与环境洁净的意义	看环境污染视频并谈个人感受	视频演示换位思考	总结环境洁净重要性及个人感受
二	环境洁净之楷模	洁净环境楷模学习视频及先进事迹	洁净环境楷模展示及楷模事迹讲述	楷模事迹小组讨论	总结环境洁净来之不易以及维护意义
三	环境洁净之含义	正确认识环境洁净内涵与品德之美关系	头脑风暴洁净及与内在美德之关系	内涵分析小组分享	总结洁净的内涵及其与内在美德关系
三	环境洁净之原因	理解环境洁净原因及学校环境洁净探讨	环境洁净原因及环境洁净保持意义	小组讨论经验分享	总结环境洁净原因及环境洁净意义
四	环境洁净之行动	个人环境洁净做法及今后洁净行为设想	个人环境洁净行为活动举例与设想	原因分析行为设想	总结个人环境洁净具体做法与设想
六	环境洁净之思考	训练成员正确地解释环境洁净原因	回忆自己环境洁净行为原因	归因训练个人体验	总结个人环境洁净的原因与启发

（五）团体心理辅导程序

将 68 名被试随机分配到两个组，干预组 34 人，控制组 34 人，控制组不进行任何干预训练，干预组按照前测—干预—即时后测—追踪后测的程序进行。首先，对干预组和控制组道德概念环境洁净隐喻（实验程序同环境净脏始源域向道德概念目标域隐喻映射实验的程序，区别在于被试只进行环境洁净与道德词的隐喻联结）、道德行为和中学生卫生习惯进行前测；接着，干预组进行为期 6 周的团体心理辅导（团体心理辅导干预方案如表 9-1），每周 1 次团体心理辅导，每次团体心理辅导 20 分钟，共 6 次团体心理辅导；控制组进行常规教学，不额外进行其他活动。6 周后，干预组和控制组同时进行道德概念环境洁净隐喻即时后测（实验程序同前测）；即时后测 1 个月后，干预组和控制组同时进行道德概念环境洁净隐喻的追踪后测（实验程序同前测）。

四、研究结果

（一）干预组与控制组前测的同质性检验

由于团体心理辅导即时后测与追踪后测时共有 6 名被试数据流失，最终收集到 62 名被试数据，其中干预组 32 人，控制组 30 人。为了确保干预组和控制组同质，对干预组和控制组前测基线水平进行检验，见表 9-2。

表 9-2　干预组和控制组前测基线水平（$M \pm SD$）

组别	前测基线水平		
	前测反应时	道德行为得分	卫生习惯得分
干预组	932.86±104.19	3.49±0.83	3.32±1.20
控制组	928.68±152.99	3.35±0.89	3.12±1.15

分别对干预组和控制组的道德概念环境洁净隐喻前测反应时、道德行为得分和中学生卫生习惯得分进行独立样本 t 检验。研究结果表明：干预组和控制组道德概念环境洁净隐喻的前测反应时差异不显著，$t(60)=0.13$，$p>0.05$；干预组和控制组道德行为的前测得分差异不显著，$t(60)=0.64$，$p>0.05$；干预组和控制组卫生习惯前测得分差异不显著，$t(60)=0.73$，$p>0.05$，表明干预组和控制组被试前测同质。

（二）道德概念环境洁净隐喻干预的有效性检验

对干预组和控制组前测反应时、即时后测反应时和追踪后测反应时进行比较，以探讨道德概念环境洁净隐喻干预的有效性，结果见表 9-3。

表 9-3 干预组和控制组干预前后的反应时（$M \pm SD$） 单位：ms

组别	前测反应时	即时后测反应时	追踪后测反应时
干预组	932.86±104.19	802.74±134.50	848.56±117.62
控制组	928.68±152.99	936.30±159.46	932.85±140.60

以干预组和控制组前后测的道德概念环境洁净隐喻反应时为因变量，进行 2（组别：干预组 vs. 控制组）×3（测试类型：前测 vs. 即时后测 vs. 追踪后测）的两因素重复测量方差分析。结果显示：组别的主效应显著，$F_{(1, 60)}=13.06$，$p<0.001$，$\eta^2=0.18$，干预组的反应时显著少于控制组；测试类型的主效应显著，$F_{(2, 120)}=3.22$，$p<0.05$，$\eta^2=0.05$，即时后测的反应时显著低于前测的反应时（$p<0.01$），追踪后测与前测、即时后测与追踪后测的反应时差异均不显著（$ps>0.05$）；组别与测试类型的交互作用显著（图 9-1），$F_{(1, 60)}=3.34$，$p<0.05$，$\eta^2=0.06$。进一步简单效应分析发现：相较于控制组，干预组的即时后测和追踪后测反应时显著缩短，$F_{(1, 60)}=12.76$，$p<0.001$，$F_{(1, 60)}=6.59$，$p<0.01$，表明道德概念环境洁净隐喻干预有效。

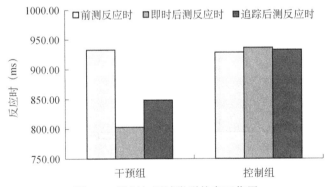

图 9-1 组别与测试类型的交互作用

（三）道德概念环境洁净隐喻增益分数检验

以干预组和控制组前测-即时后测、前测-追踪后测、追踪后测-即时后测的反应时之差作为增益分数指标，从增益分数检验角度考察道德概念环境洁净隐喻干预的有效性，结果见表 9-4。

表 9-4　干预组和控制组增益分数（*M* ± *SD*）　　　　单位：ms

组别	增益分数		
	前测-即时后测	前测-追踪后测	追踪后测-即时后测
干预组	130.13±180.45	84.30±169.32	−45.82±164.93
控制组	−7.62±225.15	−4.16±217.61	3.45±196.19

　　以各时段道德概念环境洁净隐喻两两增益分数为因变量，进行 2（组别：干预组 vs. 控制组）×3（增益时段：前测-即时后测 vs. 前测-追踪后测 vs. 追踪后测-即时后测）重复测量方差分析。结果显示：组别的主效应边缘显著，F（1，60）=3.21，p=0.067，η^2=0.051，干预组的增益分数显著高于控制组；增益时段主效应显著，F（2，120）=3.96，$p<0.05$，η^2=0.068，前测-即时后测的增益分数显著高于追踪后测-即时后测的增益分数（$p<0.05$），前测-追踪后测的增益分数显著高于追踪后测-即时后测的增益分数（$p<0.05$），前测-即时后测的增益分数与前测-追踪后测的增益分数差异不显著（$p>0.05$）；组别与增益时段交互作用显著（见图9-2），F（2，120）=4.74，$p<0.05$，η^2=0.073。进一步简单效应分析发现：相较于控制组，干预组前测-即时后测的增益分数与前测-追踪后测的增益分数显著增高，F（1，60）=7.11，$p<0.01$；F（1，60）=4.21，$p<0.05$，表明干预组道德概念环境洁净隐喻增益分数更高、作用更有效。

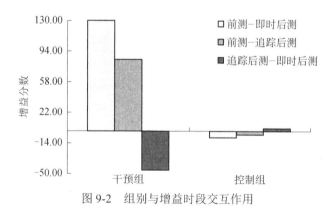

图9-2　组别与增益时段交互作用

（四）道德概念环境洁净隐喻干预对道德行为与中学生卫生习惯的影响

　　对干预组和控制组后测的道德行为与卫生习惯得分进行比较，以考察道德概念环境洁净隐喻干预对道德行为与卫生习惯的影响，结果见表9-5。

表 9-5　干预组和控制组后测道德行为与中学生卫生习惯比较（ $M \pm SD$ ）

组别	道德行为得分	卫生习惯得分
干预组	4.17±0.85	3.79±1.17
控制组	3.46±0.92	3.05±0.97

对干预组和控制组后测道德行为得分和中学生卫生习惯得分进行独立样本 t 检验。结果发现：干预组和控制组道德行为后测得分差异显著， t（60）=3.19， p<0.01；干预组和控制组中学生卫生习惯后测得分差异显著， t（60）= 2.72， p<0.01，表明干预后干预组的道德行为和中学生卫生习惯均有提升，道德概念环境洁净隐喻干预有效。

五、讨论分析

研究结果发现，道德概念环境洁净隐喻团体心理干预是有效性的。具体而言，干预前，干预组与控制组的道德概念环境洁净隐喻并无显著差异，经过 6 周的干预训练后，干预组与控制组的道德概念环境洁净隐喻差异显著；相比于控制组，干预组的即时后测和追踪后测反应时显著缩短，表明干预后干预组的环境洁净与道德的联结更强更快；此外，从干预组与控制组道德概念环境洁净隐喻的增益分数来看，相比于控制组，干预组前测-即时后测的增益分数与前测-追踪后测的增益分数明显增高，也表明干预组道德概念环境洁净隐喻增益分数更高、作用更有效。原因在于，干预组通过团体心理干预强化了环境洁净的概念及其认知。按照道德概念洁净隐喻理论，环境洁净概念及其认知的强化使被试的道德认知有所增强，环境洁净与道德概念联结反应的加快，道德概念环境洁净隐喻在干预后联结效应明显增强。

研究结果还发现，相比于控制组，干预组道德行为后测得分和卫生习惯后测得分均有所提升，表明道德概念环境洁净隐喻干预对道德行为和中学生卫生习惯均有促进作用。本节研究中的干预措施，从环境洁净之认识、环境洁净之含义、环境洁净之楷模、环境洁净之原因、环境洁净之行动、环境洁净之思考六个方面，不断强化个体的环境洁净理念，增强个体环境洁净的认知和行为，使个体逐渐树立环境洁净相关的卫生习惯，增强环境洁净的道德认知与遵从环境洁净的道德准则，自然而然，干预组的道德行为后测得分和卫生习惯后测得分均有所提升。

第二节　道德概念自身洁净隐喻的团体心理辅导

以往研究发现，个体自身身体洁净经验能够促进个体的道德判断（丁毅等，2013）。有学者通过实验证明了"自身身体洁净能减轻罪恶感"的麦克白效应（Zhong & Liljenquist，2006）；研究发现，道德判断与身体特定部位的洁净产生隐喻映射（Lee & Schwarz，2010）。以上研究说明，自身"洁净"身体感觉激发了个体积极的自身体验，并利用自身"洁净"的身体体验进行道德判断，自身身体"洁净"对个体的道德判断具有明显影响。那么，自身身体"洁净"干预是否会影响个体道德概念洁净隐喻？以往关于道德概念自身洁净隐喻的团体心理辅导尚未得到充分的证实，值得我们进行更细致的探讨。

一、实验目的

本实验采用团体心理辅导，通过对被试自身洁净干预考察道德概念自身洁净隐喻干预的有效性及其对被试良好卫生习惯和道德行为的影响。

二、实验假设

团体心理辅导对道德概念自身洁净隐喻的干预是有效的，相比于对照组，干预组被试对自身洁净与道德词的联结反应时更短，且干预后被试的良好卫生习惯和道德行为有所增强。

三、研究方法

（一）被试

随机选取某中学学生 72 名，其中，男生 35 名，女生 37 名，平均年龄为 13.77 岁（$SD=1.31$）。随机将被试分为干预组和控制组，每组各 36 人。

（二）测量工具

（1）《中学生道德行为问卷》。同道德概念环境洁净隐喻团体心理辅导问卷。
（2）《中学生卫生习惯问卷》。同道德概念环境洁净隐喻团体心理辅导问卷。
（3）干预材料。①自身洁净句子：同自身净脏始源域向道德概念目标域的隐喻映射实验句子；②道德词汇：同道德概念环境洁净隐喻心理现实性实验。

（三）实验设计

采用 2（组别：干预组 vs. 控制组）×3（测试类型：前测 vs. 即时后测 vs. 追踪后测）混合实验设计。其中，组别为被试间变量，测量类型为被试内变量。因变量为道德概念自身洁净隐喻反应时、道德行为得分、中学生卫生习惯得分。

（四）团体心理辅导方案

团体心理辅导具体干预方案见表 9-6。

表 9-6　道德概念自身洁净隐喻团体心理辅导方案

次数	主题	单元目的	课堂内容	知音时间	总结与预告
一	自身洁净之认识	认识自身肮脏的危害与自身洁净的意义	认识自身洁净并谈个人感受	小组讨论换位思考	总结自身洁净重要性及个人感受
二	自身洁净之分享	自身洁净情境性及个人体验	自身洁净分享及具体情境体验分享	情境解释讨论分析	总结自身洁净及其情境性和重要意义
三	自身洁净之含义	正确认识自身洁净内涵与品德之美关系	头脑风暴自身洁净及与内在美德关系	内涵分析小组讨论	总结自身洁净内涵及与心灵洁净关系
三	自身洁净之原因	自身洁净原因阐释及个人自身洁净探讨	自身洁净角色扮演与活动分享	小组讨论原因分析	总结自身洁净原因及自身洁净意义
四	自身洁净之行动	个人自身洁净做法及今后洁净行为设想	个人自身洁净行为活动举例与设想	行为回想行为设想	总结个人自身洁净具体做法与设想
六	自身洁净之思考	正确解释自身洁净的本质原因	自身洁净行为的原因解释与分析	个人体会原因分析	总结个人自身洁净原因与个人启发

（五）团体心理辅导程序与时间

将 72 名被试随机分配到两个组，干预组 36 人，控制组 36 人，控制组不进行任何干预训练，干预组按照前测—干预—即时后测—追踪后测的程序进行。首先，对干预组和控制组的道德概念自身洁净隐喻（实验程序同自身净脏始源域向道德概念目标域隐喻映射实验，区别在于被试只进行自身洁净与道德词的隐喻联结）、道德行为和中学生卫生习惯进行前测；接着，干预组进行为期 6 周的团体心理辅导（团体心理辅导干预方案如表 9-6），每周 1 次团体心理辅导，每次团体心理辅导 20 分钟，共 6 次团体心理辅导；控制组进行常规教学，不额外进行其他活动；然后，6 周后，干预组和控制组同时进行道德概念自身洁净隐喻即时后测（实验程序同前测）；即时后测 1 个月后，干预组和控制组同时进行道德概念自身洁净隐喻的追踪后测（实验程序同前测）。

四、研究结果

（一）干预组与控制组道德概念自身洁净隐喻前测同质性检验

由于团体心理辅导即时后测与追踪后测时共有 7 名被试数据流失，最终收集到 65 名被试数据，其中干预组 34 人，控制组 31 人。为了确保干预组和控制组同质，对干预组和控制组前测基线水平进行检验，见表 9-7。

表 9-7　干预组和控制组前测基线水平（$M \pm SD$）

组别	前测基线水平		
	前测反应时（ms）	道德行为得分	卫生习惯得分
干预组	928.53±102.44	3.56±0.81	3.40±1.17
控制组	918.00±152.00	3.57±0.82	3.32±0.99

分别对干预组和控制组的道德概念自身洁净隐喻前测反应时、道德行为得分和中学生卫生习惯得分进行独立样本 t 检验。研究结果表明：干预组和控制组道德概念自身洁净隐喻的前测反应时差异不显著，$t(63)=0.33$，$p>0.05$；干预组和控制组道德行为的前测得分差异不显著，$t(63)=-0.02$，$p>0.05$；干预组和控制组卫生习惯前测得分差异不显著，$t(63)=0.30$，$p>0.05$，表明干预组和控制组被试前测同质。

（二）道德概念自身洁净隐喻干预有效性检验

对干预组和控制组前测反应时、即时后测反应时和追踪后测反应时进行比较，以探讨道德概念自身洁净隐喻干预的有效性，结果见表 9-8。

表 9-8　干预组和控制组干预前后的反应时（$M \pm SD$）　　单位：ms

组别	前测反应时	即时后测反应时	追踪后测反应时
干预组	928.53±102.44	758.57±131.75	805.53±123.19
控制组	918.00±152.00	894.26±156.97	902.76±139.65

以干预组和控制组干预前后的道德概念自身洁净隐喻反应时为因变量，进行 2（组别：干预组 vs. 控制组）×3（测试类型：前测 vs. 即时后测 vs. 追踪后测）的两因素重复测量方差分析。结果显示：组别的主效应显著，$F(1,63)=13.26$，$p<0.001$，$\eta^2=0.17$，干预组的反应时显著短于控制组；测试类型的主效应显著，$F(2,126)=9.38$，$p<0.001$，$\eta^2=0.13$，即时后测和追踪后测的反应时显著低于前测的反应时（$ps<0.01$），即时后测与追踪后测的反应时差异均不显著

（*p*>0.05）；组别与测试类型的交互作用显著（图9-3），$F_{(2, 126)}=5.42$，
p<0.01，$\eta^2=0.08$。进一步简单效应分析发现：相比于控制组，干预组的即时后测
和追踪后测反应时显著缩短，$F_{(1, 63)}=14.33$，*p*<0.001，$F_{(1, 63)}=8.89$，
p<0.01，表明道德概念自身洁净隐喻干预有效。

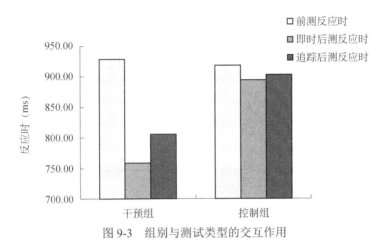

图9-3　组别与测试类型的交互作用

（三）道德概念自身洁净隐喻增益分数检验

以干预组和控制组前测-即时后测、前测-追踪后测、追踪后测-即时后测的
反应时之差作为增益分数指标，从增益分数检验角度考察道德概念自身洁净隐喻
干预的有效性，结果见表9-9。

表 9-9　干预组控制组增益分数（*M ± SD*）　　　　　　单位：ms

组别	增益分数		
	前测-即时后测	前测-追踪后测	追踪后测-即时后测
干预组	169.95±169.47	123.00±163.04	−46.95±146.42
控制组	23.74±221.81	15.25±213.96	−8.49±193.27

以各时段道德概念自身洁净隐喻两两增益分数为因变量，进行 2（组别：干
预组 vs. 控制组）×3（增益时段：前测-即时后测 vs. 前测-追踪后测 vs. 追踪后测-
即时后测）重复测量方差分析。结果显示：组别的主效应显著，$F_{(1, 63)}=$
5.27，*p*<0.05，$\eta^2=0.08$，干预组的增益分数显著多于控制组；增益时段主效应显
著，$F_{(2, 126)}=9.98$，*p*<0.01，$\eta^2=0.14$，前测-即时后测的增益分数显著高于
追踪后测-即时后测的增益分数（*p*<0.05），前测-追踪后测的增益分数显著高于
追踪后测-即时后测的增益分数（*p*<0.05），前测-即时后测的增益分数与前测-追

踪后测的增益分数差异不显著（$p>0.05$）；组别与增益时段交互作用显著（图9-4），$F_{(2, 126)}=5.54$，$p<0.05$，$\eta^2=0.08$，进一步简单效应分析发现：相较于控制组，干预组前测-即时后测的增益分数与前测-追踪后测的增益分数显著增高，$F_{(1, 63)}=9.01$，$p<0.01$，$F_{(1, 63)}=5.27$，$p<0.05$，表明干预组道德概念自身洁净隐喻增益分数更高、作用更有效。

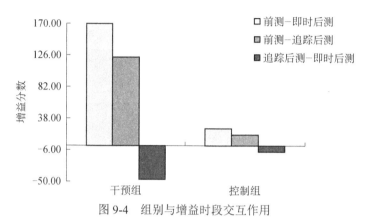

图9-4 组别与增益时段交互作用

（四）道德概念自身洁净隐喻干预对道德行为与卫生习惯的影响

对干预组和控制组后测的道德行为与卫生习惯得分进行比较，以考察道德概念自身洁净隐喻干预对道德行为与卫生习惯的影响，结果见表9-10。

表9-10 干预组和控制组后测道德行为与卫生习惯比较（$M \pm SD$）

组别	道德行为得分	卫生习惯得分
干预组	4.27±0.83	3.97±1.14
控制组	3.54±0.91	3.21±0.96

对干预组和控制组后测道德行为得分和中学生卫生习惯得分进行独立样本 t 检验。结果发现：干预组和控制组道德行为后测得分差异显著，$t_{(63)}=3.40$，$p<0.001$；干预组和控制组中学生卫生习惯后测得分差异显著，$t_{(63)}=2.89$，$p<0.01$，表明干预后干预组的道德行为和中学生卫生习惯均有所增强，道德概念自身洁净隐喻干预有效。

五、讨论分析

研究结果发现，道德概念自身洁净隐喻团体心理干预是有效性的，具体而言，干预前，干预组与控制组的道德概念自身洁净隐喻并无显著性差异，经过 6 周的干预训练，干预组与控制组的道德概念自身洁净隐喻差异显著。相比于控制组，干预组的即时后测和追踪后测反应时显著缩短，表明干预后干预组的自身洁净与道德的联结更强更快。此外，从干预组与控制组道德概念自身洁净隐喻的增益分数来看，相比于控制组，干预组前测-即时后测的增益分数与前测-追踪后测的增益分数明显增高，也表明干预组道德概念自身洁净隐喻增益分数更高、作用更有效。这表明团体心理干预有效改变被试的道德概念自身洁净隐喻，从自身洁净逐渐转向自身洁净与道德认知的联结，增加了被试道德概念与自身洁净的隐喻映射，研究结果表明被试道德概念自身洁净隐喻具有有效性和可塑性。

研究还发现，相比于控制组，干预组道德行为后测得分和卫生习惯后测得分均有所提升，表明道德概念自身洁净隐喻干预对道德行为和中学生卫生习惯均有促进作用。本节研究中的干预措施从自身洁净之认识、自身洁净之含义、自身洁净之分享、自身洁净之原因、自身洁净之行动、自身洁净之思考六个方面不断强化个体的自身洁净理念，不仅增强了个体认识自身洁净的重要性，也提升了个体通过改变卫生习惯加强自身洁净的行为，增强了个体自身洁净的道德认知与道德行为，干预组被试的道德行为后测得分和卫生习惯后测得分自然有所提升。

第三节　综 合 讨 论

本章采用团体心理干预对环境和自身视角下道德概念洁净隐喻进行干预。为了比对道德概念洁净隐喻干预前后的差异和有效性，干预前分别对环境洁净和自身洁净干预组与控制组进行了前测同质性检验，以保证环境洁净和自身洁净干预组被试与控制组被试前测的同质性，并基于干预组被试与控制组被试前测基线水平同质的现状下，分别探查了团体心理干预对环境洁净和自身洁净视角下道德概念洁净隐喻干预的效果。

一、道德概念环境/自身洁净隐喻干预的有效性

通过团体心理干预对被试的环境洁净和自身洁净进行干预，目的在于探查道德概念环境/自身洁净隐喻的干预效果，在此基础上进一步考察青少年被试道德概念环境/自身洁净隐喻的可塑性。研究分别以被试道德概念环境/自身洁净隐喻前测、即时后测与间隔 1 个月的追踪后测反应时、各时段的增益分数为指标，结果

与实验预期假设一致，即团体心理干预可以有效改变被试的道德概念环境/自身洁净隐喻。已有研究也表明，个体身体感知觉与环境情境互动影响个体的道德判断（李其维，2008）；身体物理量的改变促使个体的道德认知发生变化（彭凯平，喻丰，2012）；自身身体洁净经验能够促进个体的道德判断（丁毅等，2013）。因此，道德概念自身洁净隐喻团体心理干预有效。我们认为，通过团体心理干预，被试的环境洁净/自身洁净不断被强化，被试感觉到环境/自身是洁净的同时，环境洁净/自身洁净能加强被试的道德自身意识，环境洁净/自身洁净的强化使得被试道德认知也不断强化。当进行环境洁净/自身洁净与道德概念的隐喻联结时，被试对二者的关系更加清晰，因而表现出环境洁净/自身洁净与道德概念联结反应的加快，相比于前测反应时，干预组的即时后测反应时与追踪后测反应时显著缩短，道德概念环境洁净/自身洁净隐喻的干预效果显著提高。

二、道德概念环境/自身洁净隐喻干预的可塑性

本章研究发现，通过团体心理干预，相比于控制组，干预组前测−即时后测的增益分数与前测−追踪后测的增益分数明显提升，表明干预组道德概念环境洁净/自身洁净隐喻从前测到即时后测和从前测到追踪后测的提升效应均增强，并且从即时后测到追踪后测表明干预效应具有稳定性。通过团体心理干预强化被试的环境洁净/自身洁净，之所以能够获得道德概念环境洁净/自身洁净隐喻即时效果和追踪效果，可能是团体干预使得被试的道德自身意象得以维护，在进行环境洁净/自身洁净与道德概念联结时，能够及时动态调整环境洁净/自身洁净与道德概念的联结以获取更高的道德自身意象。可见，环境洁净/自身洁净团体干预对被试道德概念洁净隐喻的可塑性是不言而喻的。此外，从增益分数来看，前测−即时后测的增益分数显然比前测−追踪后测的增益分数更高，表明道德概念环境洁净/自身洁净隐喻干预的即时效应比保持效应更强，这可能与干预时间的长短有关。本章研究进行了为期 6 周的干预，干预组前测到即时后测的短期效应较好，间隔 1 个月再进行追踪后测时，虽然道德概念环境洁净/自身洁净隐喻反应时有所上升，干预后从即时后测到追踪后测的保持效应较好，但显然低于即时后测反应时的增益分数。有学者认为，团体认知干预效应的保持在 2 个月左右（钱乐琼等，2014），若再延长干预时间，其效果可能会显著提升。为此，间隔更长的时间探讨团体心理干预对道德概念环境洁净/自身洁净隐喻的保持效应尚需进一步考察。

三、环境/自身洁净干预对道德行为和卫生习惯的促进作用

本章研究发现，通过团体心理干预，相比控制组，干预组的道德行为和卫生习惯明显提高，表明干预组道德概念环境洁净/自身洁净隐喻对道德行为和卫生习惯有促进作用。

一方面，本章研究中的干预措施从环境洁净之认识、环境洁净之含义、环境洁净之楷模、环境洁净之原因、环境洁净之行动、环境洁净之思考六个方面出发，不断强化个体的环境洁净理念，增强个体认识环境洁净对个人、社会和国家的重要性，强化个人环境洁净的行为与原因以及个体在成长过程中与洁净环境交互的重要性，并通过环境洁净分享与体验改变个体对环境洁净的认知和行为，通过树立和学习维护环境洁净榜样事迹，感化个体环境洁净认知，思考环境洁净相关问题。通过上述干预措施，个体逐渐树立了环境洁净相关的卫生习惯，增强了个体环境洁净的道德认知与道德行为以及遵从环境洁净的道德准则，自然而然，干预组的道德行为后测得分和卫生习惯后测得分均有所提升。

另一方面，本章研究中的干预措施采用从自身洁净之认识、自身洁净之含义、自身洁净之分享、自身洁净之原因、自身洁净之行动、自身洁净之思考六个方面不断强化个体的自身洁净理念，增强了个体认识自身洁净的重要性，强化了个人自身洁净的内心喜悦及其分享的快乐，分析自身洁净的个人认知及其行为与原因，强调自身洁净对个体成长的重要性，并通过自身洁净分享与体验改变个体对自身洁净的认知和行为，通过思考自身洁净强化其对个体和社会的积极影响。进行上述干预后，个体自身洁净相关的认识和体验得以增强，其卫生习惯加强自身洁净的行为随之提升，自身洁净的道德认知与道德行为也得到强化，使得干预组被试的道德行为后测得分和卫生习惯后测得分有所提升。由此看来，不论是环境洁净视角还是自身洁净视角，道德概念洁净隐喻干预均对道德行为和卫生习惯有促进作用。

第十章 道德概念洁净隐喻的内隐干预

以往研究者通过评价性条件反射改变个体的认知偏见，如通过将阈下呈现的"我"与积极词不断重复配对，被试的内隐态度发生了改变（Dijksterhuis，2004）。有学者通过配对呈现黑人形象与积极词改善了被试对黑人的认知偏见（Olson & Fazio，2006）。对于个体而言，或多或少存在一些道德认知和判断缺陷，不利于其健康成长和发展。以往研究表明，被试身处清新环境中更倾向于将道德词与自身洁净相关联（Holland et al.，2005），身体洁净也会增强个体的道德判断（Liljenquist et al.，2010）。由此我们设想，通过评价性条件反射法强化道德概念洁净隐喻，可突破个体道德认知的局限，不仅为前瞻和重铸未来个体群体道德认知提供科学的参考体系，更有助于为本土化情境下个体道德认知的干预提供决策证据。

第一节 道德概念环境洁净隐喻内隐干预

以往鲜有关于道德概念环境洁净隐喻内隐干预的研究，梳理文献后发现，环境洁净和肮脏启动对被试的道德判断有影响，如有学者设置了洁净的环境（即在屋子里摆放整齐的桌椅，桌上铺上干净洁白的桌布），同时设置肮脏的环境进行比对（即在屋子里堆满恶臭的垃圾，制造混乱肮脏的场景），结果发现，肮脏或洁净环境下被试的道德判断有显著差异（Schnall et al.，2008a）。显然，环境洁净启动了被试的道德概念环境洁净隐喻，通过隐喻联结影响被试的道德认知、道德判断、甚至道德行为。由此，本节研究推测，环境洁净的内隐干预能够强化被试的道德概念洁净隐喻，从而对被试的道德行为产生促进作用。

一、实验目的

本实验采用评价性条件反射法，通过对被试道德概念环境洁净隐喻进行干预考察其内隐干预的有效性及其对被试亲社会行为的影响。

二、实验假设

评价性条件反射法对道德概念环境洁净隐喻的干预是有效的，相比于控制组，干预组被试对环境洁净与道德词的联结反应时更短，且干预组被试的亲社会行为有所提升。

三、研究方法

（一）被试

随机选取某大学本科生 68 名，其中男生 15 名，女生 53 名，平均年龄为 21.63 岁（$SD=0.97$）。随机将被试分为干预组和控制组，每组各 34 名。

（二）测量工具

1. 亲社会倾向测量问卷

采用丛文君 2008 年修订的《亲社会倾向测量问卷》，该问卷由 23 个题项构成（样例见附录 15），分为 5 个维度，即利他维度、公开维度、情绪维度、紧急维度和匿名维度。采用李克特 5 点计分，1=完全不符合，5=完全符合。

2. 干预材料

（1）环境洁净句子：同环境净脏始源域向道德概念目标域隐喻映射实验。

（2）道德词汇：同道德概念环境净脏隐喻心理现实性实验。

（3）假词：由两个汉字组成，如悉唏、洁真等，但不具有实际含义，共组成 10 个假词。为了达到假词与道德词汇首尾字笔画数、首尾字字频的一致，对二者进行逐一匹配。

（4）条件列联觉知测量：借鉴奥尔森和法西奥（Olson & Fazio，2006）使用的开放式条件列联意识觉知问卷进行测量，该问卷包括 2 个问题：你认为本研究实验材料呈现是否具有规律性？如果具有规律性，具体是什么样？

（三）实验设计

采用 2（组别：干预组 vs. 控制组）×2（测试类型：前测 vs. 后测）混合实验设计，其中，组别为被试间变量，测试类型为被试内变量。因变量为道德概念环境洁净隐喻反应时和亲社会倾向得分。

（四）实验程序

将 68 名被试随机分配到两个组，干预组 34 人，控制组 34 人，控制组不进行任何干预训练，干预组按照前测—干预—后测的程序进行。首先，对干预组和控制组进行道德概念环境洁净隐喻前测（实验程序同净脏始源域向道德概念目标域隐喻映射实验，但只进行环境洁净句子和道德词汇的联结反应）和亲社会倾向前测；一周后，干预组进行道德概念环境洁净隐喻干预；控制组不进行其他活动。干预结束后，待被试休息 10 分钟进行后测，即干预组和控制组同时进行道德概念环境洁净隐喻实验（实验程序同前测）以及亲社会倾向测量。

干预实验程序：采用评价性条件反射的普适程序（De Houwer et al.，2001）。首先，屏幕中央快速呈现环境洁净句子 500ms，采用伪随机方式呈现环境洁净句子，实际操作中道德词出现前必然呈现环境洁净句子，假词出现前不一定呈现环境洁净句子；接着，屏幕中央呈现道德词汇或假词汇 650ms，请被试对呈现在屏幕中央的词汇进行真假判断，真词按"空格键"，假词则不需要进行按键反应；随后，呈现 3000ms 的词汇判断的正误反馈；最后，呈现 1000ms 的空屏，被试即可进行下一个试次。实验中环境洁净句子呈现与词汇呈现进行一定匹配，道德词汇和假词分别呈现 2 次，共 80 个试次。实验流程图 10-1 所示。

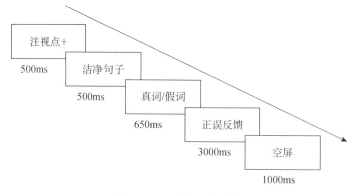

图 10-1　实验组实验流程

四、研究结果

（一）道德概念环境洁净隐喻的干预效果

删除道德概念环境洁净隐喻行为数据中正确率小于 80%、反应时高于 3 个标准差的 13 名被试数据，最终剩余 55 名被试（干预组 28 名，控制组 27 名）数据。此外，条件列联觉知测量结果表明，96% 的被试表示并不知情该干预实验材料的规律性和实验的目的性（已删除知情被试数据），说明道德概念环境洁净隐喻的评价性条件反射干预实验是有效的。

干预组和控制组被试的道德概念环境洁净隐喻联结前后测的反应时如表 10-1 所示。

表 10-1　干预前后干预组和控制组的反应时（ $M \pm SD$ ）　　单位：ms

组别	测试类型	
	前测	后测
干预组	957.97±215.30	845.08±148.09
控制组	912.40±220.65	942.95±411.70

以道德概念环境洁净隐喻反应时为因变量，进行 2（组别：干预组 vs. 控制组）×2（测试类型：前测 vs. 后测）的重复测量方差分析。研究结果表明：测试类型的主效应不显著， $F(1, 53)=1.51$ ， $p>0.05$ ；组别的主效应也不显著， $F(1, 53)=0.17$ ， $p>0.05$ ；测试类型和组别的交互作用显著（图 10-2）， $F(1, 53)=4.58$ ， $p<0.05$ ， $\eta^2=0.08$ 。进一步简单效应分析结果表明：相比于前测反应时，干预组的后测反应时显著缩短， $F(1, 53)=5.77$ ， $p<0.05$ ， $\eta^2=0.10$ ；相比于前测反应时，控制组的后测反应时无显著变化， $F(1, 53)=0.41$ ， $p>0.05$ 。

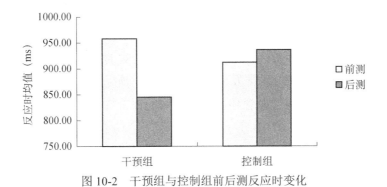

图 10-2　干预组与控制组前后测反应时变化

（二）亲社会倾向测量结果

对干预组与控制组亲社会倾向量表进行比较，研究结果表明，干预组与控制组前测的亲社会行为得分差异不显著， $t(53)=1.27$ ， $p>0.05$ ，说明干预组与控制组前测亲社会倾向同质；对干预组与控制组后测亲社会倾向得分进行比较，研究结果表明，干预组与控制组后测亲社会倾向得分上差异不显著，t（53）=1.75，$p>0.05$，表明道德概念环境洁净隐喻干预对干预组亲社会倾向没有显著影响。

五、分析讨论

本节研究以被试环境洁净句子与道德词汇的联结反应时作为道德概念环境洁净隐喻联结强度的衡量标准，研究结果表明，相比于前测反应时，干预组被试的道德概念环境洁净隐喻的后测反应时显著变短，说明被试经过评价性条件反射干预后，环境洁净句子启动更加易化了道德词汇的识别，干预组后测的道德概念环境洁净隐喻联结的强度显著增强，评价性条件反射干预有效；相比于前测反应时，控制组后测反应时变化不显著，说明控制组后测的道德概念环境洁净隐喻联结的强度没有显著增强，控制组道德概念环境洁净隐喻前后测同质。

干预组后测的道德概念环境洁净隐喻联结显著增强，原因在于，本节研究采取评价性条件反射的方法，将环境洁净句子和道德概念词汇不断重复配对呈现，环境洁净句子具有道德隐喻特征，使得环境洁净句子与道德词汇联结反应时显著缩短。以往研究也表明，评价性条件反射可以放大或强化条件刺激反应（Kong et al.，2006）。例如，有研究者请安慰剂组被试重复体验安慰剂的使用与更低强度痛觉刺激的关系，结果发现，相较于控制组，安慰剂组被试痛觉刺激降低，治疗效果更好（Kong et al.，2006；Matre et al.，2006），甚至伴随痛觉刺激的消极情绪也有所减缓（Zhang & Luo，2009）。

此外，本节研究比较了道德概念环境洁净隐喻干预前后测的两组被试的亲社会倾向的变化，以进一步考察道德概念环境洁净隐喻的评价性条件反射干预对亲社会倾向的迁移效应。研究结果发现，干预前，干预组与控制组的亲社会倾向得分差异均不显著，表明道德概念环境洁净隐喻的评价性条件反射对亲社会倾向没有产生迁移效应。可能的原因在于，环境洁净句子启动了被试对外部环境洁净的知觉，外部环境洁净的知觉与个体的内在亲社会行为尚没有建立足够强的联结，干预组被试在进行环境洁净与道德词汇的评价性条件反射干预后，其在亲社会行为上的表现并不明显。

第二节　道德概念自身洁净隐喻内隐干预

以往研究表明，清洁脸部可以有效降低被试回忆不道德行为而产生的内心懊悔和内疚，清洁脸部以达到"补偿内疚心理"的目的（Lee et al., 2015）。还有研究表明，自身洁净条件启动下个体的亲社会行为有所提升，欺骗和贿赂等不道德行为有所削弱（Kaspar & Teschlade, 2016；Li et al., 2017）。因此，道德概念自身洁净隐喻干预对个体的道德行为有积极影响，对其干预方法的探究极其必要。例如用评价性条件反射法能否加强个体道德概念洁净隐喻的联结强度，从而对个体道德认知、甚至道德行为产生影响？探究这一问题，有利于为青少年提供道德概念洁净隐喻干预训练，促进青少年道德认知发展与道德行为的执行。

一、实验目的

本实验采用评价性条件反射法，通过对被试的道德概念自身洁净隐喻进行干预进而考察内隐干预的有效性及其对被试亲社会行为的影响。

二、实验假设

评价性条件反射法对道德概念自身洁净隐喻的干预是有效的，相比于控制组，干预组被试对自身洁净与道德词的联结反应时更短；道德概念自身洁净隐喻干预后，相比于控制组，干预组被试的亲社会行为水平有所提升。

三、研究方法

（一）被试

选取某大学本科生 66 名，其中男生 13 名，女生 53 名，平均年龄为 21.28 岁（SD=1.22）。随机将被试分为干预组和控制组，每组 33 人。

（二）测量工具

1. 亲社会倾向测量问卷

同道德概念环境洁净隐喻内隐干预。

2. 干预材料

（1）自身洁净句子。同自身净脏始源域向道德概念目标域隐喻映射实验。

（2）道德词汇。同道德概念环境净脏隐喻心理现实性实验。

（3）假词。同道德概念环境洁净隐喻内隐干预实验。

（4）条件列联觉知测量。同道德概念环境洁净隐喻内隐干预实验。

（三）实验设计

采用 2（组别：干预组 vs. 控制组）×2（测试类型：前测 vs. 后测）混合实验设计，其中组别为被试间变量，测试类型为被试内变量。因变量为道德概念自身洁净隐喻的反应时和亲社会倾向得分。

（四）实验程序

将 66 名被试随机分配到两个组，干预组 33 名，控制组 33 名，控制组不进行任何干预训练，干预组按照前测—干预—后测的程序进行。首先，对干预组和控制组进行道德概念自身洁净隐喻前测和亲社会倾向前测；一周后，干预组进行道德概念自身洁净隐喻干预，控制组不额外进行其他活动。干预完成后，待被试休息 10 分钟，干预组和控制组同时进行后测，内容同前测。

干预组道德概念自身洁净隐喻实验程序：同道德概念环境洁净隐喻实验程序，不同在于将道德概念环境洁净隐喻实验中的环境洁净句子替换成自身洁净句子。

四、研究结果

（一）道德概念自身洁净隐喻的干预效果

删除道德概念自身洁净隐喻行为数据中正确率小于 80%、反应时高于 3 个标准差的 11 名被试数据，最终剩余 55 名被试（干预组 27 名，控制组 28 名）数据。此外，条件列联觉知测量结果表明，95% 的被试表示并不知情该干预实验材料的规律性和实验的目的性（最终结果已删除知情被试数据），说明道德概念自身洁净隐喻的评价性条件反射干预实验是有效的。

干预组和控制组被试的道德概念自身洁净隐喻联结前后测的反应时如表 10-2 所示。

表 10-2　干预前后干预组和控制组的反应时（$M \pm SD$）　　单位：ms

组别	测试类型	
	前测	后测
干预组	699.99±89.83	625.29±94.52
控制组	748.38±119.30	789.37±118.62

以道德概念自身洁净隐喻反应时为因变量，进行 2（组别：干预组 vs. 控制

组）×2（测试类型：前测 vs. 后测）的重复测量方差分析。研究结果表明：测试类型的主效应不显著，$F_{(1, 53)}=0.97$，$p>0.05$；组别的主效应显著，$F_{(1, 53)}=21.11$，$p<0.05$；测试类型和组别的交互作用显著（图 10-3），$F_{(1, 53)}=11.41$，$p<0.05$，$\eta^2=0.18$。进一步简单效应分析结果表明：相比于前测反应时，干预组的后测反应时显著缩短，$F_{(1, 53)}=9.34$，$p<0.05$，$\eta^2=0.15$；相比于前测反应时，控制组的后测反应时没有显著变化，$F_{(1, 53)}=2.92$，$p>0.05$。

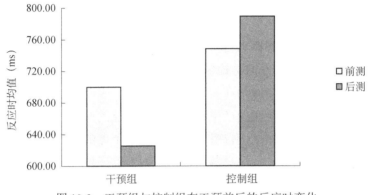

图 10-3　干预组与控制组在干预前后的反应时变化

（二）亲社会倾向测量结果

对干预组与控制组亲社会倾向量表进行比较，研究结果表明，干预组与控制组前测的亲社会行为在得分上差异不显著，$t_{(53)}=1.20$，$p>0.05$，说明干预组与控制组前测亲社会倾向同质；对干预组与控制组后测亲社会倾向得分进行比较，研究结果表明，干预组与控制组后测亲社会倾向在得分上差异显著，$t_{(53)}=2.03$，$p<0.05$，说明道德概念自身洁净隐喻干预对被试亲社会倾向有显著影响。

五、分析讨论

本节研究以被试自身洁净句子与道德词汇联结反应时作为道德概念自身洁净隐喻联结强度的衡量标准。研究结果表明，相比于前测反应时，干预组被试的道德概念自身洁净隐喻的后测反应时显著变短，说明在评价性条件反射干预后，自身洁净句子启动更加易化了道德词汇的识别，干预组被试后测的道德概念自身洁净隐喻联结的强度显著增强，评价性条件反射干预有效；相比于前测反应时，控制组后测反应时变化不显著，说明控制组后测的道德概念自身洁净隐喻联结的强度没有增强，控制组道德概念自身洁净隐喻前后测同质。

干预组后测的道德概念自身洁净隐喻联结的强度显著增强，原因在于，本节研究采取评价性条件反射的方法，将自身洁净句子和道德概念词汇反复配对呈现，自身洁净句子具有道德隐喻特征，干预后自身洁净句子与道德词汇的隐喻联结得到强化。具体而言，本节研究中，道德概念自身洁净隐喻干预组被试在评价性条件反射干预后，对自身洁净句子与道德词汇的联结反应时缩短，其道德概念自身洁净隐喻增强。由此可知，采用评价性条件反射法可以加强自身洁净句子与道德词汇的隐喻联结，评价性条件反射法对道德概念自身洁净隐喻的干预有效。

本节研究也比较了道德概念自身洁净隐喻干预前后测两组被试的亲社会倾向的变化，以进一步考察道德概念自身洁净隐喻干预对亲社会倾向的迁移效应。研究结果发现，干预前，干预组与控制组亲社会倾向在得分上差异不显著；干预后，干预组与控制组亲社会倾向在得分上差异显著，表明道德概念自身洁净隐喻的评价性条件反射对亲社会倾向产生迁移效应。可能的原因在于，自身洁净句子启动了被试对自身洁净的知觉，自身洁净的知觉与个体的内在亲社会行为建立联结，所以，干预组被试在进行自身洁净与道德词汇的评价性条件反射干预后，其亲社会行为有所提升。以往研究也发现，亲社会行为与个体的内部动机联系更为紧密（李阳，白新文，2015）。在日常生活中，助人为乐、乐善好施等亲社会行为均发自个体内心，与个体内部的道德信念和道德认同密切关联，自身洁净被诱发后，个体的道德自身意象增强，促使其亲社会倾向明显提升。

第三节　综合讨论

一、道德概念环境洁净隐喻干预的有效性

本章研究在道德概念环境洁净隐喻心理现实性的基础上，进一步对道德概念环境洁净隐喻进行干预，以考察道德概念环境洁净隐喻干预的有效性。研究结果表明，采用评价性条件反射法，将环境洁净句子与道德词汇重复呈现，相比于前测反应时，干预组被试对环境洁净句子与道德词汇的联结后测反应时显著缩短，即道德概念环境洁净隐喻联结增强，而控制组在评价性条件反射干预前测和干预后测的反应时差异不显著。这说明评价性条件反射对道德概念环境洁净隐喻干预有效。

评价性条件反射对道德概念环境洁净隐喻干预有效，与以往研究一致。例如，有研究采用经典条件反射法，重复呈现安慰剂使用与伴随低强度痛觉刺激之

间的联结，研究结果发现，相比于控制组，安慰剂组被试不但痛觉降低，而且治疗效果更好（Kong et al.，2006；Matre et al.，2006），甚至伴随痛觉刺激的消极情绪也有所减缓（Zhang & Luo，2009）。本章研究中，通过评价性条件反射干预，反复呈现环境洁净句子和道德词汇，被试对二者的隐喻联结不断强化，从而增强了环境洁净句子和道德词汇的隐喻联结效应。所以，对干预组而言，评价性条件反射对道德概念环境洁净隐喻干预有效；而对控制组而言，由于没有进行环境洁净句子和道德词汇联结关系的干预，其前测与后测反应时差别不大。

此外，评价性条件反射法与认知训练有着相似的原理。赫尔采用认知训练的方法，将汉字部首与无意义音节重复配对呈现，研究结果表明，认知训练组被试自动将汉字部首与无意义音节进行联结，通过提取二者之间的共同特征形成概念（Hull，1920）。正是因为人类可通过认知训练将两个没有联结的事物反复配对呈现，二者之间有了联系，就产生了意义联结。也正因为如此，在人类文明发展过程中，无意义的词汇才变为有意义的词汇，并被个体进行编码、注意、记忆、识记和流传，也使得抽象概念广为流传。通过评价性条件反射法促使概念之间形成隐喻联结也同样如此。在本章研究中，环境洁净与道德词汇配对呈现，促进个体道德概念环境洁净隐喻联结的产生。例如，个体在人类社会发展中，逐渐将干净的湖面看成圣洁的象征，认识到洁净无瑕才是美玉，将出淤泥而不染的莲誉为道德君子，更注重洁净并崇尚道德，道德在内化过程中与个体具身体验相互交融、促进发展。本章研究通过评价性条件反射法加快了环境洁净与道德概念联结进程，将环境洁净句子和道德词汇不断配对和快速呈现，被试对环境洁净句子和道德词汇的联结更加强烈，有效干预了被试的道德概念环境洁净隐喻。

值得注意的是，本章研究采用评价性条件反射法有效干预了被试的道德概念环境洁净隐喻，但道德概念环境洁净隐喻干预对亲社会行为的迁移作用并不明显，主要表现为，干预组与控制组被试的亲社会的倾向前后测得分差异均不显著。以往研究表明，评价性条件反射可以放大或强化条件刺激反应（Kong et al.，2006）。显然，本章研究结果与以往研究结果并不一致。原因在于，环境洁净指向外部信息，外部环境中所蕴含的洁净或肮脏刺激信息不同于内部信息，并未从内部机制上引起被试的强烈反应，由此对个体的亲社会行为影响较弱。因此，评价性条件反射法有效干预了被试的道德概念环境洁净隐喻，但道德概念环境洁净隐喻干预还不足以引发个体的亲社会行为迁移效应。

二、道德概念自身洁净隐喻干预的有效性

本章研究在道德概念自身洁净隐喻心理现实性的基础上，进一步对道德概念自身洁净隐喻进行干预，以考察道德概念自身洁净隐喻干预的有效性。研究结果表明，采用评价性条件反射法，将自身洁净句子与道德词汇重复配对呈现之后，相较于前测反应时，干预组被试自身洁净句子与道德词汇联结的后测反应时显著缩短，即道德概念自身洁净隐喻增强，而控制组在评价性条件反射干预前前测和干预后测在反应时上差异不显著。以上结果证明了评价性条件反射对道德概念自身洁净隐喻干预有效。原因在于，评价性条件反射法通过不断重复呈现自身洁净句子与道德词汇，进而加强了被试对二者关系的联结，被试自动通过自身洁净隐喻自身道德，增强自身道德意象，对道德词汇判断更为自动与快速。所以，干预组在道德概念自身洁净隐喻后测反应时显著短于前测反应时。

值得注意的是，本章研究采用评价性条件反射法有效干预了被试的道德概念自身洁净隐喻，并且道德概念自身洁净隐喻干预对亲社会行为的迁移作用显著提升。具体而言，干预组采用评价性条件法干预之后，其亲社会倾向前测和后测得分差异显著；控制组亲社会倾向前测和后测在得分上差异不显著，表明干预组的道德概念自身洁净隐喻干预有助于其亲社会行为的提升。以往研究也表明，评价性条件反射法可以强化条件刺激反应（Kong et al.，2006）。原因在于，对干预组进行道德概念自身洁净隐喻干预，在自身洁净与道德词汇不断反复配对过程中，不但激活了被试本身的道德自身意象和道德思想境界，同时也有助于个体内在道德动机的形成和道德认同水平的提升。亲社会行为与个体的内部道德动机更相关（李阳，白新文，2015）。所以，个体的亲社会行为加工同时受到自身洁净信息和自身道德内化的影响，个体将自身洁净逐渐隐喻内化为道德自身意象，提升了个体的道德内在动机和道德认知，其亲社会行为水平也会随之提升。在日常生活中，个体的助人为乐、欣然相助、赠人玫瑰手有余香等，均说明个体的亲社会行为和个体内部的道德动机、道德认知与道德情绪密切相关。尤其自身洁净内化为自身道德意象时，对个体的亲社会行为的影响更为显著。

三、道德概念环境/自身洁净隐喻干预效应的比较

本章研究采用评价性条件反射法对道德概念洁净隐喻进行干预，主要基于环境洁净和自身洁净两个视角，研究发现，评价性条件反射法可以有效干预被试的道德概念环境洁净隐喻，评价性条件反射法也可以有效干预被试的道德概念自身

洁净隐喻，表明道德概念环境/自身洁净隐喻干预均有效。可能的原因是，不管基于环境洁净视角还是基于自身洁净视角，评价性条件反射法均反复配对呈现环境洁净/自身洁净与道德词汇，实际就是强化了环境洁净/自身洁净与道德词汇之间的联结，所以，干预组进行道德概念环境/自身洁净隐喻联结的后测时，自动将环境洁净/自身洁净与道德词汇相关联，后测反应时显著缩短，证实了道德概念环境/自身洁净隐喻干预的有效性。

不同的是，道德概念环境/自身洁净隐喻干预对干预组被试的亲社会行为提升效应明显不同。道德概念环境洁净隐喻干预对干预组被试的亲社会行为影响不显著，而道德概念自身洁净隐喻干预对干预组被试的亲社会行为有显著的提升效应。这说明尽管道德概念环境/自身洁净隐喻干预均有效，但对个体的亲社会行为的迁移效应有所不同。布鲁纳等强调，初级概念对高级概念的建构具有重要作用（Bruner et al.，1986）。迁移主要包括两种类型：一种类型为动作技能的迁移，更多强调习惯或联想的延伸；另一种类型为非习惯迁移，更多强调原理、态度、情感的迁移。当两个事物的内部联系越强、相似度越高时，二者之间的迁移越容易发生。

本章研究中，环境洁净来源于外部，自身洁净来源于内部，自身洁净与亲社会行为均指向个体的内部，二者的相似度较高，均与个体内在的道德动机和道德情感密切相关，对个体道德自身意象的影响更强，所以，自身洁净干预之时就是个体道德自身意象与道德认同提升之时，自然而然，与其道德认知联系密切的亲社会行为也得到增强，故干预组亲社会行为的提升效应明显增强。由此可见，自身洁净干预对干预组被试的道德行为的影响更大，表现出道德概念自身洁净隐喻干预对亲社会行为的提升更为明显。该结论不仅丰富了以往道德概念洁净隐喻的相关理论，更为今后教育干预和道德行为的培养提供了实证研究支撑。

参 考 文 献

陈宏俊.（2011）.*汉英隐喻脑机制对比研究*.大连理工大学博士学位论文.

陈简,叶浩生.（2020）.意义的遮蔽——再论具身认知中的"身".*华中师范大学学报（人文社会科学版）,59*（5）,187-192.

陈玮,蒲明慧,冯申梅,朱金富.（2016）.厌恶启动后黑白颜色中性词加工的时间特征：来自ERPs的证据.*中国临床心理学杂志,24*（5）,784-787.

陈文萃,曾燕波.（2003）.概念隐喻研究综述.*衡阳师范学院学报,24*（4）,118-121.

陈潇,江琦.（2014）.具身道德：来自洁净方面的实验证据.*科教导刊（中旬刊）,11*,220-221.

陈欣,陶欣蕾,李梦鸽.（2021）.清洁启动和主体对道德判断的影响：道德自身意象的中介作用.*心理研究,14*（6）,505-511.

陈玉明,郭田友,何立国,燕良轼.（2014）.具身认知研究述评.*心理学探新,34*（6）,483 -487.

丛文君.（2008）.*大学生亲社会行为类型的研究*.南京师范大学硕士学位论文.

丁凤琴.（2013）.*共变信息中双文化认同群体捐助行为群际归因的认知加工偏好*.陕西师范大学博士学位论文.

丁凤琴,王喜梅,刘钊.（2017）.道德概念净脏隐喻及其对道德概念的影响.*心理发展与教育,33*（6）,666-674.

丁毅,纪婷婷,邹文谦,刘燕,冉光明,陈旭.（2013）.物理温度向社会情感的隐喻映射：作用机制及其解释.*心理科学进展,21*（6）,1133-1140.

丁瑛,宫秀双.（2016）.社会排斥对产品触觉信息偏好的影响及其作用机制.*心理学报,48*（10）,1302-1313.

董泽松,彭蕾,傅金芝.（2005）.中小学生道德判断和道德行为发展关系研究.*昆明师范高等专科学校学报*,（1）,76-78.

冯文婷，汪涛，周名丁，聂春艳，王源富.（2016）. 垂直线索对放纵消费的影响——基于道德隐喻的视角. *营销科学学报, 12*（2），30-42.

高晶晶.（2015）. *跨情境下青少年慈善捐助归因的特点及其影响机制.* 宁夏大学硕士学位论文.

龚栩，黄宇霞，王妍，罗跃嘉.（2011）. 中国面孔表情图片系统的修订. *中国心理卫生杂志, 25*（1），40-46.

顾倩.（2015）. *道德概念垂直空间隐喻的心理现实性——来自 ERP 的证据.* 河北大学硕士学位论文.

郭瑞.（2014）. *清洁启动对道德判断的影响.* 湖南师范大学硕士学位论文.

郭少鹏.（2015）. *道德概念大小隐喻的心理现实性及其映射关系.* 河北师范大学硕士学位论文.

韩冬，叶浩生.（2014）. 重中之"重"——具身视角下重的体验与表征. *心理科学进展, 22*（6），918-925.

贺爱彦.（2015）. *孤儿人际信任的内隐特性及干预研究.* 沈阳师范大学硕士学位论文.

胡谊，桑标.（2010）. 教育神经科学：探究人类认知与学习的一条整合式途径. *心理科学,*（3），514-520.

霍志兵.（2017）. *注意指向对道德概念垂直空间隐喻一致性效应的影响.* 河北大学硕士学位论文.

贾宁，陈换娟，鲁忠义.（2018）. 句子启动范式下的道德概念空间隐喻：匹配抑制还是匹配易化？*心理发展与教育, 34*（5），541-547.

贾宁，冯新明，鲁忠义.（2019）. 道德概念垂直空间隐喻对空间关系判断的影响. *心理发展与教育, 35*（3），267-273.

蓝纯.（1999）. 从认知角度看汉语的空间隐喻. *外语教学与研究,*（4），7-15.

黎晓丹，杜建政，叶浩生.（2016）. 中国礼文化的具身隐喻效应：蜷缩的身体使人更卑微. *心理学报, 48*（6），746-756.

李福印.（2008）. *认知语言学概论.* 北京：北京大学出版社.

李泓翰，许闰.（2012）. 道德隐喻：道德研究的隐喻视角. *广西师范大学学报（哲学社会科学版）, 48*（5），111-117.

李瑾，董静，苻玲美.（2022）. 具身认知在大学生心理咨询中的应用. *心理月刊, 3*（17），224-226.

李其维.（2008）. 认知革命与第二代认知科学刍议. *心理学报, 40*（12），1306-1327.

李泉，宋亚男，廉彬，冯廷勇.（2019）. 正念训练提升 3～4 岁幼儿注意力和执行功能. *心理学报, 51*（3），324-336.

李顺雨.（2014）. *道德/不道德行为回忆对明度知觉的影响及其心理机制.* 广西师范大学硕士学位论文.

李卫清.（2008）.阅读理解中隐喻认知的关联性.*教学与管理*,（15），70-71.

李新国，於涵.（2006）.中西文化对隐喻的影响.*西北农林科技大学学报（社会科学版），6*（6），88-91.

李阳，白新文.（2015）.善心点亮创造力：内部动机和亲社会动机对创造力的影响.*心理科学进展，23*（2），175-181.

李莹，张灿，王悦.（2019）.道德情绪在道德隐喻映射中的作用及其神经机制.*心理科学进展，27*（7），1224-1231.

梁晓燕，马虹，范红霞.（2012）.大学生道德情绪对身体洁净内隐认知影响的研究.*教育研究与实验*,（5），73-78.

凌文辁，郑晓明，方俐洛.（2003）.社会规范的跨文化比较.*心理学报，35*（2），246-254.

刘颖，宁宁.（2019）.正念干预在慢性疼痛护理中的应用进展.*护理研究*,（15），2647-2650.

刘永芳，毕玉芳，王怀勇.（2010）.情绪和任务框架对自身和预期他人决策时风险偏好的影响.*心理学报，42*（3），317-324.

刘予玲.（2010）.*异性恋大学生对同性恋的外显态度和内隐态度及其干预*.郑州大学硕士学位论文.

刘钊.（2016）.*道德概念净脏隐喻及其对道德判断的影响*.宁夏大学硕士学位论文.

刘钊，丁凤琴.（2016）.大学生道德概念的重量与洁净隐喻.*中国健康心理学杂志，24*（4），533-536.

鲁忠义，郭少鹏，蒋泽亮.（2017a）.道德概念大小隐喻的心理现实性及映射关系.*华南师范大学学报（社会科学版）*,（2），70-78.

鲁忠义，贾利宁，翟冬雪.（2017b）.道德概念垂直空间隐喻理解中的映射：双向性及不平衡性.*心理学报，49*（2），186-196.

罗俊，陈叶烽.（2015）.人类的亲社会行为及其情境依赖性.*学术月刊，47*（6），15-19.

罗俊，叶航.（2018）.收入分配决策的情境依赖性及其神经机制研究.*南方经济，4*，38-57.

罗念生.（1962）.亚理士多德的《诗学》.*文学评论*,（5），68-77.

罗跃嘉，李万清，彭家欣，刘超.（2013）.道德判断的认知神经机制.*西南大学学报（社会科学版），39*（3），81-86.

吕军梅，鲁忠义.（2013）.为什么快乐在"上"，悲伤在"下"——语篇阅读中情绪的垂直空间隐喻.*心理科学，36*（2），328-334.

彭凯平，喻丰.（2012）.道德的心理物理学：现象、机制与意义.*中国社会科学*,（12），28-45.

钱乐琼，戴峥嵘，周世杰.（2014）.孤独症儿童信念理解干预的实验研究.*中国临床心理学杂*

志, *22*（3），457-451.

钱铭怡, 戚健俐.（2002）. 大学生羞耻和内疚差异的对比研究. *心理学报, 34*（6），626-633.

曲方炳, 殷融, 钟元, 叶浩生.（2012）. 语言理解中的动作知觉：基于具身认知的视角. *心理科学进展, 20*（6），834-842.

疏德明, 刘电芝.（2009）. 隐喻认知机制的 ERP 研究. *心理科学, 1*，161-163.

束定芳.（1997）. 理查兹的隐喻理论. *外语研究*，（3），25-28.

束定芳.（1998）. 论隐喻的本质及语义特征. *外国语*，（6），11-20.

束定芳.（2000）. *隐喻学研究*. 上海：上海外语教育出版社.

唐芳贵.（2017）. 高尚会使人更高尚吗？——垂直空间的道德隐喻. *苏州大学学报（教育科学版）*，（4），106-111.

唐佩佩, 叶浩生, 杜建政.（2015）. 权力概念与空间大小：具身隐喻的视角. *心理学报, 47*（4），514-521.

唐雪梅, 任维, 胡卫平.（2016）. 科学语言的认知神经加工机制研究：来自 ERP 的证据. *心理科学, 39*（5），1071-1079.

陶欣蕾.（2018）. *清洁启动对道德判断的影响——自身和他人差异*. 河南大学硕士学位论文.

王斌, 李智睿, 伍丽梅, 张积家.（2019）. 具身模拟在汉语肢体动作动词理解中的作用. *心理学报, 51*（12），1291-1305.

王丛兴, 马建平, 邓珏, 杨众望, 叶一舵.（2020）. 概念加工深度影响道德概念水平方位隐喻联结. *心理学报, 52*（4），426-439.

王广成.（2000）. 隐喻的认知基础与跨文化隐喻的相似性. *外国语文*，（1），70-72.

王继瑛, 叶浩生, 苏得权.（2018）. 身体动作与语义加工：具身隐喻的视角. *心理学探新, 38*（1），15-19.

王甦, 汪安圣.（1992）. *认知心理学*. 北京：北京大学出版社.

王小潞, 何代丽.（2017）. 汉语隐喻加工的 fMRI 研究. *北京第二外国语学院学报, 39*（4），70-94.

王岩, 辛婷婷, 刘兴华, 张韵, 卢焕华, 翟彦斌.（2012）. 正念训练的去自动化效应：Stroop 和前瞻记忆任务证据. *心理学报, 44*（9），1180-1188.

王锃, 鲁忠义.（2013）. 道德概念的垂直空间隐喻及其对认知的影响. *心理学报, 45*（5），538-545.

王卓彦, 叶浩生.（2020）. 感觉运动模拟隐喻理论的形成与发展. *心理学探新, 40*（3），203-208.

魏华, 段海岑, 周宗奎.（2018）. 具身认知视角下的消费者行为. *心理科学进展*，（7），1294-

1306.

魏景汉, 罗跃嘉. (2002). *认知事件相关脑电位教程.* 北京: 经济日报出版社.

吴保忠. (2013). *气味对个体道德判断的影响——基于具身认知的研究视角.* 湖北大学硕士学位论文.

吴念阳, 郝静. (2006). 以道德为本体的概念隐喻. *上海师范大学学报（基础教育版）, 35* (9), 51-55.

伍秋萍, 冯聪, 陈斌斌. (2011). 具身框架下的社会认知研究述评. *心理科学进展, 19* (3), 336-345.

武向慈, 王恩国. (2014). 权力概念加工对视觉空间注意定向的影响: 一个 ERP 证据. *心理学报, 46* (12), 1871-1879.

夏天生, 徐雪梅, 李贺, 俞梦霞, 莫雷. (2018). 洗掉不愉快的经历, 留住幸福的时刻——回忆情绪事件对人们清洗 / 保留倾向的影响. *心理科学, 41* (1), 105-111.

肖丁, 李蓉. (2008). 遂宁市中小学生卫生习惯调查分析. *寄生虫病与感染性疾病,* (3), 141-144.

肖静, 潘泽江. (2005). 论 "道德两难" 在德育教学中的运用. *中南民族大学学报（人文社会科学版）, 5,* 330.

肖玉珠. (2015). *道德概念的水平人际距离隐喻表征的双向性.* 河北师范大学博士学位论文.

解晴楠, 任维聪, 王汉林. (2019). 善与恶的重量意象: 道德概念的重量隐喻研究. *心理研究, 12* (3), 227-232.

徐平, 迟毓凯. (2007). 道德判断的社会直觉模型述评. *心理科学, 30* (2), 403-405.

徐同洁, 胡平, 郭秀梅. (2017). 社会排斥对人际信任的影响: 情绪线索的调节作用. *中国临床心理学杂志,* (6), 74-78.

徐宜良. (2007). 隐喻、认知与文化. *安徽工业大学学报（社会科学版）, 24* (1), 97-99.

阎书昌. (2011). 身体洁净与道德. *心理科学进展, 19* (8), 1242-1248.

颜志雄, 燕良轼, 范伟, 丁道群, 邹霞. (2014). 身体清洁启动后道德纯洁词加工的时间特征: 来自 ERPs 的证据. *心理与行为研究, 12* (5), 609-615.

燕良轼, 颜志雄, 丁道群, 邹霞, 范伟. (2014). 道德厌恶启动后身体清洁词加工的时间特征: 来自 ERPs 的证据. *中国临床心理学杂志, 22* (1), 38-43.

杨慧芳, 郑希付. (2016). 创伤模拟情境下情绪启动对注意偏向的影响. *中国临床心理学杂志, 24* (3), 405-408.

杨蕙兰, 何先友, 赵雪如, 张维. (2015). 权力的概念隐喻表征: 来自大小与颜色隐喻的证据. *心理学报, 47* (7), 939-949.

杨继平，郭秀梅，王兴超.（2017）. 道德概念的隐喻表征——从红白颜色、左右位置和正斜字体的维度. *心理学报*,（7），875-885.

姚家军.（2014）. *大学生内隐同性恋态度的ERP研究*. 福建师范大学博士学位论文.

叶浩生.（2010）. 具身认知：认知心理学的新取向. *心理科学进展*, *18*（5），705-710.

叶浩生.（2011）. 有关具身认知思潮的理论心理学思考. *心理学报*, *43*（5），589-598.

叶浩生.（2020）. 认知心理学的实用性转向. *心理科学*, *43*（3），762-767.

叶红燕.（2016）. *"洗"出来的效应：清洁启动对道德判断的影响*. 江西师范大学硕士学位论文.

叶红燕，张凤华.（2015）. 从具身视角看道德判断. *心理科学进展*, *23*（8），1480-1488.

易仲怡，杨文登，叶浩生.（2018）. 具身认知视角下软硬触觉经验对性别角色认知的影响. *心理学报*, *50*（7），793-802.

殷宏淼.（2014）. *道德概念的隐喻表征研究*. 上海师范大学硕士学位论文.

殷丽君.（2017）. *电视保健品广告的隐喻研究*. 四川外国语大学博士学位论文.

殷融.（2014）. *道德概念黑白隐喻表征的心理现实性*. 南京师范大学博士学位论文.

殷融，苏得权，叶浩生.（2013）. 具身认知视角下的概念隐喻理论. *心理科学进展*, *21*（2），220-234.

殷融，叶浩生.（2014）. 道德概念的黑白隐喻表征及其对道德认知的影响. *心理学报*, *46*（9），1331-1346.

尹新雅，鲁忠义.（2015）. 隐喻的具身性与文化性. *心理科学*, *38*（5），1081-1086.

俞国良，赵军燕.（2009）. 自身意识情绪：聚焦于自身的道德情绪研究. *心理发展与教育*,（2），116-120.

张灿.（2019）. *道德纯洁性隐喻的映射过程及其神经机制*. 郑州大学硕士学位论文.

张潮，刘赛芳，隋玲，乔园园.（2019）. 宽容概念的大小隐喻表征：双向性及社会性. *心理与行为研究*, *17*（6），824-830.

张恩涛，方杰，林文毅，罗俊龙.（2013）. 抽象概念表征的具身认知观. *心理科学进展*, *21*（3），429-436.

张凤华，叶红燕.（2016）. "洗"出来的效应：清洁启动对道德判断作用方向不同的影响因素探析. *心理科学*, *39*（5），1236-1241.

张姝玥，张悦昕，钟裕洁，邹雯洁.（2015）. 负性道德情绪影响下的应对行为：掩饰还是洁净？*中国特殊教育*, 7，92-96.

张学朋.（2018）. *大学生内隐无聊倾向问题研究*. 江西师范大学硕士学位论文.

张亚慧，鲁忠义.（2019）. 青少年犯罪者道德概念垂直空间隐喻的心理表征及其原因. *心理发*

展与教育, 35（6），648-656.

章语奇，方溦，甘甜，黄淑滨，葛列众，罗跃嘉.（2020）. 绿色对道德加工的影响及其双向隐喻. *科学通报, 65*（19），1936-1945.

赵虎英.（2019）. *道德概念净脏隐喻映射的双向性及不平衡性*. 宁夏大学硕士学位论文.

赵鸣，徐知媛，刘涛，杜锋磊，李永欣，陈飞燕.（2012）. 语言类比推理的神经机制：来自 ERP 研究的证据. *心理学报, 44*（6），711-719.

赵岩，伍麟.（2019）. 具身认知视角下的道德隐喻表征. *心理学探新, 39*（4），308-313.

钟科，王海忠，杨晨.（2014）. 感官营销战略在服务失败中的运用：触觉体验缓解顾客抱怨的实证研究. *中国工业经济*,（1），114-126.

Ackerman，J. M.，Nocera，C. C，& Bargh，J. A.（2010）. Incidental Haptic Sensations Influence Social Judgments and Decisions. *Science，328*，1712-1715.

Adams，F. M.，& Osgood，C. E.（1973）. A cross-cultural study of the affective meanings of color. *Journal of Cross-Cultural Psychology，4*（2），135-156.

Anderson，J. R.（1983）. Retrieval of propositional information from long-term memory. *Science，220*（4592），25-30.

Anderson，M. L.（2003）. Embodied cognition: A field guide. *Artificial intelligence，149*（1），91-130.

Aquino，K.，Freeman，D.，Reed，A.，Felps，W.，& Lim，V. K.（2009）. Testing a social-cognitive model of moral behavior: The interactive influence of situations and moral identity centrality. *Journal of Personality & Social Psychology，97*（1），123-141.

Arzouan，Y.，Goldstein，A.，& Faust，M.（2007）. Brainwaves are stethoscopes: ERP correlates of novel metaphor comprehension. *Brain Research，1160*（1），69-81.

Baeyens，F.，Eelen，P.，Crombez，G.，& Omer，V. D. B.（1992）. Human evaluative conditioning: Acquisition trials, presentation schedule, evaluative style and contingency awareness. *Behaviour Research and Therapy，30*（2），133-142.

Balas，R.，& Sweklej，J.（2012）. Evaluative conditioning may occur with and without contingency awareness. *Psychological Research，76*（3），304-310.

Banerjee，P.，Chatterjee，P.，& Sinha，J.（2012）. Is it light or dark? Recalling moral behavior changes perception of brightness. *Psychological Science，23*（4），407-409.

Bargh，J. A.，& Pietromonaco，P.（1982）. Automatic information processing and social perception: The influence of trait information presented outside of conscious awareness on impression formation. *Journal of Personality and Social Psychology，43*（3），437-449.

Bargh, J. A., & Shalev, I. (2012). The substitutability of physical and social warmth in daily life. *Emotion*, *12* (1), 154-162.

Bargh, J. A., & Tota, M. E. (1988). Context-dependent automatic processing in depression: Accessibility of negative constructs with regard to self but not others. *Journal of Personality of Social Psychology*, *54* (6), 925-939.

Barsalou, L. W. (1999). Perceptual symbol systems. *Behavioral and Brain Sciences*, *22* (4), 577-609.

Barsalou, L. W. (2003). Situated simulation in the human conceptual system. *Language and Cognitive Processes*, *18*, 513-562.

Barsalou, L. W. (2008). Grounded cognition. *Annual Review of Psychology*, *59* (1), 617-645.

Barsalou, L. W. (2009). Simulation, situated conceptualization, and prediction. *Philosophical Transactions of the Royal Society B: Biological Sciences*, *364* (1521), 1281-1289.

Bastian, B., Jetten, J., & Fasoli, F. (2011). Cleansing the soul by hurting the flesh: the guilt-reducing effect of pain. *Psychological Science*, *22* (3), 334.

Berndsen, M., & Mcgarty, C. (2010). The impact of magnitude of harm and perceived difficulty of making reparations on group-based guilt and reparation towards victims of historical harm. *European Journal of Social Psychology*, *40* (3), 500-513.

Bilz, K. (2012). Dirty hands or deterrence? An experimental examination of the exclusionary rule. *Journal of Empirical Legal Studies*, *9* (1), 149-171.

Black, D. S., Sussman, S., Johnson, C. A., & Milam, J., (2012). Testing the indirect effect of trait mindfulness on adolescent cigarette smoking through negative affect and perceived stress mediators. *Journal of Substance Use*, *17* (5-6), 417- 429.

Black, M. (1979). *More about Metaphor*. Cambridge: Cambridge University Press.

Black, M. (1993). More about metaphor. In A. Ortony (Ed.), *Metaphor and Thought* (pp.19-41). Cambridge: Cambridge University Press.

Blasi, A. (1993). The development of moral identity: Some implications for moral functioning. In G. Noam and T (Eds.), *The Moral Self* (pp.99-122). Cambridge, MA: MIT Press.

Blask, K., Walther, E., Halbeisen, G., & Weil, R. (2012). At the crossroads: attention, contingency awareness, and evaluative conditioning. *Learning & Motivation*, *43* (3), 99-106.

Bloom, P., & Norton. (2010). *How Pleasure Works: The New Science of Why We Like What We Like*. New York: Cerebrum the Dana Forum on Brain Science.

Bonnaud, V., Gil, R., & Ingrand, P. (2002). Metaphorical and non-metaphorical links: a behavioral and ERP study in young and elderly adults. *Neurophysiologie Clinique/Clinical Neurophysiology*, *32*（4）, 258-268.

Boroditsky, L.（2000）. Metaphoric structuring: Understanding time through spatial metaphors. *Cognition*, *75*（1）, 1-28.

Boroditsky, L.（2001）. Does language shape thought? Mandarin and English speakers' conceptions of time. *Cognitive Psychology*, *43*（1）, 1-22.

Bottini, G., Corcoran, R., Sterzi, R., Paulesu, E., Schenone, P., & Scarpa, P., et al.（1994）. The role of the right hemisphere in the interpretation of figurative aspects of language. A positron emssion tomography activation study. *Brain*, *117*（6）, 1241-1253.

Brauer, J., Xiao, Y. Q., Poulain, T., Friederici, A. D., & Schirmer, A.（2016）. Frequency of maternal touch predicts resting activity and connectivity of the developing social brain. *Cerebral Cortex*, *26*, 3544-3552.

Brown, K. W., & Ryan, R. M.（2003）. The benefits of being present: mindfulness and its role in psychological well-being. *Journal of the Personality Social Psychology*, *84*, 822-848.

Bruner, J. S., Goodnow, J. J., & Austin, G. A.（1986）. *A Study of Thinking*. New York: John Wiley.

Brunyé, T. T., Gardony, A., Mahoney, C. R., Taylor, H. A.（2012）. Body-specific representations of spatial location. *Cognition*, *123*, 229-239.

Camgöz, N., Yener, C., & Güvenç, D.（2002）. Effects of hue, saturation, and brightness on preference. *Color Research & Application*, *27*（3）, 199-207.

Carrière, K., Khoury, B., Günak, M., & Knäuper, B.（2017）. Effectiveness of mindfulness-based interventions on weight loss: A systematic review and meta-analysis. *Obesity Reviews*, *19*, 164-177.

Carsley, D., Khoury, B., & Heath, N. L.（2018）. Effectiveness of mindfulness interventions for mental health in school: A comprehensive meta-analysis. *Mindfulness*, *9*（3）, 693-707.

Casasanto, D.（2011）. Different bodies, different minds: The body specificity of language and thought. *Current Directions in Psychological Science*, *20*（6）, 378-383.

Casasanto, D., Boroditsky, L.（2008）. Time in the mind: Using space to think about time. *Cognition*, *106*, 579-593.

Casciaro, T., Gino, F., Kouchaki, M.（2014）. The contaminating effects of building instrumental ties: How networking can make us feel dirty. *Administrative Science Quarterly*, *59*（4）, 705-735.

Chapman, H. A., Kim, D. A., Susskind, J. M., & Anderson, A. K. (2009). In bad taste: Evidence for the oral origins of moral disgust. *Science*, *323*, 1179-1180.

Chasteen, A. L., Burdzy, D. C., & Pratt, J. (2010). Thinking of god moves attention. *Neuropsychologia*, *48* (2), 627-630.

Cheesman, J., & Merikle, P. M. (1984). Priming with and without awareness. *Perception & Psychophysics*, *36* (4), 387-395.

Chiou, W. B., & Cheng, Y. Y. (2013). In broad daylight, we trust in God! Brightness, the salience of morality, and ethical behavior. *Journal of Environmental Psychology*, *36*, 37-42.

Claudia, D., Michael, R., Hans-Jochen, H., & Michael, S. (2016). Lying and the subsequent desire for toothpaste: Activity in the somatosensory cortex predicts embodiment of the moral-purity metaphor. *Cerebral Cortex*, (2), 477-484.

Collins, A. M., & Loftus, E. F. (1975). A spreading-activation theory of semantic processing. *Psychological Review*, *82* (6), 407-413.

Colloca, L., & Benedetti, F. (2006). How prior experience shapes placebo analgesia. *Pain*, *124* (1-2), 126-133.

Coulson, S., & Petten, C. V. (2002). Conceptual integration and metaphor: An event-related potential study. *Memory & Cognition*, *30* (6), 958-968.

Coulson, S., & Van Petten, C. (2007). A special role for the right hemisphere in metaphor comprehension? ERP evidence from hemifield presentation. *Brain Research*, *1146*, 128-145.

Cushman, F., Young, L., & Hauser, M. (2006). The role of conscious reasoning and intuition in moral judgment: Testing three principles of harm. *Psychological Science*, *17* (12), 1082-1089.

Cramwinckel, F. M., Cremer, D. D., & Dijke, M. V. (2013). Dirty hands make dirty leaders?! The effects of touching dirty objects on rewarding unethical subordinates as a function of a leader's self-interest. *Journal of Business Ethics*, *115* (1), 93-100.

Davey, G. C. (1994). Is evaluative conditioning a qualitatively distinct form of classical conditioning? *Behaviour Research & Therapy*, *32* (3), 291-299.

Day, M. V., & Bobocel, D. R. (2013). The weight of a guilty conscience: Subjective body weight as an embodiment of guilty. *PLoS One*, *8* (7), e69546.

De Houwer, J., Thomas, S., & Baeyens, F. (2001). Association learning of likes and dislikes: A review of 25 years of research on human evaluative conditioning. *Psychological bulletin*, *127* (6), 853.

Denke，C.，Rotte，M.，Heinze，H. J.，& Schaefer，M.（2016）. Lying and the subsequent desire for toothpaste: Activity in the somatosensory cortex predicts embodiment of the moral-purity metaphor. *Cerebral Cortex*，*26*（2），477-484.

Diaz，M. T.，& Eppes，A.（2018）. Factors influencing right hemisphere engagement during metaphor comprehension. *Frontiers in Psychology*，*9*，414.

Dijksterhuis，A.（2004）. Think different: The merits of unconscious thought in preference development and decision making. *Journal of Personality and Social Psychology*，*87*（5），586.

Dijksterhuis，A.，Bargh，J. A.，& Miedema，J.（2000）. Of men and mackerels: Attention and automatic behavior. In H. Bless & J. P. Forgas（Eds.），*Subjective Experience in Social Cognition and Behavior*（pp. 36-51）. Philadelphia: Psychology Press.

Ding，F.，Tian，X.，Wang，X.，& Liu，Z.（2020）. The consistency effects of the clean metaphor of moral concept and dirty metaphor of immoral concept: An event-related potentials study. *Journal of Psychophysiology*，*34*（4），214-223.

Dubois，D.，Rucker，D. D.，& Galinsky，A. D.（2012）. Super size me: Product size as a signal of status. *Journal of Consumer Research*，*38*（6），1047-1062.

Ellamil，M.，Fox，K. C. R.，Dixon，M. L.，Pritchard，S.，Todd，R. M.，Thompson，E.，& Christoff，K.（2016）. Dynamics of neural recruitment surrounding the spontaneous arising of thoughts in experienced mindfulness practitioners. *Neuroimage*，*136*，186-196.

Eskine，K. J.，Kacinik，N. A.，& Prinz，J. J.（2011）. A bad taste in the mouth gustatory disgust influences moral judgment. *Psychological Science*，*22*（3），295-299.

Farb，N. A. S.，Segal，Z. V.，& Anderson，A. K.（2013）. Mindfulness meditation training alters cortical representations of interoceptive attention. *Social Cognitive and Affective Neuroscience*，*8*，15-26.

Fauconnier，G.（1997）. Mappings in thought and language. *Mind*，*112*（1），805-812.

Faust，M.，& Weisper，S.（2000）. Understanding metaphoric sentences in the two cerebral hemispheres. *Brain & Cognition*，*43*（1-3），186-191.

Fox，K. C. R.，Dixon，M. L.，Nijeboer，S.，Girn，M.，Floman，J.L.，Lifshitz，M.，Ellamil，M.，Sedlmeier，P.，& Christoff，K.（2016）. Functional neuroanatomy of meditation: A review and meta-analysis of 78 functional neuroimaging investigations. *Neuroscience and Biobehavior Reviews*，*65*，208-228.

French，A. R.，Franz，T. M.，Phelan，L. L.，& Blaine，B. E.（2012）. Reducing muslim/arab stereotypes through evaluative conditioning. *The Journal of Social Psychology*，*153*（1），6-9.

Galotti，K.（2008）. Cognitive psychology in and out of the laboratory. *Psychological Review*，*118*（2），339-356.

Gannon，M.，Mackenzie，M.，Kaltenbach，K.，& Abatemarco，D.（2017）. Impact of mindfulness-based parenting on women in treatment for opioid use disorder. *Journal of Addiction Medicine*，*11*（5），368-376.

Gibbs Jr，R. W.（1999）. Taking metaphor out of our heads and putting it into the cultural world. *Amsterdam Studies in the Theory and History of Linguistic Science Series*，*4*，145-166.

Gibbs Jr，R. W.（2006）. Metaphor interpretation as embodied simulation. *Mind & Language*，*21*（3），434-458.

Gibbs Jr，R. W.，Gibbs，R. W.，& Gibbs，J.（1994）. *The Poetics of Mind*：*Figurative Thought*，*Language*，*and Understanding*. Cambridge：Cambridge University Press.

Gibbs Jr，R. W.，Lima，P. L. C.，& Francozo，E.（2004）. Metaphor is grounded in embodied experience. *Journal of Pragmatics*，*36*（7），1189-1210.

Gibson，E. J.（1973）. Principles of perceptual learning and development. *Leonardo*，*6*（2），190.

Giessner，S.R，& Schubert，T.W.（2007）. High in the hierarchy：How vertical location and judgments of leaders' power are interrelated. *Organizational Behavior and Human Decision Processes*，*104*（1），30-44.

Gino，F.，Kouchaki，M.，& Galinsky，A. D.（2015）. The moral virtue of authenticity：How inauthenticity produces feelings of immorality and impurity. *Psychological Science*，*26*（7），983-996.

Goldstein，A.，Arzouan，Y.，& Faust，M.（2012）. Killing a novel metaphor and reviving a dead one：ERP correlates of metaphor conventionalization. *Brain & Language*，*123*（2），137-142.

Gollwitzer，M.，& Melzer，A.（2012）. Macbeth and the joystick：Evidence for moral cleansing after playing a violent video game. *Journal of Experimental Social Psychology*，*48*（6），1356-1360.

Gollwitzer，P. M.，Wicklund，R. A.，& Hilton，J. L.（1982）. Admission of failure and symbolic self-completion：Extending Lewinian theory. *Journal of Personality and Social Psychology*，*43*，358-371.

Greene，J.（2003）. From neural "is" to moral "ought"：What are the moral implications of neuroscientific moral psychology? *Nature Reviews Neuroscience*，*4*（10），846-849.

Greene，J. D.，Nystrom，L. E.，Engell，A. D.，Darley，J. M.，& Cohen，J. D.（2004）. The neural bases of cognitive conflict and control in moral judgment. *Neuron*，*44*（2），389-400.

Greene，J. D.，Sommerville，R. B.，Nystrom，L. E.，Darley，J. M.，& Cohen，J. D.（2001）. An FMRI investigation of emotional engagement in moral judgment. *Science*，*293*（5537），2105-2108.

Greenwald，A. G.，McGhee，D. E.，& Schwartzi，J. L. K.（1998）. Measuring individual differences in implicit cognition：The implicit association test. *Journal of Personality and Social Psychology*，*74*（6），1464-1480.

Grossman，P.（2015）. Mindfulness：Awareness informed by an embodied ethic. *Mindfulness*，*6*（1），17-22.

Haidt J.（2001）. The emotional dog and its rational tail：A social intuitionist approach to moral judgment. *Psychological Review*，*108*，814-834.

Harris，R. J.，Lahey，M. A.，& Marsalek，F.（1980）. Metaphors and images：Rating，reporting，and remembering. In R. P. Honeck & R. R. Hoffman（eds.）. Cognition and Figurative Language（pp. 163-182）. London：Routledge.

Hasenkamp，W.，Wilson-Mendenhall，C. D.，Duncan，E.，& Barsalou，L. W.（2012）. Mind wandering and attention during focused meditation：A fine-grained temporal analysis of fluctuating cognitive states. *NeuroImage*，*59*，750-760.

Hauser，M.，Cushman，F.，Young，L.，Jin，K. X.，& Mikhail，J.（2010）. A dissociation between moral judgments and justifications. *Mind & Language*，*22*（1），1-21.

He，X. L.，Chen，J.，Zhang，E. T.，& Li，J. N.（2015）. Bidirectional associations of power and size in a priming task. *Journal of Cognitive Psychology*，*27*（3），290-300.

Heider，F.（1958）. *The Psychology of Interpersonal Relations*. New York：Wiley.

Helzer，E. G.，& Pizarro，D. A.（2011）. Dirty liberals！Reminders of physical cleanliness influence moral and political attitudes. *Psychological Science*，*22*（4），517-522.

Hill，P. L.，& Lapsley，D. K.（2009）. The ups and downs of the moral personality：Why it's not so black and white. *Journal of Research in Personality*，*43*（3），520-523.

Hogg，M. A.，& Turner，J. C.（1985）. Interpersonal attraction，social identification and psychological group formation. *European Journal of Social Psychology*，*15*（1），51-66.

Holland，R. W.，Hendriks，M.，& Aarts，H.（2005）. Smells like clean spirit nonconscious effects of scent on cognition and behavior. *Psychological Science（Wiley-Blackwell）*，*16*（9），689-693.

Holroyd，C. B.，Larsen，J. T.，& Cohen，J. D.（2004）. Context dependence of the event-related brain potential associated with reward and punishment. *Psychophysiology*，*41*（2），245-253.

Hong，J. W.，& Sun，Y. C.（2012）. Warm it up with love：the effect of physical coldness on liking of romance movies. *Journal of Consumer Research*，*39*（2），293-306.

Horberg，E. J.，Oveis，C.，Keltner，D.，& Cohen，A. B.（2009）. Disgust and the Moralization of Purity. *Journal of Personality and Social Psychology*，*97*（6），963-976.

Houellebecq，M.（2011）. *The Map and the Territory*（G. Bowd，Trans）. New York：Random House.

Houwer，D.，& Jan.（2007）. A conceptual and theoretical analysis of evaluative conditioning. *The Spanish Journal of Psychology*，*10*（2），230-241.

Hull，C.（1920）. Quantitative aspects of evolution of concepts：An experimental study. *Psychological Monographs*，*28*（1），i86.

Hunsinger，M.，Isbell，L. M.，& Clore，G. L.（2012）. Sometimes happy people focus on the trees and sad people focus on the forest：Context-dependent effects of mood in impression formation. *Personality and Social Psychology Bulletin*，*38*（2），220-232.

IJzerman，H.，& Semin，G. R.（2009）. The thermometer of social relations：Mapping social proximity on temperature. *Psychological Science*，*20*，1214-1220.

Johnson，M.（1993）. *Moral Imagination：Implications of Cognitive Science Forethics*. Chicago：University of Chicago Press.

Johnson，M.（2013）. *The Body in the Mind：The Bodily Basis of Meaning，Imagination，and Reason*. Chicago：University of Chicago Press.

Jordan，J.，Mullen，E.，& Murnighan，J. K.（2011）. Striving for the moral self：The effects of recalling past moral actions on future moral behavior. *Personality and Social Psychology Bulletin*，*37*（5），701-713.

Jostmann，N. B.，Lakens，D.，& Schubert，T. W.（2009）. Weight as an embodiment of importance. *Psychological Science*，*20*（9），1169-1174.

Kaan，E.，Harris，A.，Gibson，E.，& Holcomb，P.（2000）. The P600 as an index of syntactic integration difficulty. *Language and Cognitive Processes*，*15*（2），159-201.

Kaspar，K.，& Teschlade，L.（2016）. Does physical purity license moral transgressions or does it increase the tendency towards moral behavior? *Current Psychology*（*New Brunswick，N.J.*），*37*（1），1-13.

Kattner，F.（2013）. Reconsidering the（in）sensitivity of evaluative conditioning to reinforcement density and CS-US contingency. *Learning & Motivation*，*45*（1），15-29.

Kawakami, K. P., Curtis, E., Steele, J. R., & Dovidio, J. F. (2007). (Close) Distance makes the heart grow fonder: Improving implicit racial attitudes and interracial interactions through approach behaviors. *Journal of Personality & Social Psychology*, *92* (6), 957-971.

Kawakami, K., Dovidio, J. F., Moll, J., Hermsen, S., & Russin, A. (2000). Just say no (to stereotyping): Effects of training in the negation of stereotypic associations on stereotype activation. *Journal of Personality & Social Psychology*, *78* (5), 871-888.

Khoury, B. (2018). Mindfulness: Embodied and embedded. *Mindfulness*, *9* (4), 1037-1042.

Khoury, B., Knäuper, B., Pagnini, F., Trent, N., Chiesa, A., & Carrière, K. (2017). Embodied mindfulness. *Mindfulness*, *8* (5), 1160-1171.

Kierkels, J., & van den Hoven, E. (2008). Children's haptic experiences of tangible artifacts varying in hardness. In *Proceedings of the 5th Nordic Conference on Humancomputer Interaction: Building Bridges* (pp. 221-228). New York: ACM Press.

Klepp, A., Weissler, H., Niccolai, V., Terhalle, A., Geisler, H., & Schnitzler, A., et al. (2014). Neuromagnetic hand and foot motor sources recruited during action verb processing. *Brain & Language*, *128* (1), 41-52.

Kong, J., Gollub, R. L., Rosman, I. S., Webb, J. M., Vangel, M. G., Kirsch, I., et al. (2006). Brain activity associated with expectancy-enhanced placebo analgesia as measured by functional magnetic resonance imaging. *The Journal of Neuroscience*, *26* (2), 381-388.

Kutas, M., & Hillyard, S. (1980). Reading senseless sentences: Brain potentials reflect semantic incongruity. *Science*, *207* (4427), 203-205.

Lacey, S., Stilla, R., Deshpande, G., Zhao, S., Stephens, C., & Mccormick, K., et al. (2017). Engagement of the left extrastriate body area during body-part metaphor comprehension. *Brain and Language*, *166*, 1-18.

Lai, V. T., Curran, T., & Menn, L. (2009). Comprehending conventional and novel metaphors: An ERP study. *Brain Research*, *1284*, 145-155.

Lai, V. T., Wessel, V. D., Conant, L. L., Binder, J. R., & Desai, R. H. (2015). Familiarity differentially affects right hemisphere contributions to processing metaphors and literals. *Frontiers in Human Neuroscience*, *9* (44), 1-10.

Lakoff, G. (2014). Mapping the brain's metaphor circuitry: Metaphorical thought in everyday reason. *Frontiers in Human Neuroscience*, *8* (958), 1-14.

Lakoff, G., & Johnson, M. (1980). *Metaphors We Live By*. Chicago: University of Chicago Press.

Lakoff, G., & Johnson, M.（1999）. *Philosophy in the Flesh: The Embodied Mind and Its Challenge to Western Thought*. New York: Basic Books.

Lakoff, G., & Turner, M.（1989）. *More than Cool Reason: A Field Guide to Poetic Metaphor*. Chicago: University of Chicago Press.

Landau, M. J., Meier, B., & Keefer, L.（2010）. A metaphor-enriched social cognition. *Psychological Bulletin, 136*（6）, 1045-1067.

Lee, S. W., & Schwarz, N.（2010）. Dirty hands and dirty mouths embodiment of the moral-purity metaphor is specific to the motor modality involved in moral transgression. *Psychological Science, 21*（10）, 1423-1425.

Lee, S. W., & Schwarz, N.（2012）. Bidirectionality, mediation, and moderation of metaphorical effects: The embodiment of social suspicion and fishy smells. *Journal of Personality and Social Psychology, 103*（5）, 737-749.

Lee, S. W., Tang, H., Wan, J., Mai, X., & Liu, C.（2015）. A cultural look at moral purity: Wiping the face clean. *Frontiers in Psychology, 6*, 577-582.

Leff, B. G.（1967）. Heresy in the later middle ages: The relation of heterodoxy to dissent c.1250-c.1450. *Journal of the History of Philosophy, 8*（1）, 1818-1820.

Leung, A. K., Qiu, L., Ong, L., & Tam, K. P.（2011）. Embodied cultural cognition: Situating the study of embodied cognition in socio-cultural contexts. *Social & Personality Psychology Compass, 5*（9）, 591-608.

Levey, A. B., & Martin, I.（1975）. Classical conditioning of human evaluative responses. *Behaviour Research and Therapy, 13*（4）, 221-235.

Li, C., Liu, L., Zheng, W., Dang, J., & Liang, Y.（2017）. A clean self reduces bribery intent. *International Journal of Psychology, 54*（2）, 247-255.

Liljenquist, K., Zhong, C. B., & Galinsky, A. D.（2010）. The smell of virtue: clean scents promote reciprocity and charity. *Psychology, 21*（3）, 381-383.

Lobel, T. E., Cohen, A., Kalay Shahin, L., Malov, S., Golan, Y., & Busnach, S.（2015）. Being clean and acting dirty: The paradoxical effect of self-cleansing. *Ethics & Behavior, 25*（4）, 307-313.

Martyna, S., & Józef, M.（2017）. Metaphorical association between physical and moral purity in the context of one's own transgressions and immoral behavior of others. *Psychology of Language and Communication, 21*（1）, 152-170.

Mashal, N., Faust, M., Hendler, T., & Jung-Beeman, M.（2009）. An fMRI study of processing novel metaphoric sentences. *Laterality*，*14*（1），30-54.

Matre，D.，Casey，K. L.，& Knardahl，S.（2006）. Placebo-induced changes in spinal cord pain processing. *The Journal of Neuroscience*，*26*（2），559-563.

Mccarthy，G.，& Donchin，E.（1981）. A metric for thought: A comparison of P300 latency and reaction time. *Science*，*211*（4477），77-80.

Mehta，R.，Chae，B.，Zhu，R.，& Soman，D.（2011）. Warm or cool color? Exploring the effects of color on donation behavior. *Advances in Consumer Research*，*39*，190-191.

Meier，B. P.，& Robinson，M. D.（2004）. Why the sunny side is up: Associations between affect and vertical position. *Psychological Science*，*15*（4），243-247.

Meier，B. P.，Sellbom，M.，& Wygant，D. B.（2007）. Failing to take the moral high ground: Psychopathy and the vertical representation of morality. *Personality & Individual Differences*，*43*（4），757-767.

Menon，T.，Sim，J.，Fu，H. Y.，Chiu，C. Y.，& Hong，Y. Y.（2010）. Blazing the trail versus trailing the group: Culture and perceptions of the leader's position. *Organizational Behavior & Human Decision Processes*，*113*（1），51-61.

Menon，V.，& Uddin，L. Q.（2010）. Saliency，switching，attention and control: a network model of insula function. *Brain Struct Funct*，（214），655-667.

Moll J，Zahn R，de Oliveira-Souza R，Krueger F，Grafman J.（2005）. The neural basis of human moral cognition. *Nature Review Neuroscience*，*6*（10），799-809.

Nelissen，R. M. A.，& Zeelenberg，M.（2009）. When guilt evokes self-punishment: Evidence for the existence of a dobby effect. *Emotion*，*9*（1），118-122.

Nezlek，J. B.，Wesselmann，E. D.，Wheeler，L.，& Williams，K. D.（2015）. Ostracism in everyday life: The effects of ostracism on those who ostracize. *Journal of Social Psychology*，*155*（5），432-451.

Nilsen，E. S.，& Valcke，A.（2018）. Children's sharing with collaborators versus competitors: The impact of theory of mind and executive functioning. *Journal of Applied Developmental Psychology*，*58*，38-48.

Nisan，M.，& Horenczyk，G.（2011）. Moral balance: The effect of prior behaviour on decision in moral conflict. *British Journal of Social Psychology*，*29*（1），29-42.

Obert，A.，Gierski，F.，Calmus，A.，Portefaix，C.，Declercq，C.，Pierot，L.，& Caillies，S.（2014）. Differential bilateral involvement of the parietal gyrus during predicative metaphor processing: An auditory fMRI study. *Brain & Language*，*137*，112-119.

Olson，M. A.，& Fazio，R. H.（2006）. Reducing automatically-activated racial prejudice through implicit evaluative conditioning. *Personality & Social Psychology Bulletin*，*32*（4），421-433.

Parent，J.，McKee，L. G.，Rough，J. N.，& Forehand，R.（2016）. The association of parent mindfulness with parenting and youth psychopathology across three developmental stages. *Journal of Abnormal Child Psychology*，*44*（1），191-202.

Pecher，D.，Boot，I.，& Van Dantzig，S.（2011）. Abstract concepts：Sensory-motor grounding，metaphors，and beyond. *Psychology of Learning and Motivation*，*54*，217-248.

Pickering，E. C.，& Schweinberger，S. R.（2003）. N200，N250，and N400 event-related brain potentials reveal three loci of repetition priming for familiar names. *Journal of Experimental Psychology：Learning，Memory，and Cognition*，*29*（6），1298-1311.

Pronobesh，B.，Promothesh，C.，& Jayati，S.（2012）. Is it light or dark？Recalling moral behavior changes perception of brightness. *Psychological Science*，*23*（4），407-409.

Pynte，J.，Besson，M.，Robichon，F. H.，& Poli，J.（1996）. The time-course of metaphor comprehension：An event-related potential study. *Brain & Language*，*55*（3），293-316.

Qiu，J.，Li，H.，Chen，A.，& Zhang，Q.（2008）. The neural basis of analogical reasoning：An event-related potential study. *Neuropsychologia*，*46*（12），3006-3013.

Rapp，A. M.，Leube，D. T.，Erb，M.，Grodd，W.，& Kircher，T. T. J.（2004）. Neural correlates of metaphor processing. *Brain Research Cognitive Brain Research*，*20*（3），395-402.

Rompay，T. J. L. V.，Vries，P. W. D.，Bontekoe，F.，& Karin Tanja-Dijkstra.（2012）. Embodied product perception：Effects of verticality cues in advertising and packaging design on consumer impressions and price expectations. *Psychology & Marketing*，*29*（12），919-928.

Rothschild，Z. K.，Landau，M. J.，Keefer，L. A.，& Sullivan，D.（2015）. Another's punishment cleanses the self：Evidence for a moral cleansing function of punishing transgressors. *Motivation & Emotion*，*39*（5），722-741.

Sachdeva，S.，Iliev，R.，& Medin，D. L.（2009）. Sinning saints and saintly sinners：The paradox of moral self-regulation. *Psychological Science*，*20*（4），523-528.

Schaefer，M.，Cherkasskiy，L.，Denke，C.，Spies，C.，Song，H.，Malahy，S.，...& Bargh，J. A.（2018）. Incidental haptic sensations influence judgment of crimes. *Scientific Reports*，*8*（1），6039.

Schaefer，M.，Denke，C.，Heinze，H-J.，& Rotte，M.（2014）. Rough primes and rough conversations：Evidence for a modality-specific basis to mental metaphors. *Social Cognitive and*

Affective Neuroscience，9（11），1653-1659.

Schaefer, M., Rotte, M., Heinze, H. J., & Denke, C. (2015). Dirty deeds and dirty bodies: Embodiment of the macbeth effect is mapped topographically onto the somatosensory cortex. *Entific Reports*, 5, 18-51.

Schnall, S., & Harvey, S. (2008). With a clean conscience: cleanliness reduces the severity of moral judgments. *Psychological Science*, 19（12），1219.

Schnall, S., Benton, J., & Harvey, S. (2008a). With a clean conscience, cleanliness reduces the severity of moral judgments. *University of Plymouth*, 19（12），1219-1222.

Schnall, S., Haidt, J., Clore, G. L., & Jordan, A. H. (2008b). Disgust as embodied moral judgment. *Personality and Social Psychology Bulletin*, 34（8），1096-1109.

Schneider, I. K., Rutjens, B. T., Jostmann, N. B., & Lakens, D. (2011). Weighty matters: Importance literally feels heavy. *Social Psychological & Personality Science*, 2（2），474-478.

Schubert, T. W. (2005). Your highness: Vertical positions as perceptual symbols of power. *Journal of Personality & Social Psychology*, 89（1），1-21.

Schwarz, N. (2011). Feelings-as-information theory. *Handbook of Theories of Social Psychology*, 1, 289-308.

Sekulak, M., & Maciuszek, J. (2017). Metaphorical association between physical and moral purity in the context of one own transgressions and immiral behavior of others. *Psychology of Language and Communication*, 2（1），153-170.

Sevinc, G., & Lazar, S. W. (2019). How does mindfulness training improve moral cognition: a theoretical and experimental framework for the study of embodied ethics. *Current Opinion Psychology*, 28, 268-272.

Shanks, David, R., John, S., & Mark, F. (1994). Characteristics of dissociable human learning system. *Behavioral & Brain Sciences*, 17（3），367-395.

Sherman, G. D., & Clore, G. L. (2009). The color of sin white and black are perceptual symbols of moral purity and pollution. *Psychological Science*, 20（8），1019-1025.

Simkid, D. R., & Black, N. B. (2014). Meditation and mindfulness in clinical practice. *Child and Adolescent Psychiatric Clinics of North America*, 3（3），487-534.

Slepian, M. L., Weisbuch, M., Rule, N. O., & Ambady, N. (2011). Tough and tender: Embodied categorization of gender. *Psychological Science*, 22（1），26-28.

Smith, E. R., & Semin, G. R. (2004). Socially situated cognition: Cognition in its social context. *Advances in Experimental Social Psychology*, 36, 53-117.

Sotillo, M., Carretié, L., Hinojosa, J. A., Tapia, M., & Albert, J. (2005). Neural activity associated with metaphor comprehension: Spatial analysis. *Neuroscience Letters*, *373* (1), 5-9.

Stafford, L. D., Fleischman, D. S, & Hummel, T. (2018). Exploring the emotion of disgust: Differences in smelling and feeling. *Chemosensors*, *6* (1), 1-12.

Stringaris, A. K., Medford, N., Giora, R., Giampietro, V. C., Brammer, M. J., & David, A. S. (2006). How metaphors influence semantic relatedness judgments: The role of the right frontal cortex. *NeuroImage*, *33* (2), 784-793.

Stuart, E. W., Shimp, T. A., & Engle, R. W. (1987). Classical conditioning of consumer attitudes: Four experiments in an advertising context. *Journal of Consumer Research*, *14* (3), 334-349.

Sundar, A., & Noseworthy, T. J. (2014). Place the logo high or low? Using conceptual metaphors of power in packaging design. *Journal of Marketing a Quarterly Publication of the American Marketing Association*, *78* (5), 138-149.

Tangney, J. P., Stuewig, J., & Mashek, D. J. (2007). Moral emotions and moral behavior. *Annual Review of Psychology*, *58*, 345.

Tajfel, H., & Turner, J. (1979). An integrative theory of intergroup conflict. *Worchel the Social Psychology of Intergroup Relations*, *33*, 94-109.

Tajfel, H., & Turner, J. C. (1986). The social identity theory of intergroup behavior. *Political Psychology*, 13, 276-293.

Tang, H. H., Lu, X. P., Su, R., Liang, Z. L., Mai, X. Q., & Liu, C. (2017). Washing away your sins in the brain: physical cleaning and priming of cleaning recruit different brain networks after moral threat. *Social Cognitive and Affective Neuroscience*, *12* (7), 1149-1158.

Tangney, J. P., Miller, R. S., Flicker, L., Barlow, D. H. (1996). Are shame, guilt, and embarrassment distinct emotions? *Journal of Personality and Social Psychology*, *70* (6), 1256-1269.

Tetlock, P. E., Kristel, O. V., Elson, S. B., Green, M. C., & Lerner, J. S. (2000). The psychology of the unthinkable: Taboo trade-offs, forbidden base rates, and heretical counterfactuals. *Journal of Personality and Social Psychology*, *78* (5), 853.

Thompson, E., & Varela, F. J. (2001). Radical embodiment: Neural dynamics and consciousness. *Trends in Cognitive Sciences*, *5* (1), 418-425.

Tobia, K. P. (2015). The effects of cleanliness and disgust on moral judgment. *Philosophical Psychology*, *28* (4), 556-568.

Turner, M. (1987). *Death is the Mother of Beauty: Mind, Metaphor, Criticism.* Chicago: University of Chicago Press.

Turpyn, C. C., & Chaplin, T. M. (2016). Mindful parenting and parents' emotion expression: Effects on adolescent risk behaviors. *Mindfulness, 7 (1),* 246-254.

Valenzuela, A., & Raghubir, P. (2009). Position-based beliefs: The center-stage effect. *Journal of Consumer Psychology, 19* (2), 185-196.

Van Acker, B. B., Kerselaers, K., Pantophlet, J., & Ijzerman, H. (2015). Homelike thermoregulation: How physical coldness makes an advertised house a home. *Journal of Experimental Social Psychology, 67,* 20-27.

Van Rompay, T. J. L., De Vries, P. W., Bontekoe, F., & Tanja-Dijkstra, K. (2012). Embodied product perception: Effects of verticality cues in advertising and packaging design on consumer impressions and price expectations. *Psychology & Marketing, 29* (12), 919-928.

Varela, F., Tompson, E., & Rosch, E. (1991). *The Em-Bodied Mind: Cognitive Science and Human Experience.* Cambridge: MIT Press.

Victor, G. (2003). Scapegoating: A ritual of purification. *Journal of Psychohistory, 30* (3), 271-288.

Walther, E., & Nagengast, B. (2006). Evaluative conditioning and the awareness issue: Assessing contingency awareness with the four-picture recognition test. *Journal of Experimental Psychology Animal Behavior Processes, 32* (4), 454-469.

Wang, H. L., Lu, Y. Q., & Lu, Z. Y. (2016). Moral-up first, immoral-down last: The time course of moral metaphors on a vertical dimension. *Neuroreport, 27* (4), 247-256.

Wang, R. W., Chiu, P. H., & Lee, C. Y. (2012). Research into the P300 component for visually metaphoric pictures. *Bulletin of Japanese Society for the Science of Design, 59* (1), 59-64.

Wang, Z., & Lu, Z. Y. (2011). A study on the metaphor of social exclusion from embodied cognition. *Scientific Research and Essays, 6,* 2225-2227.

Wei, W., Ma, J., & Wang, L. (2015). The "warm" side of coldness: Cold promotes interpersonal warmth in negative contexts. *British Journal of Social Psychology, 54,* 712-727.

Wennekers, A. M., Holland, R. W., Wigboldus, D. H. J., & Van Knippenberg, A. (2012). First see, then nod: The role of temporal contiguity in embodied evaluative conditioning of social attitudes. *Social Psychological and Personality Science, 3* (4), 455-461.

Wicklund, R. A., & Gollwitzer, P. M. (1982). *Symbolic Selfcompletion.* Hillsdale, NJ: Lawrence Erlbaum.

Williams，L. E.，& Bargh，J. A.（2008）. Experiencing physical warmth promotes interpersonal warmth. *Science*，*322*（5901），606-607.

Williams，L. E.，Huang，J. Y.，& Bargh，J. A.（2009）. The scaffolded mind: Higher mental processes are grounded in early experience of the physical world. *European Journal of Social Psychology*，*39*（7），1257-1267.

Wilson，A. D.，& Golonka，S.（2013）. Embodied cognition is not what you think it is. *Frontiers in Psychology*，*4*（2），1-13.

Wilson，M.（2002）. Six views of embodied cognition. *Psychonomic Bulletin & Review*，*9*，625-636.

Wolfe，J. M.，Butcher，S. J.，Lee，C.，& Hyle，M.（2003）. Changing your mind: On the contributions of top-down and bottom-up guidance in visual search for feature single tons. *Journal of Experimental Psychology*: *Human Perception and Performance*，*29*（2），483-502.

Wu，L. L.，& Barsalou，L. W.（2009）. Perceptual simulation in conceptual combination: Evidence from property generation. *Acta Psychologica*，*132*（2），173-189.

Wu，X. C.，Jia，H. B.，Wang，E. G.，Du，C. G.，Wu，X. H.，& Dang，C. P.（2016）. Vertical position of Chinese power words influences power judgments: Evidence from spatial compatibility task and event-related Potentials. *International Journal of Psychophysiology*，*102*，55-61.

Xu，A. J.，Zwick，R.，& Schwarz，N.（2012）. Washing away your（good or bad）luck: Physical cleansing affects risk-taking behavior. *Journal of Experimental Psychology*: *General*，*141*（1），26-30.

Xu，H.，Bègue，L.，& Bushman，B. J.（2014）. Washing the guilt away: Effects of personal versus vicarious cleansing on guilty feelings and prosocial behavior. *Frontiers in Human Neuroscience*，*8*，1-5.

Yang，F. G.，Bradley. K.，Huq，M.，Wu，D. L.，& Krawczyk，D. C.（2013）. Contextual effects on conceptual blending in metaphors: An event-related potential study. *Journal of Neurolinguistics*，*26*（2），312-326.

Yang，Q.，Wu，X.，Zhou，X.，Mead，N. L.，Vohs，K. D.，& Baumeister，R. F.（2013）. Diverging effects of clean versus dirty money on attitudes，values，and interpersonal behavior. *Journal of Personality & Social Psychology*，*104*（3），473-489.

Yoder，K. J.，& Decety，J.（2014）. Spatiotemporal neural dynamics of moral judgment: A high-density ERP study. *Neuropsychologia*，*60*，39-45.

Yoel，I.，Pizarro，D. A.，Thomas，G.，& Dan，A.（2013）. Moral masochism: On the connection between guilt and self-punishment. *Emotion*，*13*（1），14-18.

Yu，N.（1998）. *The Contemporary Theory of Metaphor*：*A Perspective from Chinese*（*Vol. 1*）. New Yok：John Benjamins Publishing.

Zanolie，K.，Van Dantzig，S.，Boot，I.，Wijnen，J. G.，Schubert，T. W.，Giessner，S. R.，& Pecher，D.（2012）. Mighty metaphors：Behavioral and ERP evidence that power shifts attention on a vertical dimension. *Brain and Cognition*，*78*（1），50-58.

Zhang，E. T.，Luo，J. L.，Zhang，J. J.，Wang，Y.，Zhong，J.，& Li，Q. W.（2013）. Neural mechanisms of shifts of spatial attention induced by object words with spatial associations：An ERP study. *Advances in Psychological Science*，*227*，199 -209.

Zhang，M.，& Li，X. P.（2012）. From physical weight to psychological significance：The contribution of semantic activations. *Journal of Consumer Research*，*38*（6），1063-1075.

Zhang，W. C.，& Luo，J.（2009）. The transferable placebo effect from pain to emotion：Changes in behavior and EEG activity. *Psychophysiology*，*46*（3），626-634.

Zhong，C. B.，Bohns，V. K.，& Gino，F.（2010）. Good lamps are the best police：Darkness increases dishonesty and self-interested behavior. *Psychological Science*，*21*（3），311-314.

Zhong，C. B.，& Leonardelli，G. J.（2008）. Cold and lonely：Does social exclusion literally feel cold? *Psychological Science*，*19*（9），838-842.

Zhong，C. B.，& Liljenquist，K.（2006）. Washing away your sins：Threatened morality and physical cleansing. *Science*，*313*（5792），1451-1452.

Zhong，C. B.，Strejcek，B.，& Sivanathan，N.（2010）. A clean self can render harsh moral judgment. *Journal of Experimental Social Psychology*，*46*（5），859-862.

◀ 附　　录

附录1　道德与不道德词汇（节选）

道德词汇：谦虚　慷慨　真诚　无私　贤良　孝敬　文明　宽容　仁义　仁慈等。

不道德词汇：贪婪　下流　虚伪　奸诈　欺诈　欺骗　诬蔑　贪心　虐待　蒙骗等。

附录2　环境洁净与环境肮脏图片

1. 环境洁净图片示例

2. 环境肮脏图片示例

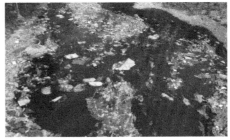

附录 3　自身洁净和肮脏启动句子

自身洁净句子：我的头发干净整齐，我的口气很清新，我的指甲刚刚修剪过等。
自身肮脏句子：我的头发又油又乱，我的呼吸有股恶臭，我指甲缝里堆满污垢等。

附录 4　嘴部洁净和肮脏句子

嘴部洁净句子：我的牙齿刚刚刷过，我的口气格外清新等。
嘴部肮脏句子：我的牙缝堆满牙垢，我的呼气非常难闻等。

附录 5　手部洁净和肮脏句子

手部洁净句子：我的手部非常干净，我的指甲刚修剪过等。
手部肮脏句子：我的手掌沾满污渍，我的指甲满是污垢等。

附录 6　环境洁净与环境肮脏句子

环境洁净句子：屋子里面一尘不染，街道四处干净整洁，周围空气清新湿润等。
环境肮脏句子：屋子里面落满灰尘，街道四处堆满垃圾，周围空气臭气熏天等。

附录 7　洁净与肮脏毛巾材料

洁净毛巾示例　　　　　　　　　　肮脏毛巾示例

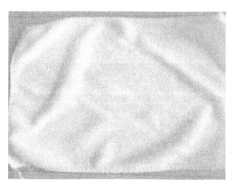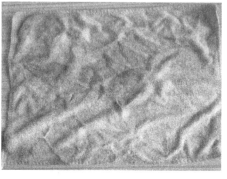

附录 8　社会公益情境句及其评定结果

情境故事	$M \pm SD$	t（35）	p
我把装一万元钱的钱包物归原主	4.69±0.525	19.37	<0.001
我为白血病患儿捐助了 500 元钱	4.61±0.599	16.14	<0.001
我疫情间多次去社区做志愿者	4.47±0.609	14.51	<0.001
我旅游途中多次捡起被丢弃的垃圾	4.42±0.604	14.08	<0.001
我为家庭困难的陌生人捐助 1000 元	4.36±0.593	13.77	<0.001
我看到有人被欺凌就迅速上前制止	4.31±0.624	12.55	<0.001

附录 9　社会损害情境句及其评定结果

情境故事	$M \pm SD$	t（35）	p
我偷拿了筹给生病同学的 1000 元	1.08±0.280	−41.027	<0.001
我撞倒一位老人后迅速逃离现场	1.19±0.401	−26.990	<0.001
我疫情期间坚决不配合防疫检查	1.39±0.599	−16.140	<0.001
我把捡到的饭卡里 500 元钱花完	1.39±0.549	−17.602	<0.001
我偷偷看同学的聊天记录和日记	1.47±0.560	−16.372	<0.001
我悄悄划破了图书馆新书的插图	1.39±0.599	−16.140	<0.001

附录 10　道德故事材料（节选）

不道德故事：

火锅店老板听说，有一种叫"飘香剂"的添加剂可以让汤底更加鲜美。为了招揽顾客，老板在明知对人身体有害的情况下，还是在火锅汤底中使用了这种非法的添加剂。

赋分：1□　2□　3□　4□　5□　6□　7□　8□　9□

道德两难故事：

一艘邮轮发生了火灾，部分游客通过救生船逃生。然而，救生船承载不了那么多的人，有沉没的危险。随着救生船的下沉加快，船员决定将已经严重烧伤的伤员从船上抛下。

赋分：1□　2□　3□　4□　5□　6□　7□　8□　9□

附录 11　消费产品材料（节选）

商品调查

下面是一项关于居民购买商品偏好的调查。请拿出单独的产品图片纸张（略），对应做下面的题。

请你仔细观察纸张中的商品图片，评定你对商品的需要程度，并对是否愿意购买此商品的意愿做出评定（1 表示非常不需要或不愿意购买，7 表示非常需要或愿意购买）。请你在下面相应的数字上打对钩。

产品	评价	
1 洗手液	非常不需要 1—2—3—4—5—6—7 非常需要	非常不愿意购买 1—2—3—4—5—6—7 非常愿意购买
2 牙刷	非常不需要 1—2—3—4—5—6—7 非常需要	非常不愿意购买 1—2—3—4—5—6—7 非常愿意购买
3 洗衣粉	非常不需要 1—2—3—4—5—6—7 非常需要	非常不愿意购买 1—2—3—4—5—6—7 非常愿意购买
4 肥皂	非常不需要 1—2—3—4—5—6—7 非常需要	非常不愿意购买 1—2—3—4—5—6—7 非常愿意购买
5 便利贴	非常不需要 1—2—3—4—5—6—7 非常需要	非常不愿意购买 1—2—3—4—5—6—7 非常愿意购买
6 漱口水	非常不需要 1—2—3—4—5—6—7 非常需要	非常不愿意购买 1—2—3—4—5—6—7 非常愿意购买
7 U 盘	非常不需要 1—2—3—4—5—6—7 非常需要	非常不愿意购买 1—2—3—4—5—6—7 非常愿意购买
8 订书机	非常不需要 1—2—3—4—5—6—7 非常需要	非常不愿意购买 1—2—3—4—5—6—7 非常愿意购买

附录 12　有/无惩罚不道德故事材料

无惩罚的不道德故事	有惩罚的不道德故事
为了救助贫困山区的儿童，某大学特意在校园内设立了几处慈善捐款箱。我偷偷踩点乘人不备从慈善捐款箱中偷取两万多元现金，后被同学发现并举报。由于举证不足，学校保卫处不能判定我有偷盗罪名，也不能对我进行任何处罚，最终我占有了所盗窃的金额	为了救助贫困山区的儿童，某大学特意在校园内设立了几处慈善捐款箱。我偷偷踩点乘人不备从慈善捐款箱中偷取两万多元现金，后被同学发现并举报。由于举证确凿，学校保卫处直接判定我有偷盗罪名，对我做出开除校籍处分，并没收了我所偷窃的所有现金

附录 13　《中学生道德行为问卷》（节选）

请各位同学认真阅读各题的内容，如实选择一个最符合自己的回答，并圈出该数字。

序号	项目	非常不符合	不符合	中等	较符合	非常符合
1	我公共场所从不乱扔果皮纸屑	1	2	3	4	5
2	我会随地吐痰	1	2	3	4	5
3	乘公共汽车我常会让座	1	2	3	4	5
4	别人讲话时我常打断他们	1	2	3	4	5
5	我尊重少数民族的风俗习惯	1	2	3	4	5
6	我总能按时归还借来的钱或物	1	2	3	4	5
7	我会主动帮助老弱病残者	1	2	3	4	5
8	考试时我没有作弊行为	1	2	3	4	5
9	我会在课桌和墙壁上乱涂乱画	1	2	3	4	5
10	我会主动的帮助父母做一些家务劳动	1	2	3	4	5

附录 14　《中学生卫生习惯问卷》（节选）

请各位同学认真阅读各题的内容，如实选择一个最符合自己的回答，并圈出该数字。

序号	项目	非常不符合	不符合	中等	较符合	非常符合
1	培养良好的卫生习惯对学习很重要	1	2	3	4	5
2	保持学校环境卫生是自己的义务	1	2	3	4	5
3	认为自己卫生习惯良好的	1	2	3	4	5
4	晚上按时睡觉、早上按时起床	1	2	3	4	5
5	洗脸、洗脚毛巾自己单用	1	2	3	4	5
6	便后洗手	1	2	3	4	5
7	饭前洗手	1	2	3	4	5
8	床单、被褥按时换洗	1	2	3	4	5

附录 15　《亲社会倾向测量问卷》（节选）

请各位同学阅读下列句子，根据自己的感受选择合适的选项。其中 1=完全不符合，2=比较不符合，3=一般，4=比较符合，5=完全符合。

序号	题目	完全不符合	比较不符合	一般	比较符合	完全符合
1	有人在场我会竭尽全力帮助他人	1	2	3	4	5
2	我认为帮助他人会使我拥有良好的形象	1	2	3	4	5
3	当有他人在场我更愿意为他人提供帮助	1	2	3	4	5
4	对做慈善工作的人应该给予更多的认可	1	2	3	4	5

续表

序号	题目	完全不符合	比较不符合	一般	比较符合	完全符合
5	我更愿意匿名捐款	1	2	3	4	5
6	我倾向于帮助他人	1	2	3	4	5
7	我认为帮助别人不让其知道最高尚	1	2	3	4	5
8	大多数时候我匿名帮助别人	1	2	3	4	5